国家新闻出版改革发展项目库入库项目
网络空间安全专业规划教材
总主编　王东滨　杨义先

信息安全管理

（第 4 版）

郭燕慧　编著

北京邮电大学出版社
www.buptpress.com

内 容 简 介

作为网络空间安全专业规划教材之一的《信息安全管理》(第 4 版),在广泛吸纳读者意见和建议的基础上,不仅仍定位于对信息安全管理的基本概念、信息安全管理的各项内容和任务的讲解,还在内容安排和选取方面做了全面的优化,辅以延伸阅读和案例分析,以贯彻信息安全管理的道德教育理念、政治协调理念和系统思维理念,使教材的知识性、价值性满足可持续发展的网络空间安全专业研究型人才培养的需求。本书分为十章,从信息安全管理的社会属性——信息安全管理概述(第 1 章)、信息安全法规与道德(第 2 章)、信息安全计划与策略(第 3 章)、信息安全组织与人员(第 4 章),信息安全管理的自然属性——信息安全风险管理(第 5 章)、信息安全运维管理(第 6 章)、连续性管理(第 7 章),以及信息安全专业技术——访问控制与安全防护(第 8 章)、安全防护技术与实践(第 9 章)和信息安全管理模型(第 10 章)三个方面进行了阐述。本书可作为高等院校网络空间安全专业、信息安全专业的本科生教材,也可作为相关专业技术人员的参考书目。

图书在版编目(CIP)数据

信息安全管理 / 郭燕慧编著. -- 4 版. -- 北京 :
北京邮电大学出版社, 2025. -- ISBN 978-7-5635-7384
-4

Ⅰ. TP309

中国国家版本馆 CIP 数据核字第 2024QD6202 号

策划编辑:马晓仟　**责任编辑**:马晓仟　**责任校对**:张会良　**封面设计**:七星博纳

出版发行:北京邮电大学出版社
社　　址:北京市海淀区西土城路 10 号
邮政编码:100876
发 行 部:电话:010-62282185　传真:010-62283578
E-mail:publish@bupt.edu.cn
经　　销:各地新华书店
印　　刷:保定市中画美凯印刷有限公司
开　　本:787 mm×1 092 mm　1/16
印　　张:12.25
字　　数:312 千字
版　　次:2008 年 6 月第 1 版　2011 年 11 月第 2 版　2017 年 12 月第 3 版　2025 年 1 月第 4 版
印　　次:2025 年 1 月第 1 次印刷

ISBN 978-7-5635-7384-4　定价:39.00 元

前言 Foreword

信息安全是一个非常复杂并不断变化的过程，涉及众多技术因素与非技术因素。当前世界正经历百年未有之大变局，信息安全问题尤为突出。党的二十大报告提出要“强化网络安全保障体系建设”“以新安全格局保障新发展格局”。作为网络安全保障体系的一个组成部分，信息安全管理强调技术和管理的综合运用，完善的信息安全管理体系能够提升网络安全防护水平，在我国构建新安全、保障新发展的征程中发挥着重要作用。

本书围绕信息安全工程的本质，分析信息系统可能存在的安全风险，可为信息安全管理的实施提供蓝图和指导。本书分为三个部分：第一部分为信息安全管理的基础知识，包括信息安全管理概述（第 1 章）、信息安全法规与道德（第 2 章）、信息安全计划与策略（第 3 章）以及信息安全组织与人员（第 4 章）等内容，可帮助学习者了解信息安全管理的社会属性（非技术因素）；第二部分为专业管理，围绕风险防范、安全运维、业务连续三个基本方面，介绍了信息安全风险管理（第 5 章）、信息安全运维管理（第 6 章）、连续性管理（第 7 章）的基本方法，从应用角度深化学习者对信息安全管理自然属性（技术因素）的认识，帮助学习者应用和验证信息安全管理的原理和方法；第三部分为信息安全防护机制和手段，介绍了访问控制与安全防护（第 8 章）、安全防护技术与实践（第 9 章）和信息安全管理模型（第 10 章），以体现信息安全领域的专业性和技术性。

第 1 章为信息安全管理概述。本章根据信息安全的发展趋势，提出信息安全管理这一概念，介绍信息安全管理的内容；分析信息安全管理的本质，指出信息安全管理与信息安全治理的区别和联系；明确组织实施信息安全管理的参考路径。本章是本书的内容铺垫，后面各章基本围绕本章中所列出的信息安全管理的主要内容展开。具体安排如下。

第 2 章为信息安全法规与道德。信息安全从业者应该知晓法律法规要求组织承担的信息安全义务，遵守信息安全工作的职业道德。本章介绍基本的与信息安全相关的法律法规及职业道德，以确保组织行为符合法律法规及其内部规章制度和商业道德的要求，在发生重大信息安全事件时可以进行法律取证分析。

第 3 章为信息安全计划与策略。组织的信息安全需要整个组织同时进行管理和控制，一个整体的安全计划必不可少。本章介绍信息安全计划的主要内容以及将计划贯彻执行的信息安全策略。

第 4 章为信息安全组织与人员。管理的实现必须依赖组织行为。本章介绍信息安全组织架构及人员职责分工，给出人员安全管理的基本方法。

第 5 章为信息安全风险管理。企业对信息技术有更严格的安全管控要求，信息安全风险管理能够对管控做进一步的评判与改进。本章对信息安全风险评估的概念、策略、流程以及方法进行详细阐述,并通过简单案例说明风险评估过程。

第6章为信息安全运维管理。IT构架已经成为影响组织生存的关键要素,组织要采取措施规范IT操作。在此基础上的信息安全运维管理,可将安全事故妥善处理,使安全控制得到实施和维护。本章介绍安全运维的概念、运维的五大基本流程(事件管理、问题管理、变更管理、发布管理和配置管理)以及物理环境安全的维护。

第7章为连续性管理。为了保障业务的连续性,需要及时发现并处理灾难事件,进行灾难恢复,本章从业务连续性的全局考虑,从业务影响分析到灾难恢复,再到制订业务连续性计划,讲述如何构建业务连续性管理体系。

第8章为访问控制与安全防护。访问控制是安全防护的基础。本章介绍访问控制的基本原理及关键技术,以及如何运用技术性、物理性和行政性访问控制实现纵深防御。

第9章为安全防护技术与实践。本章介绍针对数据、网络、计算环境与应用程序这些信息系统重要组成部分的主流安全防护技术,并给出将其运用于信息安全管理实践时的一些建议。

第10章为信息安全管理模型。信息安全标准是信息安全最佳实践的沉淀,本章介绍信息安全管理相关标准所给出的各类信息安全管理模型,其可作为业界常见问题统一解决方案的参考内容,为信息安全从业人员提供快速复制的有力手段。

本书的内容源于作者所在的教学科研团队多年来的科研项目积累和教学实践思考,感谢国家计算机网络与信息安全管理中心、中国信息安全测评中心、中国泰尔实验室、中国移动通信集团有限公司、中国建设银行、北京软安科技有限公司……与这些单位长期的科研合作与交流为本书的编写提供了鲜活的素材和深刻的洞见。

在编写本书的过程中,作者参考了大量国内外优秀论文、书籍以及互联网上公布的相关资料,作者尽量在书后的参考文献中将这些资料列出。但由于资料数量众多,可能无法将所有文献一一注明出处,在此,作者对这些资料的作者表示由衷的感谢。

由于作者水平有限,书中难免存在一些疏漏和错误,恳请广大读者批评指正。

Contents

目录

Contents

第1章　信息安全管理概述

信息是一种重要资产，信息安全是当今世界各国都在努力推广与应用的重点课题。本章首先通过对信息安全发展趋势的分析，阐述信息安全管理的必要性；接下来简要介绍信息安全管理的概念、本质及实施阶段内容，并进一步指出信息安全管理和信息安全治理的必然关系。

1.1　信息安全的发展趋势

信息技术的创立、应用和普及是20世纪技术革新最伟大的创举之一，人类正在进入信息化社会，人们对信息、信息技术的依赖程度越来越高。与此同时，信息安全问题日渐突出，情况也越来越复杂。信息安全的发展大致经历四个阶段。

阶段1：通信安全

在20世纪初期，通信技术还不发达，信息交换主要通过电话、电报、传真等手段，面对信息交换过程中存在的安全问题，人们强调的主要是信息的保密性，因此对安全理论和技术的研究只侧重于密码学，将密码技术作为保证通信数据安全的手段。1949年香农（Shannon）发表了《保密系统的通信理论》，使保密通信成为科学。20世纪五六十年代的信息安全可以简单称为通信安全，即COMSEC（Communication Security），人们称这个时期为"通信保密（COMSEC）"时代。

阶段2：计算机安全

20世纪60年代后，半导体和集成电路技术的飞速发展推动了计算机软硬件的发展，计算机的使用越发频繁，这时人们的关注点转移到信息系统资产（包括硬件、软件、固件以及被传输、存储和处理的信息）保密性、完整性和可用性的措施和控制上。1977年美国国家标准局公布了国家数据加密标准（DES），1983年美国国防部公布了可信计算机系统评价准则（TCSEC），这些标志着20世纪七八十年代迎来"计算机安全（COMPSEC）"时代。

阶段3：网络安全

20世纪80年代开始，互联网技术的飞速发展使信息无论是对内还是对外都实现很大的开放，网络得到了广泛的应用，这导致网络上的信息安全事故层出不穷，于是，在这个时期人们的注意力集中到了"网络安全（NETSEC）"上。

阶段4:信息安全保障

21世纪互联网技术得到了极大的发展,计算机和网络技术的应用进入了实用化和规模化阶段,信息系统在商业和政府组织中得到了真正的广泛应用。组织对其信息系统不断增长的依赖性,加上在信息系统上运行业务的风险、收益和机会,更多更复杂的信息安全问题由此产生,这时的信息安全不仅包括保密性、完整性和可用性目标,还包括诸如可控性、抗抵赖性、真实性等其他的原则和目标。信息安全也转化为从整体角度考虑其体系建设的信息保障阶段,其本质是从被动的、静态的措施,到主动的、动态的信息安全管理能力。

1.2 信息安全管理的概念

信息科学与技术正在融入人们的日常生活。社交网络开始逐渐体现出它强大的营销能力。云计算技术的发展也使网络边界到数据中心的距离越来越远。全球范围内的互联需要从网络空间的视角来考虑安全问题,人们再也不能像以前那样以构建虚拟边界的方式进行安全防护,相反,安全必须普及,渗透到信息处理的每一个环节。

解决信息及信息系统安全问题的成败通常取决于两个因素:一个是技术,另一个是管理。安全技术是信息安全控制的重要手段。许多信息系统的安全性保障都要依靠技术手段来实现。但光有安全技术还不行,若要让安全技术发挥应有的作用,必然要有适当的管理程序的支持,否则,安全技术只能趋于僵化和失败。如果说安全技术是信息安全的构筑材料,那么信息安全管理就是真正的黏合剂和催化剂,只有将有效的安全管理从始至终贯彻落实到安全建设的方方面面,信息安全的长期性和稳定性才能有所保证。

1.2.1 信息安全管理的内容

所谓管理,就是针对特定对象、遵循确定原则、按照规定程序、运用恰当方法、为了完成某项任务以及实现既定目标而进行的计划、组织、指导、协调和控制等活动。信息安全管理是组织为实现信息安全目标而进行的管理活动。信息安全管理通过维护信息的机密性、完整性和可用性等来管理和保护信息资产,对信息安全保障进行指导、规范和管理。信息安全管理从信息系统的安全需求出发,结合组织的信息系统建设情况,引入适当的技术控制措施和管理体系,形成综合的信息安全管理架构,为组织的信息安全提供保障,信息安全管理的主要内容如图1-1所示。

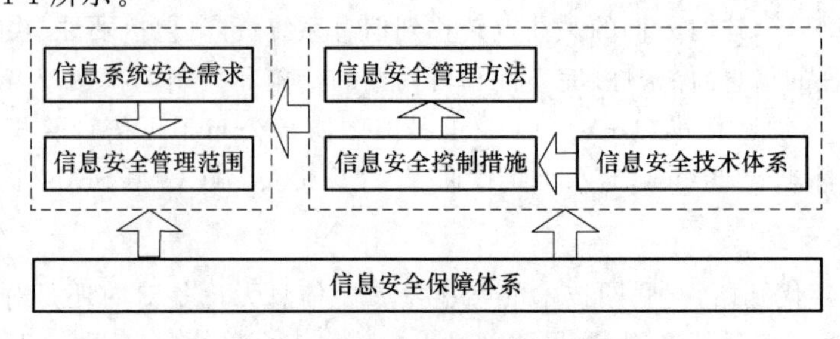

图1-1 信息安全管理的主要内容

信息系统安全需求是信息安全的出发点，它包括机密性需求、完整性需求、可用性需求、抗抵赖性需求、真实性需求、可控性需求和可靠性需求等。信息安全管理范围是由信息系统安全需求决定的具体信息安全控制点，对这些实施适当的控制可确保组织相应环节的信息安全，从而确保组织整体的信息安全水平。信息安全控制措施是指为改善具体信息安全问题而设置的逻辑的、物理的及行政的手段。其中，逻辑控制包括各类常见的信息安全技术，如防火墙、入侵检测系统、加密、身份识别和认证机制等。信息安全技术体系是信息安全控制措施的主要方面。用来保护设备、人员和资源的安保人员、锁、围墙和照明等属于物理控制。安全计划、策略等各种安全文档、人员安全和培训等则都属于行政控制。信息安全控制以访问控制为核心，实现预防、检测、纠正、威慑、恢复和补偿的功能，是信息安全管理的基础。对一个特定的组织或信息系统，选择和实施控制措施的方法就是信息安全管理方法，信息安全管理的方法多种多样，信息安全风险评估是主流方法。对一个特定的组织或信息系统，需要理解安全控制的不同功能，依据信息安全风险评估的结果，正确地选择、运用安全控制，才能达到最佳的安全效果。

信息安全保障体系则是保障信息安全管理各环节、各对象正常运作的基础，其中包括信息安全法律法规、信息安全标准、信息安全基础设施、信息安全产业和信息安全教育体系等方面。

信息安全管理不仅是安全管理部门的事务，而且是整个组织必须共同面对的问题。从人员上看，信息安全管理涉及全体员工，包括各级管理人员、技术人员、操作人员等；从业务上看，信息安全管理贯穿所有与信息及其处理设施有关的业务流程。

1.2.2　信息安全管理的模式

信息安全管理是一个持续发展的过程，像其他管理过程那样它也遵循着一般性的循环模式，就是我们常说的 PDCA 模型，如图 1-2 所示。

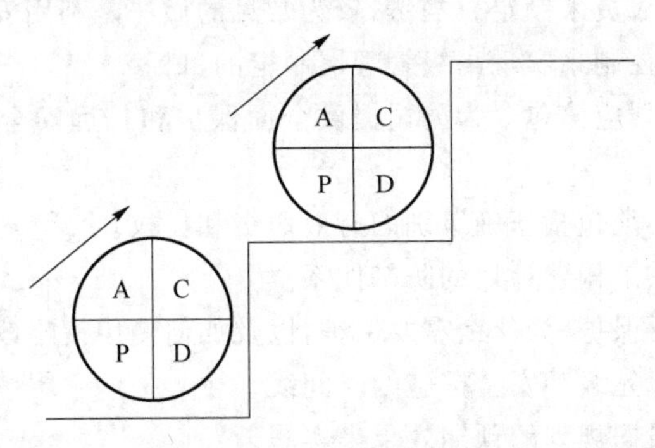

图 1-2　持续改进的 PDCA 图

对 PDCA 模型的解释如下。

计划(Plan)——这是信息安全管理周期的起点。计划阶段作为安全管理的准备阶段，为后续活动提供基础和依据。计划阶段的活动包括：建立组织机构，明晰责任，确定安全目标、战略和策略，进行风险评估，选择安全措施，并在明确安全需求的基础上制订安全计划、意识培训等信息安全管理程序和过程。

实施(Do)——实施阶段是实现计划阶段确定目标的过程,包括安全策略、所选择的安全措施或控制、安全意识和培训程序的实施等。

检查(Check)——信息安全实施过程的效果如何需要通过监视、审计、复查、评估等手段来进行检查。检查的依据就是计划阶段建立的安全策略、目标、程序,以及标准、法律法规和实践经验,检查的结果是进一步采取措施的依据。

措施(Act)——如果检查发现安全实施的效果不能满足计划阶段建立的需求,或者有意外事件发生,或者某些因素引起了新的变化,经过管理层认可,需要采取应对措施,并按照已经建立的响应机制来行事,必要时进入新一轮的信息安全管理周期,以便持续改进和发展信息安全。

1.2.3 信息安全管理的要点

信息安全管理对象主要包括信息、信息系统和信息安全系统,信息安全管理有同信息技术和信息化水平相联系的自然属性;同时,信息安全管理又是靠以人为核心的一系列管理方法和手段实现的,信息安全管理又有同社会关系、社会制度相联系的社会属性。因此,信息安全管理既遵循一般管理活动的普遍规律,又有其自身的发展规律和特质。

1. 安全计划

计划就是通过一定的科学方法,制定实现决策方案的具体、详细和周密的行动安排。为了能够在公司内最终圆满解决信息安全问题,就需要从组织最高层做起,制订安全计划并使之能够在组织机构内的每一层都起到应有的作用和功能。高级管理层应该定义安全问题的范围、需要保护哪些资产以及需要保护到什么程度。在涉及安全问题时,管理层必须了解他们负责的规章、法律和责任问题,并确保组织作为一个整体履行其责任和义务。高级管理层还必须确定雇员应该遵守的规范以及违反规范的处理方法,这些决策应当由那些一旦出现问题将承担最终责任的人员来制定。当然,较为常见的做法是利用安全人员的专业技能,以确保实施足够的策略和控制来实现高级管理层制定的目标。

一个完整的安全计划应该包含为公司提供全面保护和长远安全策略所需的所有条款,其组成部分如下。

授权:安全计划中必须包括正确级别的有效职责和授权。

框架:安全框架提供了构建计划的防御体系。

评估:评估什么需要保护,为什么需要保护,以及如何使用策略改善安全状况。

规划:规划产品的优先级和安全措施的时间线。

实施:安全团队应根据规划的预期效果来实施。

维护:安全计划的最后阶段是维护已经达到成熟的部分。

2. 安全组织

管理者一旦确定了组织的基本目标和方向,并制定了明确的实施计划和步骤之后,就必须通过组织为决策和计划的实施创造条件。组织是管理的重要因素,作为实体的组织是管理的载体,而作为活动的组织是管理的职能。合理的信息安全组织结构是保证组织信息安全管理的前提。

企业信息安全组织架构是企业参与信息安全工作的各部门进行分工协作并开展工作的结构，是根据其在信息安全工作中扮演的不同角色进行优化组合的结果，反映了企业各类组织在信息安全工作中的不同定位和相互协作关系。

信息安全组织的具体存在形式可以是集中式、分散式或二者结合。在集中式安全组织结构中通常是对安全人员、安全角色和安全职责进行垂直集中管理，这样能够保证安全权力集中，有利于加强安全管理工作，如设置独立于科技部门的一级信息安全部门。在分散式安全组织结构中将具体安全角色和安全职责分散于各 IT 条线，如由网络管理员监管网络安全工作。在实际的企业安全建设中，基本上是集中式安全组织结构和分散式安全组织结构的结合，如在集中式安全组织结构上加上横向组织联系，形成局部网状组织结构，或者增设虚拟汇报条线来解决部门和跨条线安全管理的问题。

在既定的组织目标基础上，组织职能实现了对组织资源的合理配置，但如何让它们按计划运作起来，则需要管理的领导职能来完成。在组织中作为信息安全负责人的首席安全官(Chief Security Officer，CSO)，其职责就是带领安全团队履行法律法规所要求的组织信息安全义务，同时满足组织的不同业务需求。不同的组织业务开展方式不同，使得授权给CSO 的职责也有所不同。某些 CSO 负责其机构的所有信息安全工作，而其他人则负责与不同的运营中心合作，或承担网络安全以外的工作，以帮助实现组织的优先事项，如隐私保护、受控未分类信息(Controlled Unclassified Information，CUI) 职责和医疗保健行业的推广等。

人是信息安全管理最主要的方面，人既可以是安全的最可靠的防线，也可能是组织信息安全的最大威胁。据调查，80%的信息安全问题是由组织内部人员安全意识不足或操作习惯不良导致的。通过教育、宣传、奖惩、创建群体氛围等手段，安全团队建设和安全意识培训与宣贯可以不断提高企业员工的安全修养，改进其安全意识和行为，从而使员工从不得不服从管理制度的被动执行状态，转变成主动自觉地按安全要求采取行动，即从“要我遵章守纪”转变成“我要遵章守纪”。

3. 安全理念与技术

安全是一个范式、一种理念和思维方式。各种营利和非营利组织机构制定了优秀的安全管理方法、安全控制目标、过程管理和企业发展行业标准，为组织设计详细的安全计划、恰当地建设安全工程提供了指引。信息安全理念的形成源于对各类信息安全标准的深刻理解。安全实践完全是通过使用分层、全面的方法，让风险降低和得到控制，即使风险失控也可以降低风险到可接受的水平。防御、检测和威慑是实现安全的三项基本措施。而常用信息安全技术和安全产品，如防火墙、入侵检测、防病毒技术、加密技术、物理隔离技术、访问控制等，则是在实际操作环境中，应用安全标准和指南、落实组织安全防护措施，使组织信息安全得以保障的基础手段。

防御是人们最易理解的方面。保全自己是人的本能，因而防御通常优先于其他保护措施。防御可以减少资产被破坏的可能性，从而降低风险和节省以其他方式可能无法避免的事件费用。反之，缺乏防御措施容易暴露有价值的资产，造成危害和损失的成本更高。防御控制在网络上可以包括诸如状态防火墙的访问控制设备、网络访问控制、垃圾邮件和恶意软件过滤、网页内容过滤以及变更控制流程。这些控制可以防止由软件漏洞、软件错误、攻击脚本、违反道德和政策的行为所引发的安全问题，减少意外的数据损坏等。然而，防御只是一个完整的安全措施中的一部分。

检测的例子有:在本地的商店安装视频监控摄像头(甚至在个人房间中)、设置运动传感器,以及在房屋和汽车上安装防盗系统以警告企图侵犯安全界限的路人。在网络层面,检测措施包括审计跟踪和日志管理、系统与网络的入侵检测与防御,以及安全信息和事件管理(SIEM)。安全运营中心(SOC)可用于监控这些控制措施。如果检测不足,安全漏洞可能会被忽略,忽视时间可能长达数小时、数天甚至永久。

威慑是减少安全隐患发生频率的有效方法,可以降低安全事故引起的总损失。许多公司对自己的员工违反政策的行为通过威胁和纪律实施威慑控制。这些威慑控制措施包括可接受的通信方式和安全策略、网页浏览行为监控、令员工熟悉与接受使用公司计算机系统的培训,以及表明员工理解和遵守安全政策的员工使用协议签署。

4. 安全运营

安全运营即将信息安全服务于业务的日常管理,其主要关注流程类“动态”信息资产的安全,如风险管理、安全运维管理、连续性管理。安全运营使安全事故得到处理,安全控制得以实施和维护,与技术和过程相关联的经营风险降低到可接受的范畴,组织业务能够平稳、高效和有效地进行。

(1) 风险管理

风险管理的实质是识别组织的信息资产,评估威胁这些资产的风险,评价假定这些风险行为实施时企业所承担的灾难和损失,并采取一些解决方案以预防风险的发生及进行损失补救。风险管理是组织安全管理的核心。

(2) 安全运维

安全需要为业务量身定制。业务所依赖的IT基础架构和物理环境有着自己的运维流程,安全建设应以运维活动为主干,在发布、变更、配置、问题和事件管理之上添加安全环节来实现安全管理。

(3) 连续性管理

连续性管理通过事先发现组织中由各种突发业务中断所造成的潜在影响,协助组织排定各种业务恢复的先后顺序,最终实现各业务持续运营。连续性管理的内容包括灾难恢复和业务连续,其目标是提升组织的持续运营能力,保障组织的主要股东利益以及公司的声誉、品牌。

1.3 信息安全管理的实施

马斯洛提出的“需求层次理论”将人们的需求分为5个层次:生理需求、安全需求、社交需求、尊重需求和自我实现需求。这5种需求从下向上逐层满足,可以很形象地描述企业的安全建设的需求水平不断提升的过程,如图1-3所示。

第1层:通过一些较为基础的安全措施,做到基础的访问控制,交付的系统不含有明显的高危漏洞。但对于复杂的安全事件,自身没有独立处理的能力,必须依赖于外部厂商。

第2层:有专职的安全团队,有攻防技术能力,能做到有火必救,不依赖于外部厂商。但在安全建设上缺乏思路,大多依赖商业产品或照搬已有的安全模式。

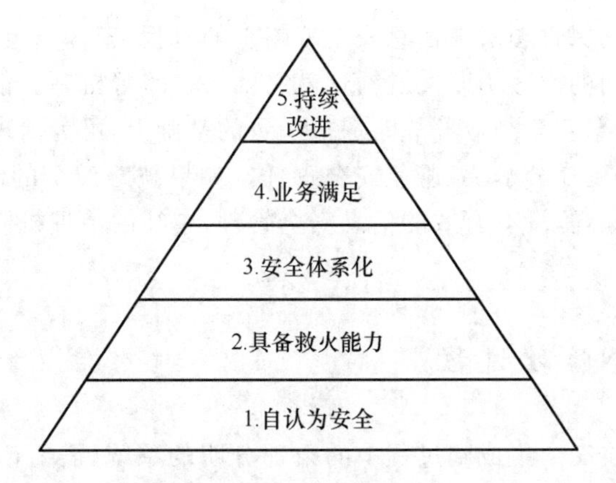

图 1-3　企业安全水平

第 3 层：安全建设呈现初步的体系化，覆盖全生命周期，开发和运维环节有必要的控制流程，主要的系统在架构上都会考虑安全方案，检测和防护手段能因地制宜。

第 4 层：除了基础架构、应用、数据等技术层面安全能做到全生命周期系统化建设，业务层面安全问题也能够得到系统化解决方案。安全此时不止关注技术层面的攻防对抗，也关注业务形式的安全及网络黑产的对抗。

第 5 层：安全建设进入最佳实践阶段，不依赖现有安全机制，也不依赖厂商的安全产品，自身建设安全。严重的安全事件几乎很少发生，大多数精力用于优化现有系统的检测和拦截率。

按照安全的马斯洛需求层次，对组织实施信息安全管理，建立信息安全体系是一个从 0 到 1 不断提升的过程。这种过程采用分步走战略，其间需要对信息系统的各个环节进行综合考虑、规划和架构，并需要兼顾组织内外不断发生的变化。

计算机以及计算机上处理的信息与公司面临的关键任务和目标有直接的关系。由于具有这样的重要意义，因此高级管理层应当优先考虑保护计算机和信息，并提供充足的资金、时间和资源支持，从而保证以最合理、最划算的方式保护系统、网络和信息。因此，基础安全建设阶段主要聚焦在纯技术层面，以计算机（PC、服务器、小型机等）和网络为主体的系统及网络安全。

接下来，进入系统性建设阶段。技术上，开始实施各个维度的安全检测和防御，并进一步考虑流程和审计需求。经过该阶段的建设，组织将初步形成信息安全管理体系，具备安全运维、产品安全和业务安全的保障能力。

最后，在前期安全建设的基础上，持续改进。将每个防御点打磨到极致，使保护组织信息安全的防御网牢不可破。

1.4　从信息安全管理到信息安全治理

信息安全管理提供管理程序、技术和保障措施，使业务管理者确信业务交易的可信性；确保信息技术服务的可用性，能适当地防御不正当操作、蓄意攻击或者自然灾害，并从这些故障中尽快恢复；确保拒绝未经授权的访问。信息安全管理的目标是公司的信息及信息系统的安全运营。如何确保管理层在信息安全战略上的过程、架构与组织业务目标相一致,使组织能持续且能随时间的推移不断发展?这就需要一种监督机制。信息安全治理作为一种基础制度安排,在使信息安全与业务战略保持一致的基础上,可为治理者和利益相关方提供价值,确保信息风险得到充分解决,避免安全责任。如果缺乏健全的制度安排,不可能有很好的信息安全管理。同样,没有有效的信息安全管理,单纯的治理机制也只能是一个美好的蓝图,缺乏实际内容。

1.4.1 信息安全治理过程

安全治理是一个将安全集成到过程中的条理分明的系统,需要治理者执行评价、指导、监督、沟通和保障等操作来实现。

1. 评价

评价过程要基于当前的管理机制和计划的变更,并充分考虑当前和预期要达到的安全目标,最终确定能有效达成未来战略目标所需要进行的任何调整。为执行评价过程,治理者需要确保业务新计划考虑如何实施评价的问题,同时为响应绩效结果,需要启动并优化改进方案。为推动评价过程,执行管理者宜确保信息安全支持和维持业务目标,同时向治理者提交对完成目标有显著影响的新的信息安全项目。

2. 指导

治理者通过指导过程为需要实现的信息安全目标和战略指明方向。指导主要涉及资源配置级别的变更、资源的分配、活动优先级的确定,以及策略、残余风险接受标准和风险管理计划的批准。为执行指导过程,治理者需要确定组织对风险的承受能力、批准信息安全战略和策略、充分分配足够的资源。为推动指导过程,执行管理者需要制定和实现战略和策略,要确保其与业务目标一致,并建设良好的文化。

3. 监督

监督过程是治理者能够评估战略目标的实现过程。为执行监督过程,治理者需要评估信息安全管理活动的效果,确保其符合一致性和合规性要求,并要充分考虑不断变化的业务、法律、法规、规章、环境及其对信息风险的潜在影响。为推动监督过程,执行管理者需要从业务角度选择适当的绩效测度方法;向治理者反馈绩效结果,包括之前由治理者确定的行动绩效及其对组织的影响;向治理者发出重大信息风险的预警。

4. 沟通

治理者和利益相关方通过沟通这一双向治理过程交换符合他们特定需要的关于信息安全的信息。为执行沟通过程,治理者需要向外部利益相关方报告组织在实行与其业务性质相称的安全级别;需要通知执行管理者任何被发现并要求采取问题纠正措施的外部评审结果;需要识别相关的监管义务、利益相关方期望和业务需要。为推动沟通过程,执行管理者需要向治理者建议任何需要其注意及可能需要决策的事项;需要在采取支持治理者指示和决定的具体行动上指导有关的利益相关方。

5. 保障

治理者通过保障过程,以委托方式,委托第三方开展独立和客观的审核、评审或认证,以此识别和确认与治理活动开展和操作运行相关的目的和行动，以便获得期望水平，如开展通报预警第三方服务。为执行保障过程，治理者需要通过委托获得对其履行信息安全期望水平责任的独立和客观的意见。为推动保障过程，执行管理者宜支持由治理者委托的审核、评审或认证。

1.4.2　安全治理度量

常言道“你不能管理你无法度量的东西”。在安全方面，有许多事项需要衡量，以便可以正确理解安全工作的效果。我们需要知道实施的安全控制在保护资产时的效果如何，还要知道财务资金投入上的回报率如何。在进行必要的信息收集、分析和整理后，才能有的放矢地进行决策、绩效改进和责任制加强。

平衡计分卡是一个传统的战略工具，用于商业领域的绩效考核。其目标是快速、轻松地呈现最相关的信息。当度量结果和目标值进行对比时，如果成效偏离了期望值，那么该偏差可以通过一种简单、直接的方式呈现出来，如图 1-4 所示。在用于安全领域时，该方法能够查看安全活动是否达到预期。

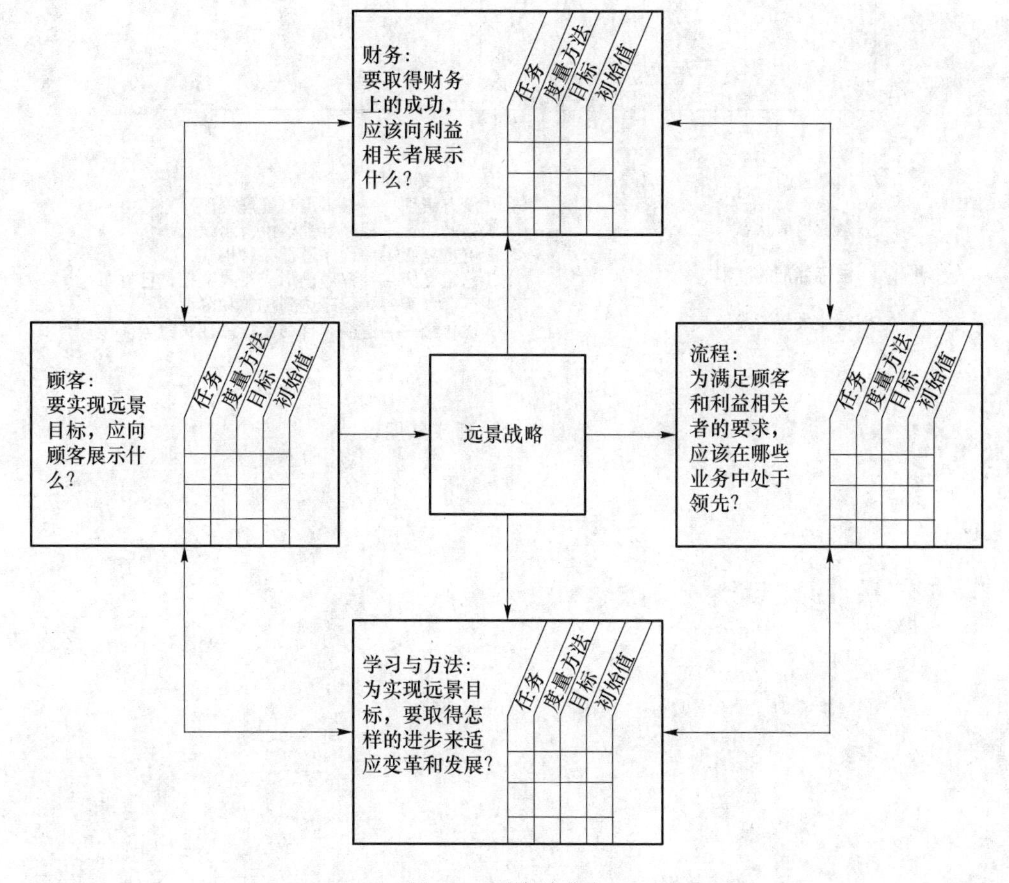

图 1-4　平衡计分卡

随着人类在生产、生活中对信息技术依赖程度越来越高，信息安全治理与组织和 IT 治理交织在一起，共同维持业务流程，努力实现增长和弹性。由于立法和法规遵从性的需要，一些治理要求会被强加于组织机构,还有其他一些强加的治理要求可能来自行业指导方针或许可证。所有的治理形式,包括信息安全治理,都会由于政府的规定或行业最佳实践而不时地经受各种审计和认证。治理合规问题常常因行业和国家的不同而不同。由于组织机构扩张和不断去适应全球市场,所以治理问题变得越来越复杂;再加上各国法律不同以及实际的冲突,治理问题也就更加棘手。所有信息安全的相关人员,从董事会到行政总裁、信息技术和信息安全专家以及机构的员工,都必须对信息安全治理予以关注。

最高管理层(董事会)和管理执行层可以运用信息安全治理成熟度模型建立组织的安全级别,如图1-5所示。信息安全治理成熟度模型将有助于解决以下在IT部门中普遍存在的问题:

在竞争如此激烈的市场环境中,您的公司或部门在信息安全上处于什么水平?

如果您认为有差距,究竟差在哪里?如何去改进?

如果您觉得运作良好,那么您能说出好在哪里吗?好到何种程度?

如何对信息安全管理进行绩效评估?

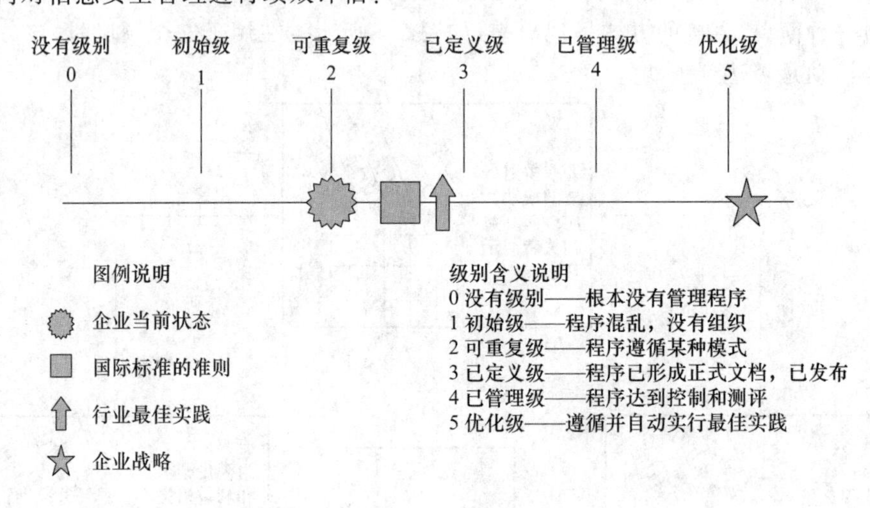

图1-5 信息安全治理成熟度模型

第2章 信息安全法规与道德

社会对技术的依赖及使用不断增加,计算机犯罪及相关的信息犯罪可被认为是这种现象的必然结果。各国纷纷颁布信息安全相关法律法规来预防、探测和报告犯罪,法律已成为维护组织和个人信息安全的有效武器。组织和个人应提高信息安全法治意识,在知法、守法的同时,加强思想道德修养,维护个人、组织及整个社会的信息安全。

2.1 计算机犯罪及相关法规

法律问题对公司来说非常重要,因为违反法律承诺可能会逾越公司的底线和损害公司的声誉。公司掌握与计算机犯罪相关的法律基本知识及法规体系,将有助于保护其合法权益,履行其法律义务。这些问题既可以归入与事故处理、隐私保护、计算机滥用、证据控制相关的法律和法规,也可以归入公司、管理层、雇员所期望的道德范畴。

2.1.1 计算机犯罪的分类

全世界的与计算机犯罪相关的法律都处理一些核心问题:未授权的修改或破坏,泄露敏感信息以及使用恶意软件。目前,已制定的法律主要打击3种类型的计算机犯罪。

① 计算机辅助犯罪:使用计算机作为工具来帮助实施犯罪。例如,攻击金融系统;盗窃资金与敏感信息;通过攻击军事系统获取军事和情报资料;通过攻击竞争对手来从事工业间谍活动并收集机密的商业信息;通过攻击重要的国家基础设施系统展开信息战、从事激进主义活动,即通过攻击政府或公司的系统或者修改它们的网站来抗议它们的行为。

在计算机辅助犯罪中,计算机仅仅是一个工具,用于实施传统的犯罪。没有计算机,人们仍能够实施盗窃、造成破坏、抗议公司的行为(如使用动物进行实验的公司)、获得敏感信息以及开战。因此,这些犯罪无论如何都会发生,只是计算机变成恶意者的一个工具。此时计算机能够帮助恶意者更加有效地实施犯罪。计算机辅助犯罪往往被普通的刑法所覆盖,而且并非总被视为"计算机犯罪"。

② 针对计算机的犯罪:计算机成为专门针对它们(及其所有者)进行攻击的受害者。如分布式拒绝服务攻击、捕获密码或者其他敏感数据、安装恶意软件造成破坏、安装 rootkit 和嗅探器以达到恶意目的、实施缓冲区溢出攻击以控制一个系统。

针对计算机的犯罪则是没有计算机就不可能发生的犯罪,比如,过去你无法对你的邻居实施缓冲区溢出攻击,也无法在对立者的系统中安装恶意软件。

③ 计算机牵涉型攻击:计算机不一定是攻击者或被攻击者,只是在攻击发生时碰巧牵涉其中。

如果一项犯罪属于"计算机牵涉型攻击",则表示计算机以某种次要的方式牵涉其中,但这种牵连无关紧要。例如,如果你有一个在发行彩票公司工作的朋友,他给了你一张写有接下来3个中奖号码的纸,你将这些号码输入自己的计算机,那么此时你的计算机只是存储空间。你也可以只保存这张纸,而不是将号码输入计算机。

上述的计算机犯罪类型的区分可以使人明确哪些犯罪可以继续适用既有的法律,哪些需要专门制定新法律来打击。

2.1.2 计算机犯罪的复杂性

(1) 犯罪主体复杂

罪犯接受网络中的文字或图像信息的过程不需要任何登记,可以完全匿名,因而对其实施的犯罪行为很难控制。而且网络的"时空压缩性"的特点使罪犯完全可来自不同的民族、国家、地区,为犯罪集团或共同犯罪提供了极大的便利。

(2) 犯罪对象复杂

信息技术的发展使得需要保护的资产发生了改变。以前,许多公司希望保护的资产是有形资产(设备、建筑物、制造工具和库存)。如今,公司必须将数据添加到它们的资产列表中,而且数据通常位于这个列表的最顶端。面对不断出现的盗用、伪造客户网上支付账户的犯罪,电子商务诈骗犯罪,侵犯知识产权犯罪,非法侵入电子商务认证机构、金融机构计算机信息系统犯罪,破坏电子商务计算机信息系统犯罪,恶意攻击电子商务计算机信息系统犯罪,虚假认证犯罪,网络色情、赌博、洗钱、盗窃银行、操纵股市等犯罪,人们发现,保护无形资产(数据、声誉)比保护有形资产要困难得多。

(3) 犯罪手段复杂

任何罪犯只要通过一台联网的计算机便可以在计算机的终端与整个网络合成一体,调阅、下载、发布各种信息,如向计算机输入错误指令、篡改软件程序,作案时间短,手段复杂隐蔽,许多犯罪行为的实施,可在瞬间完成,而且往往不留痕迹,给网上犯罪案件的侦破和审理带来了极大的困难。而且,随着计算机及网络信息安全技术的不断发展,犯罪分子的作案手段日益翻新,甚至一些原为计算机及网络技术和信息安全技术专家的职务人员也铤而走险,犯罪手段则更趋专业化,有组织犯罪日益猖獗。高级持续性攻击(Advanced Persistent Threat, APT)的目标明确且具体,往往组织周密,资金充足,已成为数字世界最大的威胁。

2.1.3 数据安全法规

随着计算机技术的进步,计算机系统中具有财产价值的信息在飞跃性地增加。这些存储的数据凸显出巨大的价值,数据要素日益成为与劳动、资本、土地等传统生产要素具有同等地位的关键生产要素,在经济生产生活中发挥着越来越重要的作用。数据安全是指数据处于有效保护和合法利用的状态，以及具备保障其处于持续安全状态的能力。从国际间信息技术产品的进出口、数据跨境流动，到组织及个人敏感数据泄露，数据安全已成为今天网络空间安全中最重要的问题。2021 年 6 月 10 日，我国第十三届全国人民代表大会常务委员会第二十九次会议通过了《数据安全法》。这部法律是数据领域的基础性法律，也是国家安全领域的一部重要法律，对提升我国数据安全保障能力，在数字领域维护国家主权、安全和发展利益具有重要意义。

最常见的计算机犯罪是与窃取敏感数据有关的犯罪，由此而产生的数据泄露会导致未经授权的行为者对受保护信息的机密性或完整性造成实际或潜在的损害。受保护的信息可以是知识产权、个人隐私或可能对个人或组织造成损害的任何其他信息。不同的保护对象适用不同的法律保护手段。

1. 知识产权

越来越多的信息具有智力成果性，具有知识产权意义上的财产化性质，成为知识产权法中所称的使用许可契约的对象。知识产权法关注组织或个人如何保护其合法拥有的内容免遭未经授权的复制或使用，以及如果违反这些法律该怎么办。许可是知识产权所有者(许可方)和其他人(被许可方)之间的协议，借此许可方授予被许可人以非常具体的方式使用知识产权的权利。

(1) 商业秘密

商业秘密是指不为公众所知悉、能为权利人带来经济利益，具有实用性并经权利人采取保密措施的技术信息和经营信息。因此商业秘密包括两部分：技术信息和经营信息。生产配方、工艺流程、技术诀窍、设计图纸、算法、程序源代码等属于技术信息；管理方法、产销策略、客户名单、货源情报等属于经营信息。

商业秘密是公司特有的资产，对其生存和盈利有很大作用。被声明为商业秘密的资源应该通过某些安全防范措施予以保护。商业秘密没有过期之说，除非这个信息不再是秘密，或者不再为公司提供经济利益。

许多公司要求员工签署保密协议，确认他们了解协议内容，并承诺不与竞争对手或任何未经授权的个人分享公司的商业机密。公司要求签署保密协议既是为了告知员工对某些信息保密的重要性，也是为了阻止他们分享这些信息。让员工签署保密协议还赋予了公司在员工泄露商业秘密时解雇员工或提出指控的权利。

(2) 版权

版权是指文学、艺术和科学作品的创作者对其所创作的作品享有的权利，其中作品是指具有独创性的各种形式的创作成果，如小说、诗歌、散文、戏剧、绘画等。版权有广义和狭义之分，广义的版权除作者就其所创作作品享有的权利外，还包括邻接权，即作品的传播者，如表演者、录音录像制作者和广播组织的权利。狭义的版权仅指作者基于其创作的作品而享有的权利。

版权法不像商业秘密法那样保护特定的资源，它保护的是有资源意义的表达而不是资源本身。版权法通常用于保护作者的作品、艺术家的画作、程序员的源代码或音乐家创作的旋律和结构。保护并不延展到有关操作、处理、概念或程序的方式，但确实能防止对作品进行未授权的复制和散布。

由于越来越多的"盗版软件"站点使用 BitTorrent 协议，版权侵权案件激增。软件盗版是指未经许可或未向作者支付报酬而使用或复制其智力或创造性成果的行为。这是一种侵害他人所有权的行为,如果盗版者被抓获,他可能会被民事起诉或被刑事起诉,或两者兼而有之。

(3) 商标

商标用于保护一个单词、名称、符号、声音、形状、颜色、设备或这些项的组合。公司之所以要将其中一个或多个组合注册为商标,是因为它在一群人或全世界面前代表着公司的品牌形象。商标权是指商标主管机关依法授予商标所有人对其注册商标受国家法律保护的专有权。商标注册人具有依法支配其注册商标的权利,包括商标注册人对其注册商标的排他使用权、收益权、处分权、续展权和禁止他人侵害的权利。

(4) 专利权

专利权是指发明创造人或其权利受让人对特定的发明创造在一定期限内依法享有的独占实施权。这里所指的发明创造,必须是新奇、有用、非显而易见的。发明者对其专利进行申请并被批准后,专利就被授予专有权,并使其他人在一定时期内不得制造、使用或销售该发明。例如,如果某公司发明了一种特效药并为其申请了专利,那么这家公司就是专利保护期(通常是批准之日起 20 年)内唯一可以制造并销售这种药的公司。专利过期后具体信息就是公有的,所有公司都可以制造并销售该产品,因此某些药物在专利期满后会出现价格下跌的现象。

这种情况对于计算机算法同样有效。如果一个算法的发明人申请了一项专利,那么他对谁可以在产品中使用该算法有完全控制权。如果发明者让供应商使用该算法,那么他很可能会获得一笔费用,并且可以因销售出去的每件产品而收取专利费。

专利是为鼓励组织机构或个人继续研发从而可能以某种方式造福社会的一种经济激励措施。在技术创新加速的同时,专利侵权的诉讼也越来越多,这一方面由于厂商之间的竞争,另一方面是专利钓饵的后果。专利钓饵指一个人或者公司获取专利不是为了保护自己的发明,而是为了能够积极主动地利用机会控诉试图在他们的理念上创建产品的另一家实体,其目的是获利。专利钓饵无意根据自己的专利自行生产,而是只想从生产那类产品的企业获取许可费。因此,公司在努力开发新理论、新技术或者新业务时,应进行专利查新。

确保公司的知识产权由相关法律予以保护非常重要,但组织内部也应该采取措施对知识产权予以标识和保护。这些资源应具备必要的访问控制保护级别、已启用的审计功能和适当的存储环境。公司必须告知员工该资源的密级,并向员工解释针对该资源所期待的员工行为。如果公司不能执行上述一个或全部步骤,就不能受到相应的法律保护。这是因为,他们没有对其声称的对公司生存和竞争力非常重要的资源实施"应尽关注"及"应尽职责"。

2. 隐私

隐私是自然人的私人生活安宁和不愿为他人知晓的私密空间、私密活动、私密信息。隐私涉及一个人决定什么样的信息愿意让其他人知道、哪些人可以知道以及决定那些人什么时候可以知道的权利。个性化营销和体验已成为大势所趋,日渐融入人们的日常生活。人们越来越习惯和依赖基于数据和算法分析而提供的个性化产品和服务。然而,有关一个人的几乎全部信息(年龄、性别、金融数据、医疗数据、朋友、购买习惯、犯罪行为等)均以数据形式存在于多个不同地点的事实,使人们更加担心自己的隐私被泄露。人类社会正在迈向一个更加注重隐私安全的未来,从企业到个人,对于数据安全和隐私保护都越来越重视。解决隐私问题有几种方法，包括通用方法和行业监管。通用方法是跨越所有行业界限的横向法规。它影响包括政府在内的所有行业。行业监管是纵向法规。它定义了特定垂直行业的要求，例如金融行业和医疗保健行业。在这两种情况下，总体目标都是双重的。首先，这些举措旨在保护公民的个人身份信息。其次，力求在政府和企业收集和使用个人隐私数据的需求与安全问题之间取得平衡。目前，各国纷纷颁布了与隐私相关的法规。例如，尽管美国已经有了1974年的《隐私法案》，但为了满足保护个人隐私信息日益增长的需求，它又颁布了新的法律，例如《格雷姆-里奇-比利雷法案》和《健康保险可移植性与责任法案》(HIPAA)。这些都是以纵向方式处理隐私问题的例子，而欧盟的《通用数据保护条例》(GDPR)、加拿大的《个人信息保护和电子文件法》以及新西兰的1993年《隐私法案》是横向方式处理隐私问题的例子。2021年8月20日，第十三届全国人民代表大会常务委员会第三十次会议表决通过了我国首部专门针对个人信息保护的综合性法律——《中华人民共和国个人信息保护法》，该法于2021年11月1日起正式施行。

过去，公司仅仅要求安全从业人员知道如何进行渗透测试、配置防火墙以及处理与安全有关的技术问题。现在，安全从业人员不仅要紧跟时代，不断学习新技术，包括了解新的蠕虫攻击如何工作以及如何适当加以防范，掌握新版本的DoS攻击如何发生、什么工具可用于实施这种攻击，密切关注新发布的安全产品并将其与现有产品进行比较；还必须更多地参与解决面向业务的问题，了解法律和法规的内容。这是因为，如今组织机构必须遵守越来越多的法律和法规，而政府或机构制定的法律、法规和指令通常并不提供关于适当保护计算机和公司资产的详细指南。考虑到每个环境在拓扑、技术、基础设施、需求、功能和人员方面差别都很大，再加之技术更新越来越快，法律和法规永远都不可能正确反映现实的情况。相反，它们常常提出高级要求，告诉公司如何遵从这些法律和法规。作为安全从业人员，需要了解公司必须遵守哪些法律和法规，以及公司必须实施哪些控制才能实现合规。这意味着安全从业人员需要涉足技术和业务领域。

2.2　遵从与合规

由于安全事件频发，其破坏性和持续性不断发展，所以各种法律法规、行业指导性文件相应地也越来越多。组织机构应遵从这些法律和法规，并且为试图阻止安全违规而努力(即你自己不会对系统从事黑客行为，同时你有责任保证它不会被其他黑客攻击)。现实世界中往往会出现下列情况：一家公司的某个设施被焚毁，纵火犯只是这个悲剧中的一部分原因，还有一部分原因是公司没有施加“应有的注意”来确保自己不遭受此类损失，如预先安装火灾探测和抑制系统，在特定区域使用防火建筑材料、警报器、安全出口、灭火器，并且备份重要信息，以防它们受到火灾的破坏等。

公司为了自身的信息安全，研究和评估组织面临的信息安全风险，确定和实现真正有效的控制和防范措施，这是公司“应有的努力”。而采用合理的步骤来确保发生安全违规时通过适当的控制或对策减轻所遭受的破坏，则是公司“应有的注意”，是公司应承担的义务和责任，如果没有履行，则会因玩忽职守而受到指控。每家公司都有不同的“应有的注意”职责要求。以严格的流程来收集或共享用户的隐私信息，以必要的安全防卫措施抵御黑客入侵在线交易以及当几家公司以某些整合的方式共同工作时,采取适当的措施来保证每一方都同意必要级别的保护、义务和责任等,都属于公司的职责范畴。

合规不仅是企业为了满足外部监管机构的要求,更是完善企业治理,提高内部控制管理水平和风险管理水平的重要手段。企业应制订合规性计划,明确需要部署什么来满足必要的内外部驱动,并经由审计团队评估企业在满足已知需求方面做得如何。其中需要注意以下几个方面。

(1) 建立公司内部的统一合规标准

法律法规和技术标准具有各自区域的特点。这一点不难理解,因为各国的法律和政策的目标不一致,所以相关的法律和条例以及技术标准都各有不同和侧重。比如欧盟推出的《通用数据保护条例》,更偏重于对个人敏感数据和隐私的保护。而我国的《网络安全法》所覆盖的范围很大,不仅包括个人的信息安全保护,还包括对大数据和网络领域的等级保护,例如,对移动网络、物联网、云计算以及关键基础设施的相关保护要求。对于企业来说,为了符合相关规定,就需要制定满足不同需求的规定,决定在其内部应该建立起的安全框架类型(例如,信息安全管理体系标准族或信息系统安全等级保护标准族),采取合适的风险方法论(例如,ISO/IEC 27005 或我国的信息安全风险评估指南),明确需要遵循的控制目标标准(例如,信息及相关技术控制目标)。只有这些被建立起来并落实到位,企业的合规运营才能得以保证。实践中,从企业管理和运营成本的角度考虑,企业内可根据所在国家或地区的要求整理一份企业内部统一的安全标准。从产品的设计开发开始,就要严格遵循这一安全标准。为了让相关产品在某国家或地区销售的时候能够符合当地要求,企业要根据各地的不同要求做一些特殊要求,这部分的评估工作可以作为统一安全标准的一个补充,只在受影响的区域进行。

(2) 加强合规相关培训,统一内部认识

由于合规工作相关的标准和条例与企业的市场需求并不紧密甚至相背,无论普通员工还是高级经理对合规工作都有不重视、不理解的情况。而合规的要求却贯穿整个产品的管理流程,必须在各个流程的节点都要有相关的检查和验证手段,可以说对公司原有的日常管理工作的影响比较大,应该增加相关人员的工作量,而且更新管理人员的知识库。针对这些问题,相关的培训是必不可少的。无论是与风险相关的培训,还是与合规流程相关的培训,对老员工和新员工都要进行系统的培训。相关的工作人员应该把其中的风险和利害关系充分分享给企业的高级管理层。企业的高级管理层应参与企业信息安全的战略规划与政策制定,参与、监督、协调企业信息安全政策的执行,对企业信息安全应承担相应的责任并履行相应的义务。

2.3 计算机取证

计算机犯罪还在不断增加,且绝不会立即被根除,法律作为打击计算机犯罪的有力武器,令其发挥效力的关键是要将犯罪者留在计算机中的“痕迹”作为有效的诉讼证据提供给法庭,以便将犯罪者绳之以法。因此,所有安全从业人员都必须了解如何进行计算机犯罪调查。在发生潜在的计算机犯罪时，安全从业人员应根据特定情况下的法律要求，采取适当的调查步骤，以确保证据能够被法庭所接受，并且能够经受法庭的严密盘查和审查。

计算机取证致力于识别、提取、保存以及报告从计算机系统中获得的数据。它是计算机领域和法学领域的一门交叉科学。目前有关计算机取证技术的定义有多种，通常人们普遍认可的定义是“计算机取证是使用软件和工具，按照一些预先定义的程序，全面地检查计算机系统，以提取和保护有关计算机犯罪的证据的过程”。

计算机取证的最终目的是对能够为法庭接受的、足够可靠和有说服力的、存在于计算机和相关外设中的电子证据进行确定、收集、保护、分析、归档以及法庭出示。电子设备中的一些信息可以直接作为证据使用，但由于电子信息是潜在的并且通常与大量无关的信息资料共同存在，有时会出现信息已被删除的情况，因此大多数情况下需要通过专门的技术方法检验和提取电子信息。此外，计算机取证技术还可以通过科学技术方法证明一些电子证据的真实性。

计算机取证在计算机犯罪侦查中的应用主要分以下几个步骤：保护和勘查现场、分析数据、追踪源头、提交结果。

(1) 保护勘查现场

现场勘查是取证的第一步，这项工作可为下面的环节打下基础。冻结目标计算机系统，避免计算机系统发生任何的改变、数据破坏或病毒感染的情况。绘制计算机犯罪现场图、网络拓扑图，在移动或拆卸任何设备之前都要拍照存档，为今后模拟和犯罪现场还原提供直接依据。

必须保证“证据连续性”，即在证据被正式提交给法庭时，必须能够说明在证据从最初的获取状态到在法庭上出现状态之间的任何变化，当然最好是没有任何变化。

整个检查、取证过程必须是受到监督的。也就是说，所有调查取证工作，都应该有其他方委派的专家的监督。

积极要求证人、犯罪嫌疑人配合协作，从他们那里了解操作系统、存储数据的硬盘位置、文件目录等。值得一提的是，计算机犯罪的一个特点是内部人员作案比例较高，询问的当事人很可能就是犯罪嫌疑人。

(2) 分析数据

分析数据是计算机取证的核心和关键。要分析的数据内容包括计算机的类型、采用的操作系统，是否为多操作系统或有隐藏的分区；有无可疑外设；有无远程控制、木马程序及当前计算机系统的网络环境。注意开机、关机过程，尽可能避免正在运行的进程数据丢失或存在不可逆转的程序删除。

分析在磁盘的特殊区域中发现的所有相关数据。利用磁盘存储空闲空间的数据分析技术进行数据恢复，获得文件被增、删、改、复制前的痕迹。通过将收集的程序、数据和备份与当前运行的程序数据进行对比，从中发现篡改痕迹。

可通过该计算机的所有者，或电子签名、密码、交易记录、回邮信箱、邮件发送服务器的日志、上网 IP 等计算机特有信息识别体，结合全案其他证据进行综合审查。注意该计算机证据要同其他证据相互印证、相互联系起来综合分析；同时，要注意计算机证据能否为侦破该案提供其他线索或确定可能的作案时间、犯罪嫌疑人；审查计算机系统是否对数据备份以及是否有可恢复的其他数据。

(3) 追踪源头

上面提到的计算机取证步骤是静态的,即事件发生后对目标系统的静态分析。随着计算机犯罪技术手段的升级,这种静态的分析已经无法满足要求,需要将计算机取证结合到入侵检测等网络安全工具和网络体系结构中,进行动态取证。整个取证过程将更加系统化并且智能化,也将更加灵活多样。

对某些特定案件,如网络遭受黑客攻击,应收集的证据包括:系统登录文件、应用登录文件、AAA登录文件(如RADIUS登录)、网络单元登录、防火墙登录、主机型入侵检测事件、网络入侵检测事件、磁盘驱动器、文件备份、电话记录等。

当在取证期间黑客还在不断地入侵计算机系统,那么采用入侵检测系统对网络攻击进行监测是十分必要的,或者通过采用相关的设备或设置陷阱跟踪捕捉犯罪嫌疑人。

(4) 提交结果

打印对目标计算机系统的全面分析结果,然后给出分析结论,包括系统的整体情况,发现的文件结构、数据和作者的信息,对信息的任何隐藏、删除、保护、加密企图,以及在调查中发现的其他的相关信息。同时要标明提取时间、地点、机器、提取人及见证人。

2.4 道德补充

法律和道德之间存在着一个有趣的关系。大多数情况下,法律是基于道德的,并且它的实施是为了确保其他行为符合道德要求。但法律只是对人最低的道德要求。信息立法仅规定对于那些威胁信息安全的严重行为的惩处,而大量次一级的行为则可能游离于法律的边缘或法律之外。有些事情可能并不违法,但这并不意味着它们就是道德的。而且相对于信息领域日新月异的变化及不安全因素的层出不穷,有关法律又往往因立法程序而显得姗姗来迟。因此,为了使信息安全能够获得更深层次的保障,以弥补法律保障的不足,人们有必要从信息道德方面来考虑信息安全保障问题。

信息道德清楚明了地告诉人们哪些信息行为是道德的,哪些是不道德的,通过教育和宣传转化人们内在的信念和行为习惯,以此来指导人们的信息行为。信息道德在人们的信息行为实施之前为将要实施的信息行为指明了方向,从而引导信息行为向合法道德的方向发展。这种规范作用体现在两个方面:一是鼓励合乎道德的信息行为的实施;二是限制不道德的信息行为的实施,也就是说信息道德激励人们做出有利于信息安全的行为,而可能将不利于信息安全的行为扼杀在实施之前,这对维护信息安全无疑起到积极的作用。

信息道德作为信息世界的道德规范,一方面能够在人们做出信息行为之前,为其提供判断的标准;另一方面可以在人们的信息行为做出之时,对其加以制约,这种制约主要依靠主体的“自律”,制约作用突出体现在它给不利于信息安全的行为造成一种压力,形成一定的阻力,以阻止这种行为的继续实施,并有可能迫使行为主体放弃或改变这种行为。也就是说当不利于信息安全的行为已做出,但其行为过程尚未完成时,信息道德可能改变或终止这种行为,从而减少损失,对保护信息安全起到积极作用。

2.4.1 行业道德要求

计算机伦理协会(Computer Ethics Institute)是一个非营利组织,它以伦理的方式帮助推进技术发展。计算机伦理协会制定了自己的计算机伦理十戒。

不得使用计算机伤害其他人;

不得干预其他人的计算机工作;

不得窥探其他人的计算机文件;

不得使用计算机进行盗窃;

不得使用计算机提交伪证;

不得复制或使用尚未付款的专利软件;

未经他人许可或给予合理补偿,不得擅自使用其他人的计算机资源;

不得盗用其他人的知识成果;

应该考虑你所编写的程序或正在设计的系统的社会后果;

在使用计算机时,应考虑尊重人类。

因特网架构委员会(Internet Architecture Board, IAB)是用于 Internet 设计、工程和管理的协调委员会。它负责对 Internet 工程任务组(Internet Engineering Task Force, IETF)的活动、Internet 标准流程(Internet Standards Process)的监督和上诉、注释请求(Request for Comment, RFC)的编辑进行架构监管。

IAB 就 Internet 的使用发表了与道德相关的声明。IAB 认为 Internet 是一种资源,其可用性和可达性使其能够被广泛使用。IAB 主要关心 Internet 上不负责任的行为,这种行为会威胁 Internet 的存在,或者对其他方面产生负面影响。它认为 Internet 是一个伟大的礼物,并努力工作以保护所有依赖于 Internet 的人。IAB 认为使用 Internet 是一种特权,并且应当以尊重的情绪来对待并使用它。

IAB 认为下列行为是不道德和不可接受的:

故意寻找访问未获授权的 Internet 资源;

破坏 Internet 的使用;

通过有目的的行为浪费资源(人、容量和计算机);

破坏计算机信息的完整性;

在进行 Internet 范围的实验时出现过失。

国际信息系统安全认证协会$(ISC)^2$ 对注册信息系统安全专家(Certified Information Systems Security Professional, CISSP)的道德规范要求如下。

体面、诚实、公正、负责并合法地行事,保护社会;

勤奋工作,称职服务,推进安全事业;

鼓励研究的发展——教育、指导,并实现证书的价值;

防止不必要的恐惧或怀疑,不同意任何不良行为;

阻止不安全行为,保护并加强公共基础设施的完整性;

遵守所有明确或隐含的合同,并给出谨慎的建议;

避免任何利益冲突,尊重并信任其他人向你提出的问题,并只承担那些你完全有能力执行的工作;

持续学习最新技术,不参与任何可能损害其他安全专业人员声誉的活动。

中国信息安全测评中心设定的注册信息安全专业人员(Certified Information Security Professional,CISP)职业道德的准则如下。

① 维护国家、社会和公众的信息安全:

自觉维护国家信息安全,拒绝并抵制泄露国家秘密和破坏国家信息基础设施的行为;

自觉维护网络社会安全,拒绝并抵制通过计算机网络系统谋取非法利益和破坏社会和谐的行为;

自觉维护公众信息安全,拒绝并抵制通过计算机网络系统侵犯公众合法权益和泄露个人隐私的行为。

② 诚实守信,遵纪守法:

不通过计算机网络系统实施造谣、欺诈、诽谤、弄虚作假等违反诚信原则的行为;

不利用个人的信息安全技术能力实施或组织各种违法犯罪行为;

不在公众网络传播反动、暴力、黄色、低俗信息及非法软件。

③ 努力工作,尽职尽责:

热爱信息安全工作岗位,充分认识信息安全专业工作的责任和使命;

为发现和消除本单位或雇主的信息系统安全风险做出应有的努力和贡献;

帮助和指导信息安全同行提升信息安全保障知识和能力,为有需要的人谨慎负责地提出应对信息安全问题的建议和帮助。

④ 发展自身,维护荣誉:

通过持续学习增长自身的信息安全知识;

利用日常工作、学术交流等各种方式保持和提升信息安全实践能力;

以CISP身份为荣,积极参与各种证后活动,避免任何损害CISP声誉和形象的行为。

2022年1月5日,《互联网行业从业人员职业道德准则》(以下简称《准则》)由中国网络社会组织联合会正式发布。《准则》从行业自律的角度为互联网行业从业人员自觉规范职业行为、加强职业道德建设提供了依据和指南,有利于营造良好的网络生态环境,推动互联网行业健康发展。全文如下:

互联网行业从业人员职业道德准则

为加强互联网行业从业人员职业道德建设,规范职业道德养成,营造良好网络生态,推动互联网行业健康发展,依据《新时代公民道德建设实施纲要》、网信领域法律法规,结合互联网行业从业人员职业特点和相关监管要求,制定本准则。

一、坚持爱党爱国。坚持用习近平新时代中国特色社会主义思想特别是习近平总书记关于网络强国的重要思想武装头脑、指导实践、推动工作，增强“四个意识”，坚定“四个自信”，做到“两个维护”，热爱党、热爱祖国、热爱社会主义，坚决拥护党的路线方针政策。

二、坚持遵纪守法。强化法治观念、树立法治意识，带头遵守法律法规，严格落实治网管网政策要求，遵守公序良俗，抵制不良倾向，保守国家秘密，维护网络安全、数据安全和个人信息安全，推动互联网在法治轨道健康运行。

三、坚持价值引领。树立正确的政治方向、价值取向、舆论导向，大力弘扬和践行社会主义核心价值观，唱响主旋律、传播正能量、弘扬真善美，崇德向善、见贤思齐，文明互动、理性表达，推动构建清朗的网络空间。

四、坚持诚实守信。始终把诚信作为立身之本、从业之要，传播诚信理念，倡导诚信经营，重信守诺、求真务实、公平竞争，做到不恶意营销、不虚假宣传、不造谣传谣、不欺骗消费者。

五、坚持敬业奉献。立足本职、爱岗敬业，注重自我管理和自我提升，培养良好的职业素养和职业技能，发扬奉献精神，履行社会责任，始终把社会效益摆在突出的位置，实现社会效益与经济效益的统一。

六、坚持科技向善。坚决防范滥用算法、数据等损害社会公共利益和公民合法权益的行为，充分发挥科技创新的驱动和赋能作用，运用互联网新技术新应用新业态，构筑美好数字生活新图景，助力经济社会高质量发展。

2.4.2 企业道德计划

现代意义上的企业已经是人格化的企业，构成企业主体的人是有伦理道德的，因此，企业的经营管理也要注重伦理道德。企业道德主要是指在生产经营活动中约定俗成的行为规范和道德观念，使企业的行为得到有效的约束和调节；它跟随着社会的发展和变迁不断调节整合。企业道德的本质就是企业制度规范和企业的价值体系，着重强调的是企业及其员工内部的自我调节与释放。随着现代社会生活节奏的加快，整个企业的运营都过度强调和时间赛跑，这种高强度高速度的方式，虽然给企业和社会带来了大量的财富累积，但负面作用也是显而易见的：急功近利、浮躁、利欲熏心，等等。美国联邦组织量刑指南（Federal Sentencing Guidelines for Organizations，FSGO）为道德要求建立了一个大纲。我国公司法明文规定公司从事经营活动必须遵守法律法规、遵守道德规范、自觉接受监督、承担社会责任。越来越多的法规要求组织机构制定一个道德声明，甚至可能是一个道德计划。道德计划作为“确定的基调”，表示管理人员不仅需要确保其下属的行为合乎道德，而且他们自身也应遵循自己的规划。道德计划的主要目标是确保“不择手段取得成功”这句话不是工作环境中口头或不言而喻的文化。道德很抽象，它必须通过适当的业务过程和管理形式在现实世界的企业中得以实现。

如果组织机构指定了道德计划，那么有时这将有助于减少刑事审判和责任。该量刑指南进行过修订，要求组织机构的高级管理层和董事会成员积极参与制定并了解组织机构的道德计划,其目的是强化并鼓励"应有的努力"意识,以防范犯罪行为的发生。可以说,企业的伦理道德不单单是企业在正常运行的过程中不违反符合整个社会价值观的伦理道德,它还需要以自身的力量去提升整个社会水平。不但要"戒恶"还需要"扬善",最终目的是要以企业在社会中获得的利益再来回报社会,与社会一起进步。

我国企业道德规范包括一般规范和具体规范。一般规范基于社会主义道德体系、社会主义核心价值观,具体规范旨在讨论企业以怎样的行为规范和道德要求开展生产经营活动,主要包括团队意识、公平公正、德利并重、责任担当、诚实守信等。现在互联网已成为社会中不可缺少的基础设施。对企业来说能否适当且有效地利用互联网已成为这个时代生存和发展不可缺少的条件。但是在互联网的普及发展、社会对之依赖度加深的过程中,因对信息的管理不善、错误使用、恶意使用等行为而产生的社会问题越来越严重。因此,企业具体的道德规范应当包括一个在计算机和业务道德方面的指南,它应该成为员工手册的一部分,用于引导和传播,并成为培训内容之一。

2.5 延伸阅读

随着数字化进程的加快,网络边界逐步消失,网络安全事件在世界各地频发,诸如数据泄露、勒索软件、黑客攻击等层出不穷,有组织、有目的的网络攻击日益凸显,网络安全风险持续增加。例如2022年2月3日,全球航港巨头瑞士空港发生了一起勒索软件攻击事件,导致运营被干扰,这波网络攻击使得当天22架次航班发生轻微延误。2022年3月乌克兰重要电信运营商Ukrtelecom遭遇"强大的"网络攻击,导致全国电信服务中断。

对此,各国政府高度重视网络安全,以美国、欧盟、澳大利亚为代表的国家或地区纵深推进网络安全法律法规政策制定。我国也不例外,先后发布相关法律法规。例如2017年6月施行的《中华人民共和国网络安全法》界定了关键信息基础设施范围,对攻击、破坏我国关键信息基础设施的境外组织和个人规定了相应的惩治措施,增加了惩治网络诈骗等新型网络违法犯罪活动的规定等,明确规定国家实行网络安全等级保护制度,并要求网络运营者应当按照网络安全等级保护制度要求,履行安全保护义务。2021年9月施行的《中华人民共和国数据安全法》,明确数据安全是指通过采取必要措施,确保数据处于有效保护和合法利用的状态,以及具备保障持续安全状态的能力。2021年11月施行的《中华人民共和国个人信息保护法》使个人信息保护的权责清晰、处罚明确,为个人在数字空间中的数据与经济活动提供了法治保障,也为企业合规开展平台业务,更好发挥在数字经济中的角色提供了方向指南。

"网络执法要长牙齿,牙齿要长得很锋利。"2022年8月23日,中央网信办相关负责同志在国新办新闻发布会上表示,罚要罚得心惊肉跳,当然罚要依法依规地罚,要抓住一些重点问题,对违法违规行为性质严重的一些主体,加大执法力度,这样才能够发挥网络执法的"利剑"作用。

据统计，2022 年，全国网信系统累计依法约谈网站平台 8 608 家，警告 6 767 家，罚款处罚 512 家，暂停功能或更新 621 家，下架移动应用程序 420 款，会同电信主管部门取消违法网站许可或备案、关闭违法网站 25 233 家，移送相关案件线索 11 229 件。公安部部署开展专项行动，坚决打击侵犯用户信息安全的违法犯罪行为，有效遏制了此类违法犯罪活动的蔓延势头。相关举措极大地提升了我国互联网治理水平，推动了网络安全工作向更高水平、更深层次的迈进。

信息安全法规与道德案例分析

第3章　信息安全计划与策略

信息安全是商业运行问题，是组织流程，需要整个组织同时进行管理和控制，而不只是在IT部门。一个整体的安全计划是对组织较长时期内的信息安全活动的全面规划。组织安全策略及其支持标准、流程和指南，则定义了使用哪些特定的方法来实现该安全计划以及何时实现。本章将介绍信息安全计划的主要内容以及使计划具有可操作性的信息安全策略。

3.1　安全计划

信息安全计划将安全功能与组织的战略、目标、任务和愿景相结合，包括根据商业论证、预算限制或稀缺资源设计和实现安全性。商业论证通常会记录参数或说明立场，以对做出决定或采取某种形式行动的必要性进行定义。商业论证的制定说明了具体的商业需求，改变现有业务或选择实现商业目标的方法，表明一个新的项目，尤其是与安全相关的项目即将启动。预算限制考虑能够用于以商业需求为基础的安全防范项目的预算有多少。做好安全防护往往成本很高，但这却是长期可靠经营的重要因素。对大多数机构而言，资金和资源，比如人、技术和空间，都是有限的。由于有这样的资源限制，因此需要努力实现利益最大化。

一个完整的安全计划包含以下几个方面的内容。

授权：安全计划中必须包含正确级别的有效职责和授权。

框架：安全框架提供了构建计划的防御体系。

评估：评估什么需要保护，为什么需要保护，以及如何改善安全状况。

规划：规划产品的优先级和安全措施的时间线。

实施：安全团队应根据规划的预期效果来实施。

维护：安全计划的最后阶段是维护已经达到成熟的部分。

3.1.1　授权

安全计划章程定义了安全机构的目的、范围以及职责，并为计划提供正式授权。安全由高层管理人员所驱动，安全计划的启动、支持和方向都来自高层管理人员。职能管理层要了解各职能部门的运作方式、每位员工的工作职能以及公司安全对其所管理部门的直接影响。运营经理和员工与公司的实际运作密切相关，要了解详细的技术和措施要求、系统及系统的使用方式。组织机构中各层次的人员对安全在组织机构中发挥的作用有着不同见解，并且都应当采用最佳安全实践、措施和选定的控制，以确保一致认可通过的安全级别能够提供必要的保护，同时不会给公司的生产效率带来负面影响。

需要明确定义部门及个人在组织内部的整个安全实现和管理方案中所扮演的特定安全角色。安全部门负责信息保护、风险管理、监控和响应。安全部门也可能负责执行工作，如训斥甚至解雇正式员工或合同工，但更常见的是将这一权力赋予人力资源部门。安全部门的其他职责包括物理安全维护、灾难恢复和业务连续性计划、监管、内部合规和审计。这些职责各公司有所不同，但都应在安全计划章程中明确规定，并应得到公司行政人员的授权。

资源配置计划是一项持续性战略，用于提供运营安全功能所需的人数。资源配置计划应考虑内包、外包、离岸外包等因素，说明如何利用员工、承包商、顾问、服务供应商和临时工来推动安全实施、运营和改进的进程。

3.1.2 框架

安全计划是一个由很多实体构成的框架：逻辑、管理和物理的保护机制、流程、业务过程和人，它们共同为环境提供保护级别。各种营利和非营利组织机构制定了优秀的安全管理方法、安全控制目标、过程管理和企业发展行业标准，组织在进行安全工程建设中以此为参考和指引，可以自由插入不同类型的技术、方法和流程，以达到环境所需的保护级别。

(1) 安全规划开发

ISO/IEC 27000 系列是 ISO 和 IEC 联合开发的关于如何开发和维护信息安全管理体系的国际标准。

(2) 企业架构开发

Zachman 框架是由 John Zachman 开发的企业框架模型。

TOGAF(The Open Group Architecture Framework)是由开放群组(The Open Group)开发的用于企业架构开发的模型和方法论。

DODAF(Department of Defense Architecture Framework)是美国国防部体系架构框架，用于保障军事任务完成过程中系统间的互操作性。

MODAF(British Ministry of Defense Architecture Framework)是英国国防部架构框架，主要用在军事任务支持方面。

(3) 安全企业架构开发

SABSA(Sherwood Applied Business Security Architecture，舍伍德商业应用安全架构)是用于企业信息安全架构开发的模型和方法论。

(4) 安全控制开发

COBIT(Control Objectives for Information and related Technology，信息及相关技术控制目标)是由国际信息系统审计协会(ISACA)和 IT 治理协会(ITGI)联合开发的 IT 管理控制目标集。

SP(Special Publication)800-53 是由美国国家标准与技术研究院(NIST)开发的保护美国联邦系统的控制集。

(5) 公司治理

coso 内部控制框架由美国反虚假财务报告委员会下属的发起人委员会(COSO)开发，

旨在帮助降低财务欺诈风险。

(6) 过程管理

ITIL(Information Technology Infrastructure Library,信息技术基础架构库)是由英国商务部开发的用于IT服务管理的过程。

Six Sigma(六西格玛)是被用来开展过程改进的业务管理策略。

CMMI(Capability Maturity Model Integration,能力成熟度模型集成)由美国卡内基梅隆大学开发,目的是实现组织的开发过程改进。

在建立堡垒前,建筑师要给出建筑结构的蓝图。组织为特定业务需求识别、开发和设计安全需求时,蓝图是组织建立其安全堡垒的重要工具。蓝图列出安全解决方案、过程和组件,应用于组织内不同的业务部门中,供组织用于满足自身的安全和业务需求。

在组织安全堡垒工程施工中,ISO/IEC 27000主要在策略层工作,就像说明想建造的房屋的类型(二层、牧场式、5间卧室和3间浴室)。企业安全框架像房子的建筑布局(基础、墙壁和天花板)。蓝图好比房子特定组件(窗户类型、安全系统、电气系统和管道等)的详细说明。控制目标好比为保障安全而规定的建设规范和条款(包括电气接地、布线、建材、保温和防火等)。建筑检查员将使用他的检查列表(建筑规范)以确保安全地建造自己的房子。这就如同审计师用他的检查列表(COBIT或SP 800-53)确保安全地建立和维护安全流程。

一旦房子建成了,家人搬进去后就会设置时间表和日常生活的流程,让日常生活以可预测和高效的方式进行(如爸爸接孩子放学,妈妈做饭,大一点的孩子洗衣服,爸爸支付账单,每个人都做院子里的工作)。这类似于安全堡垒在完工后投入使用,流程管理和改进(ITIL)开始发挥作用。假如家庭是由一些优秀工作人员组成,而他们的目标是尽可能高效地优化日常活动,那么他们很可能会采纳六西格玛方法,该方法以持续过程改进为重点。

将信息安全的国家法规、行业规范、技术标准等内容转化落实成组织内部可操作的工作要求,得到组织的安全策略。安全标准、指南和流程,进一步为策略提供更细粒度的支持。在规范化结构的顶层(也就是策略层),因为只包含全面的、一般性的观点和目标,所以文档较少。在规范化结构的较低层(也就是标准、指南和流程层)有比较多的文挡,因为它们包含数量有限的系统、网络、部门和区域的特定详细信息。图3-1使用倒金字塔来表示组件的依赖关系及文档体积的相对大小。安全策略是有组织的安全文档的总体结构的基础。然后,标准基于策略并受规章制度的管辖。指南从中衍生而来。最后,流程基于结构的三个基本层。

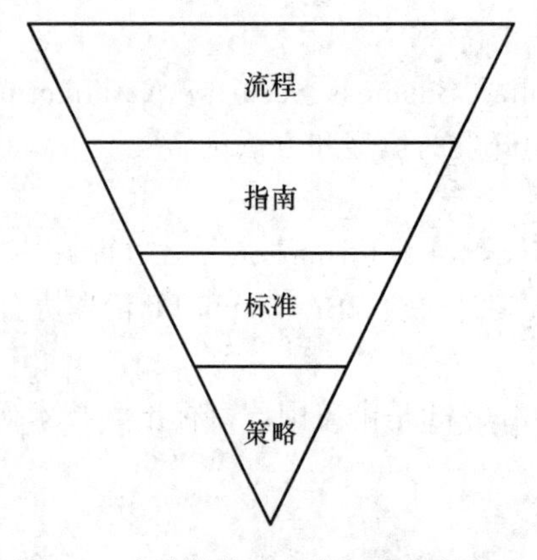

图3-1　安全架构中组件间的依赖关系

3.1.3 评估

1. 信息分类

信息可以分成不同的类别。通常的做法是,根据它的重要性、敏感程度、被窃取和不正当使用的脆弱性来对信息分类,并由此决定保护各种信息所需要的安全控制、安全保护的优先顺序,以确保信息资产得到适当级别的保护。

每个组织都必须开发最符合自己业务和安全需要的信息分类方案。首先,确定分几级才能最适应组织安全的需要;然后,指定命名方案;最后,定义出每个级别叫什么名称。每种分类都应唯一且区别于其他分类,同时不能有任何重叠。分类过程还应当简单说明如何通过生命周期(由建立到终止的整个过程)控制并处理信息与应用程序。

组织机构可能用于决定信息敏感度的一些准则参数,包括:

数据的有用性;

数据的时效性;

数据的价值或成本;

数据的成熟度或年龄;

数据的生存期(或何时过期);

数据与人员的关联;

数据泄露的损失评估(也就是数据泄露会对组织有何影响);

数据修改的损失评估(也就是修改数据会对组织有何影响);

数据的国家安全性含义;

对数据的已授权访问(也就是谁可以访问数据);

对数据的访问限制(也就是谁对数据的访问受到限制);

数据的维护和监控(也就是谁应该维护并监控数据);

数据的存储。

数据并非唯一需要分类的事物,有时应用程序和整个系统也需要分类。应用程序的分类应当基于公司对软件的确信(自信程度)及其能够存储和处理的信息类型。

两种通用的分类方案是政府/军方分类和商业/私营部门分类。《中华人民共和国保守国家秘密法》第十四条规定,国家秘密的密级分为"绝密""机密""秘密"三级。绝密级国家秘密是最重要的国家秘密,泄露会使国家安全和利益遭受特别严重的损害;机密级国家秘密是重要的国家秘密,泄露会使国家安全和利益遭受严重的损害;秘密级国家秘密是一般的国家秘密,泄露会使国家安全和利益遭受损害。

商业/私营部门的分类系统通常相差很大,一种常见的商业/私营部门分类级别如下。

机密:最高的分类级别,用于极端敏感的和只能内部使用的数据。如果机密数据被泄露,那么会对组织产生重大的负面影响。有时也用标签"专有数据"来替代标签"机密信息"。如果专有数据被泄露,将会对组织的竞争力产生灾难性后果。

隐私:用于具有隐私性或个人特性以及只供内部使用的数据。如果隐私性数据被泄露,那么会对组织或个人产生重大的负面影响。

敏感:用于分类级别高于公开数据的数据。如果敏感数据被泄露,那么会对组织产生负面影响。

公开:最低的分类级别,用于不属于任何一种较高分类级别的所有数据。这种数据的泄露不会对组织造成严重的负面影响。

2. 风险评估

对每种分类执行何种控制取决于管理层和安全团队决定的保护级别。风险评估提供了有关该组织的现有信息资产存在风险的观点。评估优先考虑工作和预算分配,以便更大的风险获得更多的关注和资源。风险评估的结果是该组织关注的明确定义的风险集。这些风险能够通过有效的安全控制手段来减轻、转移或接受,使不同类型的信息得以保护。风险评估过程中的差距分析可以比较安全计划的理想状态与当前的实际状态,并确定差异。这些差异或差距构成了采取补救工作的行动目标的集合,从而改善组织的安全状况,与一个或多个标准、需求或战略趋于一致。至此,组织可以放心地提供给那些需要使用这些数据的授权方更高的访问级别;同样,第三方可以给组织安全数据更多的访问权限,相互信任程度越来越高;组织可以安全地提供给外部(如客户、供应商、合作伙伴、厂商、咨询顾问、员工和承包商)更多的访问权限。在这个全球日益数字化的时代,提供这种安全的和可信的访问不再是一项独特优势,而是一个企业的必要措施。

3.1.4 规划

规划描述了未来一段时间内的重要活动和里程碑(通常是季度、一年、三年、五年或定期推进"滚动"的时间段)。按照自上而下的层次,安全规划路线如图3-2所示。

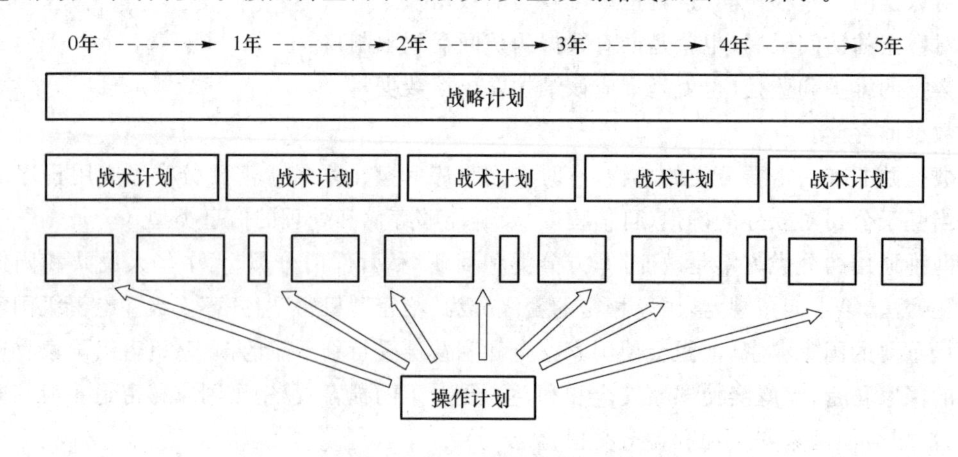

图3-2 安全规划路线图

1. 战略计划

战略计划是指在组织发展战略目标的指导下,对信息安全目标和内容进行的整体规划。战略计划全面系统地指导信息安全的进程,优化企业业务流程,提出组织信息安全建设的愿景、目标和战略，为组织的业务战略目标服务。战略计划是信息安全的基本纲领和总体指向，是信息安全体系设计和实施的前提与依据。战略计划是一个相当稳定的长期计划。如果战略计划每年都被维护和更新，那么大约可以使用 5 年。

2. 战术计划

战术计划是一项中期计划，旨在为实现战略计划中设定的目标提供更多细节，也可以根据不可预知的事件临时制定。战术计划的有效期一般为一年左右，通常规定和安排完成组织目标所需的任务。战术计划的一些例子包括项目计划、采购计划、招聘计划、预算计划、维护计划、支持计划和系统开发计划。

3. 操作计划

操作计划是一个短期计划，它是基于战略计划和战术计划制订的非常周详的计划。它只在短期内有效或有用。操作计划必须经常更新(如每个月或每个季度更新一次)，以保持与战术计划的一致性。操作计划能清楚地说明如何完成组织机构的各种目标，其中包括：资源分配、预算要求、人员分配、进度安排以及实施步骤或流程。操作计划包括实施过程如何符合组织安全政策的详细信息。操作计划的例子有培训计划、系统部署计划和产品设计计划。

一个成功的安全规划需要同时具有战略、战术和操作计划。有了一个明确的战略计划，推动战术行动和操作执行，安全规划才能获得最大的成功。

3.1.5　实施

安全没有灵丹妙药，从这个意义上讲，“灵丹妙药”指的是一种单一的安全设备、产品或技术，能够提供全面的保护，抵御所有威胁。有些在市场上销售的安全产品号称是“一体化安全”解决方案，可为公司提供所需的所有安全性。实际上，安全威胁和风险是复杂和不断变化的。安全技术需要根据业务环境进行选择，使其针对具体确定的风险，具有明确的目标。

如果组织仅对其网络设置技术控制而没有配套业务流程，则其并没有认识到计算机仅仅是完成特定目标的工具，该工具应该为一个有效的业务流程服务。例如，购买一个数据库并没有解决如何管理客户数据的问题。客户数据管理是一个业务流程，数据库只是为其提供便利。同样，仅购买防火墙也不会增加安全性。此外，如果技术控制妨碍业务或减缓工作流程，人们还会想方设法绕过这些措施，使其无效或无用。

在网络安全的大环境中，业务目标、优先级和流程确定了工具的选择，而工具则用于促进业务流程。图 3-3 说明了这一原则。任何安全的实施都是当前威胁模型、保护要求、受保护环境以及防御技术的一个缩影。随着技术和业务环境的不断发展，缩影中的技术控制会变得越来越不合适。

在选择安全产品之前，必须确定业务流程，以便选择适合业务环境的安全产品。适当考虑如何使用安全工具来促进业务需求，可提高安全工具有效和适用的可能性。安全从业人员必须尝试了解基本业务流程和数据流向，以面对安全挑战。安全从业人员越早参与项目规划过程，安全解决方案就会越成功。在考虑安全问题时，应认识到永远不可能做到百分之百的安全,但可选择许多工具来管理风险。如果使用得当,这些工具可以帮助实现风险管理目标。

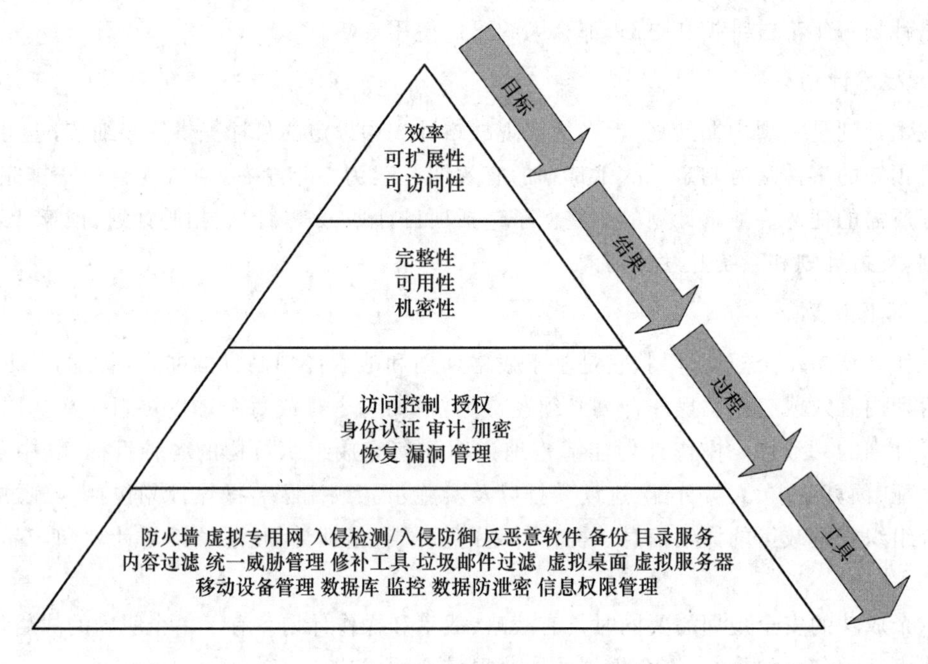

图 3-3　安全实施原则

3.1.6　维护

安全性维护是一个持续的过程。安全环境的改变可能引入会导致新脆弱性出现的漏洞、重叠、客体丢失和疏漏。面对变更,维持安全性的唯一方法是系统地管理变更并加强员工安全意识的培训。

变更管理往往涉及对与安全控制和机制相关的活动进行广泛的计划编制、测试、日志记录、审计和监控。然后对环境变化进行记录,确定变更的作用者,无论这些作用者是主体、客体、程序、通信路径还是网络本身。变更管理的目标是确保任何变更都不能降低或危及安全性。变更管理还负责将任何变更都回滚到先前的安全状态。变更管理可以在任何系统上实现(不考虑安全级别)。最终,通过避免对已实现的安全性带来无意识的、间接的或连带性的降低现象,变更管理能够改善环境的安全性。尽管变更管理的一个重要目标是防止安全性被降低,但其主要用途是详细记录和审计所有变更,从而能够通过管理进行详细的检查。

变更管理应该用于监督系统在各个方面发生的变更,包括硬件配置、操作系统和应用软件的变更。变更管理应该被包含在设计、开发、测试、评估、实现、分发、演变、发展、持续操作以及修改中。变更管理不仅需要每个组件和配置的详细目录,而且还需要为每个系统组件(从硬件到软件,以及从配置设置到安全特性)收集和维护完整的文档。

配置或变更管理的变更控制过程具有以下几个目标或要求。

- 以受监控的和有序的方式实现变更,变更总是处在控制之下。

- 包含正式的测试过程，这种过程用于确认变更产生的预期结果。
- 所有的变更都可以撤销（也被称为回退或回滚计划/流程）。在变更发生前向用户发出通知，以避免降低生产率。
- 对变更的影响应进行系统分析。
- 变更对能力、功能和性能产生的负面效应最小化。
- 变更由变更审批委员会（Change Approval Board，CAB）审阅和批准。

并行运行是变更管理过程的一个示例，在这种新系统部署测试中，新系统和旧系统并行运行。每个主要的或重要的用户进程在所有系统上同时执行，从而确保新系统支持老系统所支持或提供的所有必需的业务功能。

安全意识宣贯与培训用来告知员工、业务合作伙伴和其他利益相关者他们在各种情况下应该采取什么样的行动，如果他们不遵守规则会有何种后果。人本身就具有弱点，互联网的发展使得这种弱点已经成为网络的一部分，而就目前看来，最有效控制这种弱点的方法只有持续的安全意识教育和宣传。

3.2 安全策略

安全计划包含为组织提供全面保护和长远安全策略需要的所有条款。信息安全策略是对信息安全计划的细化，使计划具有可操作性，其宗旨是通过一系列规则和方法支持信息安全战略目标的实现。如果组织中没有关于信息安全问题的策略，组织的成员在使用信息或者处理信息安全问题时缺乏正面的引导，则很容易造成信息的滥用，也容易被用心不良的人钻空子。信息安全策略的具体执行可以通过制定标准、流程和指南等加以明确，而执行的效果还要通过信息安全管理过程中相关的活动来加以评估和审计，如果有必要，如新的商业目标的引入，应该更新现有的信息安全策略。

3.2.1 策略描述

安全策略是高级管理层（或是选定的董事会和委员会）制定的一个全面声明，可以被看作机构自己的法律，是强制性的，所以必须遵守。策略要措辞肯定，表现出管理层不容置疑的支持。策略有些像指导方针，但有所不同。指导方针是管理层建议性的指示，可采纳也可以不采纳。当把一项工作交给分散的人员去完成却无法强制他们执行某项规则时，组织内最高信息安全部门就可以适当制定和发布一些指导方针而不是策略。比如，组织内最高信息安全部门在制定部门的应急预案时就常常会发布某些指导方针。如果部门应急预案由用户部门的管理层自己负责制定，而信息安全部门又无权规定这些应急预案的格式或内容，发布指导方针可能会更稳妥一些。

组织有很多安全策略，这些策略应该按层级化的方式建立。组织的安全策略体系从高到低依次为组织级策略、事务级策略和系统级策略，这些策略全面保障组织的信息资产的机密性、可用性、完整性不被破坏。

在组织级策略中，管理层规定了应该如何建立安全计划，制定安全计划的目标，分配责任,说明安全的战略和战术价值,并且概述了应该如何执行安全计划。这种策略必须涉及相关法律、规章、责任以及如何遵守这些规定。组织级策略为组织机构内部未来的所有安全活动提供了范围和方向,还说明了高级管理层愿意接受多大的风险。

事务级策略主要针对管理层认为需要特别关注和详细说明的安全问题,以确保能够构建一个全面的安全体系。这样,所有雇员都能清楚地了解如何遵守这些安全规定。例如,某个组织机构可能会选择如下的电子邮件安全策略:它规定管理层在监控时能够查看雇员的哪些电子邮件信息,规定雇员能够使用哪些电子邮件功能。

再具体一些,某个电子邮件策略可能规定,管理层可以查看邮件服务器上的任何雇员的电子邮件信息,但是不能查看用户工作站上的电子邮件信息。该策略还可能规定,雇员不能使用电子邮件共享机密信息或者传播不适当的内容。雇员会因为这些活动而受到监控。在雇员使用电子邮件客户端之前,应要求他们要么签署一份确认文档,要么在确认对话框中单击“Yes”按钮表示确认。这种策略为雇员提供了指导和规定,说明他们能做什么以及不能做什么,并且告知雇员他们的行为将会有怎样的后果。此外,这种策略还能够提供责任保护,以防止雇员在处理电子邮件时由于种种原因而抱怨。

系统级策略与实际的计算机、网络和应用程序有关。组织中针对系统的策略既可以规定应该如何保护包含敏感信息的数据库、谁可以访问它和如何对它进行审计,也可以规定应该如何锁定和管理笔记本式计算机。这种策略针对的是一个或一组相似系统,规定应该如何保护它们。

从实践角度,我们可以试着对信息安全策略的组成部分和主要内容进行描述,并对策略整体的比较总结出一些衡量指标点(表 3-1),便于我们制定、选择更好的策略。

表 3-1　策略文件模型

指标	说明
信息属性的重点	保密性、完整性和可用性,以及哪些控制在何时适用
信息的拥有者、保管者和用户	与信息安全相关的角色和责任
读者的工作性质	雇员、承包商、顾问、临时工、业务伙伴、客户
职务名称	系统管理员、系统开发员、用户、经理等
数据分类	信息的敏感性和根据敏感性掌握变化的方式
数据的危险度	所需的备份、恢复协议的时间、恢复期间保持数据完整的方式等
信息评估	内部信息的价值、替换价值和对于别人的价值
遵守规定	必须遵守的法律法规以及如何让人们遵守
设备类型	主机、个人计算机、个人数字助理等
地理位置	在办公室、在客户单位、在路上、在国外等
网络信任域	不同的域内采用不同的控制,每个域都有不同的信任级别
人们要做的决定	多长时间进行一次备份、如何预防病毒、在什么情况下可以把信息披露给外部人员等
信息面对的威胁	适用开发人员和质量管理人员,说明应该采用哪些控制

一个正式的信息安全策略一般应包含以下内容。

(1) 适用范围

适用范围包括人员和时间上的范围,例如“平等地适用于所有雇员,本规定适用于工作时间和非工作时间”,消除本该受到约束的员工产生自己是个例的想法,也保证策略不至于被误解为是针对某个人的。

(2) 目标

例如“为确保公司的技术、经营秘密不流失,维护企业的经济利益,根据国家有关法规,结合企业实际,特制定本条例”。目标明确了信息安全保护对公司是有重要意义的,而不是毫无意义和不必要的,是与国家法律相一致的而不是不受法律保护的。主题明确的策略可能有更明确的目标,例如防病毒策略的目标可以是“为了正确执行对计算机病毒、蠕虫、特洛伊木马的预防、侦测和清除任务,特制定本策略”。

(3) 策略主题

根据监管和业务要求,不同组织的安全策略所包含的主题各不相同。组织一般倾向于采用基于控制目标的方法来创建其安全策略框架,例如有些组织根据 COBIT(信息及相关技术控制目标)制定其安全策略,有些则将 COBIT 和 ITIL 相结合,以确保实现服务管理目标。

在安全策略框架下,通常会包括下列主题相关的信息安全策略:

环境和设备的安全;

信息资产的分级和人员责任;

安全事故的报告与响应;

第三方访问的安全性;

委外处理系统的安全;

人员的任用、培训和职责;

系统策划、验收、使用和维护的安全要求;

信息与软件交换的安全;

计算机和网络的访问控制和审核;

远程工作的安全;

加密技术控制;

备份、灾难恢复和可持续发展的要求;

符合法律法规和技术指标的要求。

也可以划分更细一些,如账号管理策略、便携式计算机使用策略、口令管理策略、防病毒策略、软件控制策略、E-mail 使用策略、Internet 访问控制策略等。每一种主题可以借鉴相关的标准和惯例,例如环境和设备安全可以参考的国家标准有 GB 50174-93《电子计算机机房设计规范》、GB 2887-89《计算站场地技术条件》、GB 9361-88《计算站场地安全要求》等(当然这些标准制定的时间比较早,组织需要根据自己的情况判断吸收,一些对信息安全要求比较高的组织可能在很多方面要高于这些标准的要求,对于大型组织也可以参考这些标准进而自己设定相应的标准)。

每个主题的策略都应该简洁、清晰地阐明什么行为是组织所期望的,并提供足够的信息,保证相关人员仅通过策略自身就可以判断哪些策略内容是和自己的工作环境相关的,是适用于哪些信息资产和处理过程的,组织对其授予了什么权利,以及自己对信息资产所负的责任。例如"绝密级的技术、经营战略,只限于主管部门总经理或副总经理批准的直接需要的科室和人员使用,使用科室和人员必须做好使用过程的保密工作,而且必须办理登记手续"。

3.2.2 策略制定与实施

随着全球信息化程度越来越高,信息化普及范围越来越广,信息系统所面临的威胁也越来越多,越来越复杂化。鉴于安全管理工作的难度和复杂性,在制定安全策略时必须充分地调查研究,集思广益,广泛了解大家的看法,由此才能设计出适合组织现状、顺应民心诉求的简单实用的策略。这样的策略才能被充分贯彻实施,才能对组织的发展产生积极的作用。

(1) 了解组织业务特征

充分了解组织业务特征是设计信息安全策略的前提。只有了解组织业务特征,才能发现并分析组织业务所处的风险环境,并在此基础上提出合理的、与组织业务目标相一致的安全保障措施,定义出技术与管理相结合的控制方法,从而制定有效的信息安全策略和流程。

对组织业务的了解包括对其业务内容、性质、目标及其价值的分析,在信息安全中,业务一般是以资产形式表现出来的,它包括信息的数据、软件和硬件、无形资产、人员及其能力等。安全风险管理论认为,对业务资产的适度保护对业务的成功至关重要。要实现对业务资产的有效保护,必须要对资产有很清晰的了解。

对组织文化及人员状况的了解有助于掌握人员的安全意识、心理状况和行为状况,为制定合理的安全策略打下基础。

(2) 得到管理层的明确支持与承诺

要制定一个有效的信息安全策略,必须与管理层进行有效沟通,并得到组织高层领导的支持与承诺。这有三个作用,一是使制定的信息安全策略与组织的业务目标一致;二是使制定的安全方针、政策和控制措施可以在组织的上上下下得到有效的贯彻;三是可以得到有效的资源保证,比如在制定策略时必要的资金与人力资源的支持,部门之间的协调问题等,都必须由高层管理人员来推动。

(3) 组建安全策略制定小组

安全策略制定小组的人员组成如下:

高级管理人员;

信息安全管理人员;

信息安全技术人员;

负责安全策略执行的管理人员;

用户部门人员。

小组成员人数的多少视安全策略的规模与范围大小而定。在制定较大规模的安全策略时,小组应指定安全策略起草人、检查审阅人和测试用户,要确定策略由什么管理人员批准发布,由什么人员负责实施。

(4) 明确信息安全整体目标

即描述信息安全宏观需求和预期达到的目标。一个典型的目标是:通过防止和最小化安全事故的影响，保证业务持续性，使业务损失最小化，并为业务目标的实现提供保障。

（5）划定安全策略范围

组织需要根据自己的实际情况确定信息安全策略要涉及的范围，可以在整个组织范围内，或者在个别部门或领域制定信息安全策略，这需要与组织实施的信息安全管理体系范围结合起来考虑。

（6）风险评估与选择安全控制

组织信息安全管理现状调查与风险评估工作是建立信息安全策略的基础与关键。在安全体系建立的整个过程中，风险评估工作占了很大的比例，风险评估的工作质量直接影响安全控制的合理选择和安全策略的完备制定。风险评估的结果是选择适合组织的控制目标与控制方式的基础，组织选择出了适合自己安全需求的控制目标与控制方式后，安全策略的制定才有了最直接的依据。

（7）起草拟定安全策略

根据风险评估与选择安全控制的结果，起草拟定安全策略。安全策略要尽可能地涵盖所有的风险和控制，没有涉及的内容要说明原因，并阐述如何根据具体的风险和控制来决定制定什么样的安全策略。

（8）评估安全策略

安全策略制定完成后，要进行充分的专家评估和用户测试，以评估安全策略的完备性和易用性，确定安全策略能否达到组织所需的安全目标。评估时可以考虑以下问题：

安全策略是否符合法律、法规、技术标准及合同的要求；

管理层是否已批准了安全策略，并明确承诺支持政策的实施；

安全策略是否损害组织、组织人员及第三方的利益；

安全策略是否实用、可操作并可以在组织中全面实施；

安全策略是否满足组织在各个方面的安全要求；

安全策略是否已传达给组织中的人员与相关利益方，并得到了他们的同意。

（9）实施安全策略

安全策略通过测试评估后，需要由管理层正式批准实施。可以把安全方针与具体安全策略编制成组织信息安全策略手册，然后发布到组织中的每个组织人员与相关利益方，明确安全责任与义务。这样做的主要原因如下：

几乎所有层次的所有人员都会涉及这些政策；

组织中的主要资源将被这些政策所涵盖；

将引入许多新的条款、流程和活动来执行安全策略。

为了使所有人员更好地理解安全策略，要在组织中开展各种方式的政策宣传和安全意识教育工作，要营造“信息安全，人人有责”的信息安全氛围。宣传方式可以是管理层的集体宣讲、小组讨论、网络论坛、内部通讯、专题培训以及安全演习等。

（10）策略的持续改进

安全策略制定实施后，并不能“高枕无忧”，因为组织所处的内外环境是不断变化的，信息资产所面临的风险也是一个变数，人的思想和观念也在不断变化。组织要定期评估安全策略，并对其进行持续改进，在这个不断变化的环境中，组织要想把风险控制在一个可以接受的范围内，就要对控制措施及信息安全策略进行持续的改进，使之在理论上、标准上及方法上持续改进。

安全策略的制定与正确实施对组织的安全有着非常重要的作用。要衡量一个信息安全策略的整体优劣可以考虑以下因素。

目的性:策略是为组织完成自己的使命而制定的,策略应该反映组织的整体利益和可持续发展的要求。

适用性:策略应该反映组织的真实环境,反映当前信息安全的发展水平。

可行性:策略应该具有切实可行性,其目标应该是可以实现的,并容易测量和审核。没有可行性的策略不仅浪费时间,还会引起政策混乱。

经济性:策略应该经济合理,过分复杂和草率都是不可取的。

完整性:策略应能够反映组织所有业务流程的安全需要。

一致性:策略的一致性包含三个层次,即和国家、地方的法律法规保持一致,和组织已有的策略(方针)保持一致,和组织的整体安全策略保持一致。策略要反映企业对信息安全的一般看法,保证用户不把该策略视为不合理的,甚至针对某个人的。

弹性:策略不仅要满足当前的组织要求,还要满足组织和环境在未来一段时间内发展的要求。

当然要开发一系列好的信息安全策略还必须措辞恰当,良好的措辞可以造就优秀的策略,而很差的用词则会起到完全相反的结果,所选用的版式和媒体对策略的效果也会有些影响。

信息安全可谓是一个相当复杂的领域,制定一套全面的安全策略,需要分步进行。第一步先请管理层批准一套概括性(组织级/高级)策略,如要在授予用户内部系统访问权之前确定他们的身份。最初制定的一套策略可被用来建立机构的信息安全基础设施,或用来弄清楚该基础设施少了哪些部分。例如,如果少的是强制执行机制,最先的这套策略就应规定出应该由谁负责检查遵守策略情况和对不遵守规定的行为处罚。第二步则是申请批准一套具体策略,涉及的策略主题是在最初的策略陈述中谈到的,通常至少要包括信息安全责任、计算机病毒、信息备份、应急计划拟制、系统互联、用户身份认证和系统访问控制权限等,具体例子如用户每次通过公共电话交换网之类外部网络连接内部网络时,都要使用身份令牌生成动态口令。好的安全策略不仅能促进全体人员参与到保障组织信息安全的行动中来,而且能有效地降低由人为因素所造成的安全损害。

3.2.3 安全标准、流程

策略规定了安全在组织机构内所扮演的角色。上层、高层或管理部门负责启动和定义组织的安全策略,为组织中较低级别的人员指出了方向。中层管理部门的职责是在安全策略的指导下制定标准和流程。接着,操作管理者或安全专家负责实现在安全管理文档中规定的配置要求。最后,最终用户必须遵守组织制定的所有安全策略。可见,标准和流程是战术工具,用于表达和支持安全策略中的指示,促成安全策略所指示的战略目标的实现。

1. 标准

策略和标准都属于必须遵守的管理层指示,但策略所做的指示是宏观性的,标准提出的则是具体的技术要求。标准为硬件、软件、技术和安全控制方法的统一使用定义了强制性要求。标准提供了操作过程，在这个过程中，整个组织内部统一实现技术和措施。

因为标准所涉及的人工流程、机构体系、业务流程和信息系统技术会很快发生变化，与策略相比，标准的改动会更频繁，幅度也会更大。一般来讲，策略的有效期可达五年，而标准的有效期只有二三年。例如，一个网络安全标准可能会规定，新的或有过实质性改动的所有系统都必须符合国际标准有关通过公钥密码进行安全通信信道认证的 X. 509 标准，而 X. 509 标准在接下来的二三年却有可能被修订、扩展和/或取代。

此外，策略的受众范围通常要大于标准。例如，一项要求使用硬盘加密软件的策略可能对所有将计算机用于业务用途的移动计算机用户都适用，而一项要求适用公钥数字证书的标准所面向的可能只是在互联网上开展机构业务的员工。

2. 流程

策略有别于流程，而且层次也远高于流程。流程有时被称为标准操作流程或部门操作流程。策略内容描述的只是处理某一特定问题的宏观要求，而流程则是员工为达到某一目的而必须采用的具体操作步骤或人工方法。流程是详细的、按部就班的指导文档，它描述了实现特定安全机制、控制或解决方案所需的确切行动。流程可以讨论整个系统的部署操作或者关注单个产品或方面，如部署防火墙或更新病毒定义。大多数情况下，流程仅限于具体的系统和软件。例如，许多信息技术部门都有一些具体流程来配置和初始化将进行生产应用的服务器。在上述例子中，策略描述的是与安全有关的需要，要求用一致的方式配置、初始化和设定服务器，并规定只有信息技术部中某些经过培训的授权人员才能从事这些工作。标准界定的却可能是在新服务器上装载和初始化被批准的软件时所将使用的镜像制作软件或克隆软件，以及该软件所必需的配置。而流程则将另外阐明如何使用镜像制作软件和克隆软件，给出所需的手工操作步骤和所要用的指令等，以便同时设定多台服务器。

随着系统硬件和软件的发展，流程必须被不断更新。流程的目的是确保业务流程的完整性。如果通过某个详细的流程能够达到所有目的，那么所有活动都应当遵循策略、标准和指导方针。流程有助于在所有系统之间确保安全性的标准化。

策略、标准和流程应当明确地写成书面文件，作为企业的规章制度和管理办法，并向企业内的相关人员传达，有时甚至需要让企业外的相关人员了解。常见的做法是将它们合并成一份文件，但这种做法应该避免。每个结构都应该作为独立的实体存在，因为它们各自承担着不同的特殊功能。

在规范化结构的顶层（也就是安全策略层），因为只包含全面的、一般性的观点和目标，所以文档较少。

在规范化结构的较低层（也就是标准和流程层）有比较多的文档，因为它们包含数量有限的系统、网络、部门和区域的特定详细信息。

将这些文档作为独立的实体保存，具有以下好处：

不是所有的用户都需要知道所有安全分类层次中的安全标准、基准、指导方针和流程；

当发生变化时，可以较为方便地只更新和重新分配受影响的资源，而不用更新整个策略以及在整个组织机构中进行重新分配。

拟定整个安全策略及所有支持性文档是一个艰巨的任务。许多组织只是致力于定义基本的安全参数，较少详细说明日常活动的每个方面。策略、指导方针、标准和流程经常只是在顾问或审计人员的敦促下，作为事后产生的想法进行发展。不过在理论上，详细和完整的安全策略以针对性的、有效的和特定的方式支持现实生活中的安全性。安全策略不应当是一种事后的考虑或想法，而应当是建立组织的一个关键部分。如果安全策略文档相当完整，就可以用于指导决策、培训新用户、回应问题以及预测未来的发展趋势。

3.3 延伸阅读

2016 年 12 月 27 日，《国家网络空间安全战略》(以下简称《战略》)发布，作为我国首次发布的关于网络空间安全的战略性纲要文件，《战略》具有对外、对内两方面的意义与作用。对外而言，它是"举旗""划线"，对内则是"指路"。

"举旗"即宣示我国对网络空间安全的基本立场和主张。纵观全球，在网络安全这样一个敏感领域，公开发布战略是惯例。其背后的原因就是各国要通过公开发布战略打出"旗帜"，以聚集志同道合者，扩大自己的"朋友圈"，从而提升国际话语权和影响力。

《战略》从重大机遇和严峻挑战两个角度，阐述了我国对网络空间的认识，继而提出对网络空间发展的愿景，即网络空间和平、安全、开放、合作、有序，这便是我们的"旗帜"。

为实现这一目标，《战略》提出了尊重维护网络空间主权、和平利用网络空间、依法治理网络空间、统筹网络安全与发展等 4 个基本原则，这既包括我国对网络空间国际事务的处理原则，也包括网络安全工作的原则。以上目标及原则构成了我国的基本立场和主张，核心是谋求安全与和平，反对滥用信息技术，反对网络霸权。

"划线"则是明确我国在网络空间的重大利益。《战略》明确指出，网络渗透危害政治安全，网络攻击威胁经济安全，网络有害信息侵蚀文化安全，网络恐怖和违法犯罪破坏社会安全，个别国家强化网络威慑战略、加剧网络空间军备竞赛，这些都是我国对网络空间安全的重大关切。基于此，我国在网络空间的核心利益体现为国家主权和国家政治安全。

《战略》指出，网络空间主权不容侵犯，这是我们的底线。对所有侵犯我国网络空间主权的行为，国家将采取包括经济、行政、科技、法律、外交、军事等一系列措施予以应对；对通过网络颠覆我国国家政权、破坏我国国家主权的一切行为，国家将坚决回击，没有丝毫退让余地。

"指路"就是对今后若干年的网络安全工作做出布局。《战略》指出，当前和今后一个时期，国家网络空间安全工作的战略任务是坚定捍卫网络空间主权、坚决维护国家安全、保护关键信息基础设施、加强网络文化建设、打击网络恐怖和违法犯罪、完善网络治理体系、夯实网络安全基础、提升网络空间防护能力、强化网络空间国际合作等 9 个方面。

我国网络安全的顶层设计由一系列文件构成，《战略》是其中的核心，很多具体的工作，特别是实施层面的工作，还需要一系列策略文件来进行部署。继《关于加强网络安全和信息化工作的意见》《"十四五"国家信息化规划》等的出台，2017 年 6 月 1 日，我国网络安全领域的基础性法律——《中华人民共和国网络安全法》正式施行，该法对保护个人信息、治理网络诈骗、保护关键信息基础设施等做出了明确规定，成为我国网络空间法治化建设的重要里程碑。紧接着，《中华人民共和国数据安全法》《关键信息基础设施安全保护条例》《中华人民共和国个人信息保护法》等法律法规相继颁布，《云计算服务安全评估办法》《汽车数据安全管理若干规定(试行)》《网络安全审查办法》等部门规章和政策文件陆续出台，300 余项国家标准制定发布，多项我国主导和参与的国际标准发布落地……我国网络安全政策法规体系的“四梁八柱”基本形成。

面向未来，加强网络安全依然任重道远。只有不断加强网络法治、网络文明建设，加大科研力度、培养网络创新人才，才能全面构建起坚不可摧的安全屏障，筑牢数字经济发展底座，推动中国从网络大国向网络强国阔步迈进。

信息安全计划与策略案例分析

第4章　信息安全组织与人员

管理的实现必须依赖组织行为，做好信息安全工作必须建立与信息系统规模和重要程度相适应的安全组织，整个组织、人员采取协调合作的方式才能达成安全管理目标。本章介绍了信息安全的组织架构及职责分工，给出了人员安全管理的基本方法。

4.1　安全组织

组织结构是组织中正式确定的，能够正常分解、组合和协调的框架体系，是组织内部分工与协调的基本形式，良好的组织结构是保证任务有效完成的最基本的前提条件。鉴于信息安全管理的重要性和严肃性，需要树立安全管理机制的权威性。因此，组织的最高领导必须主管信息安全工作，同时建立一个从上至下的完整的信息安全组织体系，如图4-1所示。

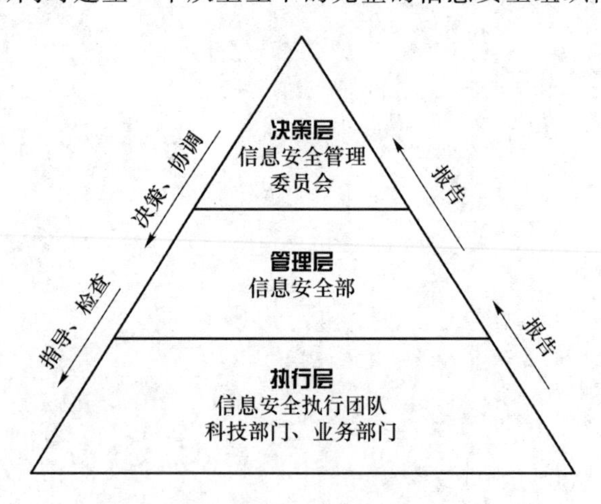

图4-1　信息安全组织体系

高级管理层和其他级别的管理层了解组织的长远规划、业务目标和目的，是组织中信息安全工作的决策机构，负责确定组织的信息安全目标，提供信息安全工作所需的资源，并评价组织的信息安全工作开展情况。下一个层次为职能管理层，其成员了解各职能部门的运作方式、每位员工的工作职能以及公司安全对其所管理部门的直接影响，主要负责设计、策划、推动信息安全工作按照决策层给出的目标实现。再下一个层次为运营经理和员工，这个层次与公司的实际运作密切相关，也称执行层。其中，基层信息安全工作人员理解安全机制与系统的整合方式、如何配置安全机制及其对日常生产效率的影响，负责落实信息安全制度要求，开展信息安全日常运营工作；而普通内部员工则负责落实本人的网络安全职责，配合具体安全工作的推进。每个层次对安全在组织机构中发挥的作用有着不同的见解，都应当采用最佳安全实践、措施和选定的控制，以确保一致认可通过的安全级别能够提供必要的保护，同时不会给公司的生产效率带来负面影响。

4.1.1　组织架构形式

在具体进行网络安全组织设计时应当考虑企业规模、行业特点、企业文化等各方面的因素。参照高德纳咨询有限公司(Gartner)2019 年发布的《安全组织动态》(*Security Organization Dynamics*)报告可知，影响安全组织设计的因素包括以下几方面：

组织的风险承受能力；

企业经营所在的行业；

组织中网络安全和一般风险管理实践的成熟度，其中包括安全流程正式化程度；

要求网络安全活动和行为更接近业务，更接近公司其他风险管理功能；

企业文化与组织结构、治理结构的契合度；

使用的外包级别(如业务流程、IT 支持和安全管理)；

企业要遵守的法规符合性要求；

安全预算允许使用专用资源的程度，或者需要外部资源以增加内部资源的程度；

实现或希望实现职责划分的级别；

外部利益相关者(尤其是监管者) 期望看到的与有效的信息安全工作相关的有力证据。

网络安全组织架构可以分为集中式安全组织结构和分散式安全组织结构。在集中式安全组织结构中通常是对安全人员、安全角色和安全职责进行垂直集中管理，这样能够保证安全权力集中，有利于加强安全管理工作，如设置独立于科技部门的一级信息安全部门。在分散式安全组织结构中将部分具体安全角色和安全职责分散于各 IT 条线，比如由网络管理员兼管网络安全工作。在实际的企业安全建设中，基本上都是集中式安全组织结构和分散式安全组织结构的结合，比如在集中式安全组织结构上加上横向组织联系，形成局部网状组织结构，或者增设虚拟汇报条线来解决部门和跨条线安全管理的问题。

1. 通用信息安全组织架构

企业的信息安全组织可以是虚拟机构，也可以是实际设立的机构，这个取决于组织的规模、安全需求与预算。规模大的信息系统可设立安全领导小组，由主管领导负责，同时建立或明确一个职能部门负责日常安全管理工作。规模小的信息系统可能仅设立信息系统安全管理员。不论组织规模大小，安全组织都应有最基本的职能，即保证信息系统的安全。

图 4-2 所示为通用的信息安全组织架构，理论上适用于任何企业，但多用于中小企业。

在决策层设立“信息安全委员会”，这是由总经理与各个部门的负责人组成的虚拟组织。

在管理层设立“管理者代表”，“管理者代表”由“信息安全委员会”授权任命，可以是专职，也可以是兼职，负责整个组织信息安全工作的执行。

执行层设立“信息安全工作小组”，成员由“管理者代表”及从各个部门抽调的兼职“信息安全员”组成。

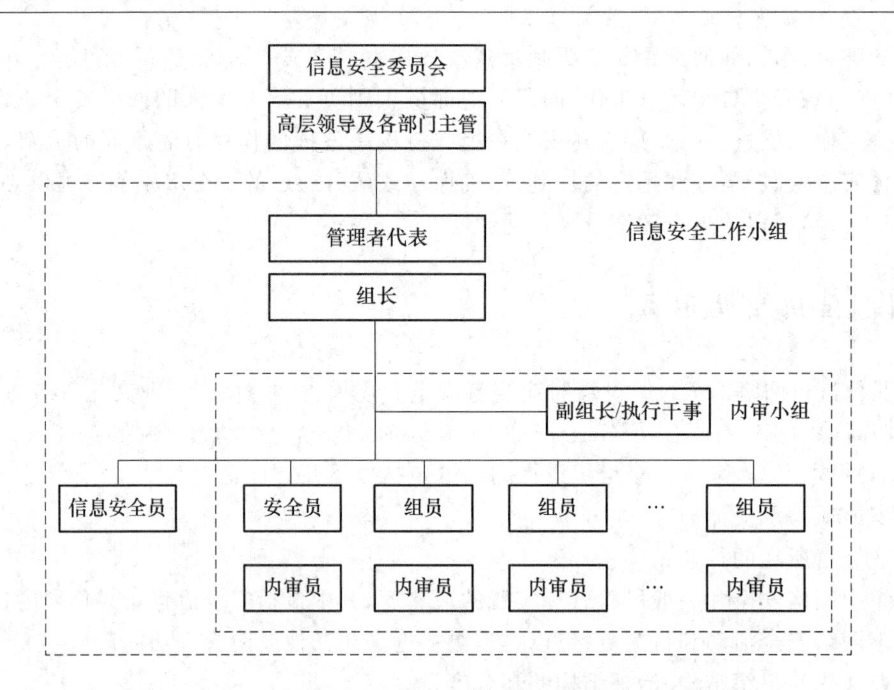

图 4-2　通用信息安全组织架构

此外,为落实决策层意志,对管理层和执行层开展的网络安全工作进行审计和评价,还要成立"内审小组"。"内审小组"组长由"信息安全工作小组"组长兼任,在开展审计工作时,通过设计交叉审计机制来保证小组的独立性。

这样,一个结构简单的企业信息安全组织就建立了。在这个通用的信息安全组织架构中,任何岗位都可以由兼职人员担任,也可以由专职人员担任。

通用信息安全组织架构的优势是,与企业现有的组织架构完全兼容,同时企业不用投入新增的人力资源,以免增加企业运营的成本。它的劣势是,兼职的工作方式增加了组织中参与者的工作量,导致相关网络安全工作无法有效落实。另外,这种虚拟组织相对松散,如果"管理者代表"无法全心投入,那么这样的组织就会流于形式。

2. 大中型机构信息安全组织架构

大中型机构(由于各行业对大中型机构没有一个明确的标准,为了简便起见,这里大型机构指科技人员数量在1 000以上的机构,中型机构为100以上,小型机构为100以下)的信息安全组织架构相对完善,安全决策、管理、执行及监督职能清晰明确。

在安全决策层设立信息安全管理委员会或网络安全领导小组,组长由企业负责人担任,副组长由企业科技部门领导担任,这是企业信息安全工作的最高决策机构。

在安全管理层设立专职的信息安全部,通过信息安全部来统筹管理各部门的信息安全工作,执行与信息安全管理相关的任务。

在执行层建立网络安全执行团队,包括安全渗透团队、安全运营团队、安全开发团队等,这些团队具体落实和执行网络安全工作。在相关业务部门或科技部门,如开发部门、网络管理部门、项目实施小组中,配备开展安全工作的人员。

大中型企业往往已经设立了诸如风险管理部、审计部、合规部等部门,因此,可将信息安全监督审计职能落实到这些部门,与组织的其他审计职能进行整合,提高审计工作的效率,图 4-3 所示为某大型互联网企业的网络安全组织架构。

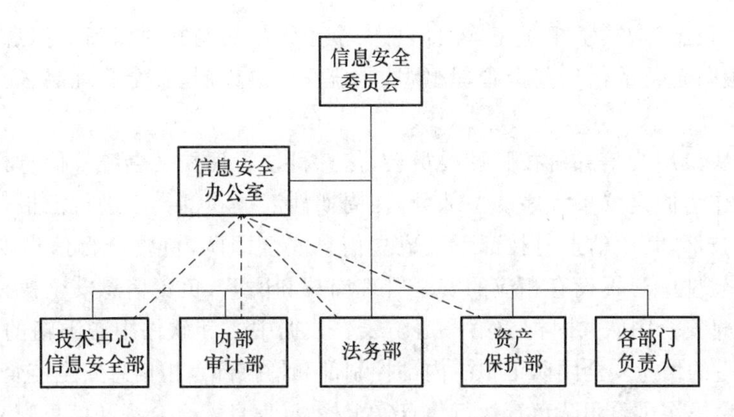

图 4-3　某大型互联网企业的网络安全组织架构

在这家企业中，技术中心信息安全部、内部审计部、法务部、资产保护部这四个部门组成了信息安全办公室，负责网络安全工作的执行。企业的其他业务部门不参与网络安全工作的执行，这样可以让专业人员更集中，避免了通用架构下各部门安全人员流动率高导致的网络安全组织不稳定的问题。

3. 高风险企业信息安全组织架构

金融、能源、交通、电信等行业的大型企业被称为高风险企业，因为此类企业信息化程度高，涉及关键信息基础设施，因此行业监管比较严格，对信息安全的要求相较于其他行业更高。

以金融机构为例，大型金融机构由于业务复杂、部门众多、决策线长，因此在信息安全组织设计方面更为复杂。图 4-4 所示是某全国性银行的网络安全组织架构。

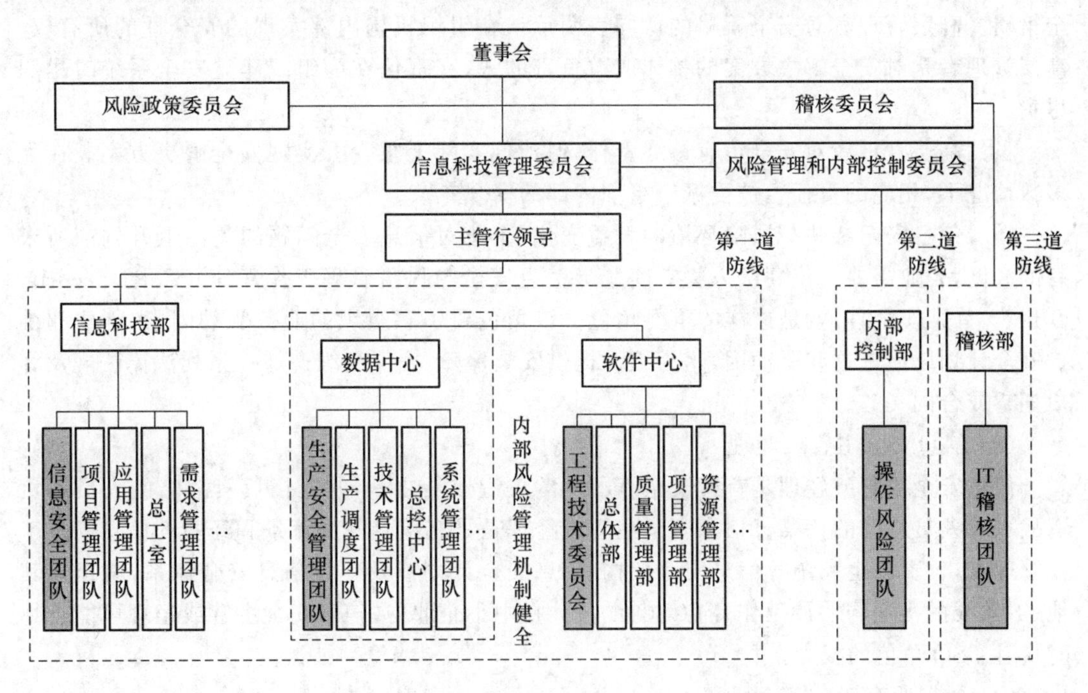

图 4-4　某全国性银行的网络安全组织架构

该大型银行已经构建了相对完善的信息安全组织架构与相对清晰的信息安全沟通汇报机制,建立了覆盖全行的信息安全管理组织,涵盖安全决策层、安全管理层、安全执行层和安全监督层。

其中安全决策层为信息科技管理委员会,信息科技管理委员会统筹信息科技安全工作,并将信息安全作为固定议事程序的一部分,在周期性汇报和例会中进行汇报、讨论。安全管理层为信息科技部,其中信息科技部下又成立信息安全团队,负责全行信息安全管理工作。在数据中心和软件中心下设有相应的安全管理岗位和团队,负责信息安全执行工作,与信息科技部下的信息安全团队共同构成第一道防线。数据中心和软件中心下辖的安全管理岗位向信息科技部下的信息安全团队汇报。内部控制部和稽核部承担信息安全监督层的职责。其中内部控制部由操作风险团队负责执行信息安全检查、信息安全合规和信息安全内控建设,构成第二道防线;稽核部的IT稽核团队定期开展信息安全审计和监督工作,构成第三道防线。

4.1.2 角色和职责

在明确了组织的信息安全组织机构之后,还需要明确定义个人在组织内部的整个安全实现和管理方案中所扮演的特定安全角色。熟悉安全角色的职责将对在组织内部建立通信和支持结构很有帮助,这种结构能够支持安全策略的部署和执行。

(1) 高层管理者

组织所有者(高层管理者)的角色被分配给最终负责组织机构安全维护和最关心保护资产的人。高层管理者必须对所有策略问题签字。事实上,所有活动在被执行之前,都必须得到高层管理者的认可和签字。如果没有高层管理者的授权和支持,那么就不存在有效的安全策略。高层管理者对安全策略的认同表明承认在组织机构内部实现的安全性的所有权。高层管理者是对安全解决方案的整体成败负责的人,有责任在为组织建立安全系统时尽职尽责。

虽然高层管理者对安全负有最终责任,但他们实际上很少去实现安全解决方案。在大多数情况下,相应的责任会被委派给组织内部的安全专家。

随着信息安全威胁与风险环境的日益变化,企业对信息安全问题的关注上升到前所未有的高度,企业需要一位高层人物专门领导信息安全与风险管理工作,CSO(Chief Security Officer,首席安全官)就是这样的重要角色。该角色要了解组织的业务驱动因素,创建和维护安全计划以促进这些驱动因素,为组织提供安全保障,确保组织遵守一系列法律法规及客户期望或合同义务。

(2) 信息安全主管或经理

信息安全主管或经理是首席安全官团队的关键成员之一,并充当负责战略的人员和负责战术的人员之间的桥梁。信息安全主管或经理是具有信息安全背景和经验的信息安全工作管理者,负责制定和统筹信息安全架构、信息安全计划以及建设信息安全体系,承担与其他IT条线的沟通与协调工作,向CSO汇报。在中小企业中,信息安全主管或经理可能有临时代替CSO角色的权力。

(3) 数据所有者

数据所有者(也称信息所有者)通常是一名管理人员,他负责管理某个业务部门,对特定信息子集的保护和应用负最终责任。数据所有者具有"应尽关注"职责,因此,如果由于任何疏忽行为导致数据讹误或泄露,那么他必须承担责任。数据所有者决定其负责的数据的分类,如果公司需要,那么还应改变数据的分类。他还负责确保实施必要的安全控制,定义每种分类的安全需求和备份需求,保证适当的访问权限,以及定义用户访问准则。数据所有者有权批准访问请求,也可以选择将这一职权委托给业务部门经理。同时,数据所有者还要处理与其所负责数据有关的安全违规行为,以对数据进行保护。如果数据所有者工作繁忙,那么可将数据保护机制的日常维护工作委托给数据管理员完成。

(4) 数据管理员

数据管理员(也称信息管理员)负责数据的保护与维护工作,这个角色通常由IT或安全部门员工担任。其职责包括实施和维护安全控制措施,执行数据的常规备份,定期验证数据的完整性,以备份介质还原数据,保存活动记录,以及达到公司关于信息安全和数据保护的信息安全策略、标准和指南所指定的要求。

(5) 系统所有者

系统所有者负责一个或多个系统,每个系统可能保存并处理由不同数据所有者拥有的数据。系统所有者负责将安全因素集成到应用程序和系统购置决策及项目开发中,还负责通过必要的密码管理、远程访问控制、操作系统配置等措施保证足够的安全。这个角色必须确保系统得到正确评估,并且向事故响应团队和数据所有者报告所有的系统脆弱性。

(6) 安全管理员

安全管理员负责实施和维护企业内具体的安全网络设备和软件。这些控制措施通常包括防火墙、入侵检测系统(IDS)、入侵防御系统(IPS)、反恶意软件、安全代理、数据损失防御等。人们经常区分安全管理员和网络管理员的职责。安全管理员主要侧重维护网络的安全,而网络管理员侧重网络的更新和运行。安全管理员的任务往往包括创建新系统用户账户,实现新的安全软件,测试安全补丁与组件,以及发放新密码。安全管理员根据公司策略和数据所有者的指示授予用户访问权限。

(7) 主管

主管这一角色也称用户管理者,其最终负责所有用户活动和由这些用户创建和拥有的资产。例如,假设小李是十个员工的主管。小李的职责包括确保这些员工了解他们在安全方面的责任;确保员工的账号信息是最新的;并在员工被解雇、停职或转移时通知安全管理员。与员工在公司中的角色有关的任何变动,通常都会影响他们的访问权限,因此主管必须立即将这些变动通知安全管理员。

(8) 用户

用户(最终用户或操作者)的角色被分配给具有安全系统访问权限的任何人。用户的访问权限与他们的工作任务联系在一起并且受到限制,所以他们只具有工作职务所要求的能保证完成任务所需的权力(也就是最小特权原则)。用户负责了解组织的安全策略,并遵守规定的操作过程,在已定义的安全参数内进行操作,以便维护安全策略。

(9) 审计人员

审计人员负责测试和认证安全策略是否被正确实现以及衍生的安全解决方案是否合适。审计人员的角色可以被分配给安全专家或受过培训的用户。审计人员要完成遵守情况报告和有效性报告,高层管理者会审查这些报告。通过这些报告发现的问题,会由高层管理者转换成下达给安全专家或数据管理员的新指示。不过,因为审计人员需要将用户或操作者在环境中的工作作为审计和监控的活动来源,所以审计人员被列为最后一个角色。

(10) 变更控制分析员

变化是唯一永恒的事物。因此,在发生变更时,必须有人来保证变更的安全。变更控制分析员负责批准或否决变更网络、系统或软件的请求。这个角色必须确保变更不会引入任何脆弱性,并保证对变更进行适当测试,使其得以顺利实施。变更控制分析员需要了解各种变更对安全、互操作性、性能和生产效率的潜在影响。

(11) 数据分析员

对公司而言,数据的合理结构、定义和组织非常重要。数据分析员负责保证以最优方式存储数据,从而为需要访问和应用数据的公司与个人提供最大的便利。例如,薪金信息不能与存货信息混杂在一起,采购部门需要以货币方式列出产品的价值,而存货系统需要遵循一个标准化的命名方案。数据分析员还可能负责构造一个保存公司信息的新系统,或者建议购买一款完成该项工作的产品。

数据分析员与数据所有者合作,帮助保证建立的数据结构符合并支持公司的业务目标。

所有这些角色在安全环境中都起着重要的作用。对于确定义务和责任以及确定分级管理和任务委派方案,这些角色都非常有用。各个角色都要求能够对应尽关注和应尽职责保持持续不断的维护。应尽关注是指通过合理的关注保护组织利益;应尽职责是指不断实践能够维持应尽关注成果的活动。例如,应尽关注会开发规范化的安全结构,这个结构包含安全策略、标准、基线、指导方针和程序;而应尽职责是继续将这个安全结构应用到机构的基础设施中。高层管理者必须做到应尽关注和应尽职责才能在出现损失时减少他们的过失和责任。

4.2 人员管理

人不仅是计算机信息系统建设和应用的主体,同时也是安全管理的对象。因此在整个信息安全管理中,人员安全管理是至关重要的,要确保信息系统的安全,必须加强人员的安全管理。

人员的安全管理涉及内部人员、与组织业务有关的外部人员及第三方供应商。

4.2.1 内部人员

从招聘到离职,内部人员管理包括几个明确的步骤:创建工作描述、筛选候选人、雇用和培训以及离职。

1. 创建工作描述

如果没有工作描述,就不能形成应该雇用何种类型人员的统一意见。因此,在定义与即将被雇用人员有关的安全需求时,创建工作描述是第一步。组织内部对任何职位的工作描述,都应该确定相关的安全问题,必须考虑一些事宜,例如,是否需要这个职位处理敏感资料或访问分类的信息。实际上,工作描述定义了员工执行工作任务时需要分配的角色,并应说明其需要访问安全网络的类型和范围。

创建工作描述的重要元素包括职责分离、工作职责和岗位轮换。

（1）职责分离

职责分离属于安全概念，是指把关键的、重要的和敏感的工作任务分配给若干不同的管理员或高级执行者。这样做能阻止任何一个人具备破坏或削弱重要安全机制的能力。可以将职责分离视为对管理员的最小特权原则的应用。职责分离也能够防止共谋，共谋指的是由两人或多人共同完成的负面活动，其意图往往是伪造、偷窃或间谍行为。

（2）工作职责

工作职责是指要求员工在常规的基础上执行的特定工作任务。根据他们的职责，员工需要访问各种不同的对象、资源和服务。在安全的网络上，用户必须被授予访问与其工作任务有关元素的权限。为了保持最大的安全性，应该按照最小特权原则分配访问权限。最小特权原则规定：在安全环境中，应该授予用户完成工作任务或工作职责所必需的最小访问权限。这条原则的实际应用要求对所有资源和功能进行低级别的粒度访问控制。

（3）岗位轮换

岗位轮换是一种简单的方法，组织通过让员工在不同的工作岗位间轮换职位来提高整体安全性。岗位轮换有两个作用。第一，它提供了一种知识冗余类型。当许多员工中的每一位都有能力胜任所要求的若干工作岗位时，如果因为疾病或其他事件导致一位或多位员工在较长的时间内无法工作，那么组织遭受严重停工或生产效率降低的可能性就减小。第二，人员流动可以减少伪造、数据更改、偷窃、阴谋破坏和信息滥用的风险。员工在一个特定岗位工作的时间越长，就越有可能为他们分配额外的工作任务，从而扩展了他们的特权和访问权限。由于个人逐渐熟悉了自己的工作任务，因此很可能为了个人利益或恶意报复而滥用特权。如果某位员工误用或滥用特权，那么就很容易被另一位了解该工作岗位和工作职责的员工发现。因此，岗位轮换也提供了一种同级审计形式，并且能够防止共谋。

当几个人一起共同犯罪时，就被称为共谋。由于将职责分离、限制工作职责和提供岗位轮换组合在一起，会使得共谋被发现的风险更高，从而降低同事间合作实施非法或滥用行为的可能性。通过严格监控特殊权限（例如管理员、备份操作员、用户管理员等的权限）可以减少共谋和其他权限滥用。

工作描述不能只在雇用过程中使用，还应当在组织的整个生命周期中被维护。只有通过详细的工作描述，才能将员工应该担负的责任与他实际上所担负的责任做比较。这个管理性任务必须确保工作描述的重叠性尽可能小，并且一位员工的职责与另一位员工的职责没有出现偏移或侵占的情况。同样，应该对权限分配进行审计，从而确保员工只能获得完成工作任务所需的访问权限。

2. 筛选候选人

为特定的职位筛选候选人时，是以工作描述中定义的敏感程度和分类级别为基础的。特定职位的敏感程度和分类级别依赖于该职位的员工无意或有意违反安全性所造成的危害程度。因此，筛选员工的全过程应当反映如何满足职位的安全性要求。

对于职位的安全性来说，背景调查和安全检查是证明候选人能够胜任工作、具备工作资格和值得信赖的必要因素。背景调查包括：获得候选人的工作和教育历史记录，检查证明材料，与候选人的同事、邻居和朋友会面，调查候选人的违法活动记录，通过指纹、驾驶执照和出生证明来认证身份以及进行面试。此外还可以采用性格测试/评估等形式。

当人们在公众视野中的行为被文字、照片或视频记录下来并发布到网上时,这些行为就会成为永久性的。通过查看一个人的网络身份,可以迅速了解一个人的态度、智力、忠诚度、常识、勤奋度、诚实度、一致性以及对社会规范和/或企业文化的遵守情况。因此,进行在线背景调查和审查应聘者的社交网络账户已成为许多组织的标准做法。如果潜在员工在其照片共享网站、社交网络或公共即时通信服务中发布了不恰当的内容,那么他们就不如那些没有发布不恰当内容的人更有吸引力。

3. 雇用和培训

(1) 雇用

雇用新员工时,应该签署雇用协议。协议文档概略说明了组织的规则和限制、安全策略、可接受的使用和行为准则、详细的工作描述、破坏活动及其后果、要求员工胜任工作所需的时间。其中,很多条目都是独立的文档。这种情况下,雇用协议用来确认所要雇用的候选人已经阅读并了解了与他们所期望工作职位相关联的文档。

除雇用协议外,还必须确定其他与安全相关的文档。一个通用的文档是保密协议(Non Disclosure Agreement,NDA)。NDA 用来保护组织的机密信息不会被以前的员工泄露。当员工签署 NDA 时,他们同意不对组织外的任何人泄露被定义为机密级的信息。违反 NDA 的行为常常会遭到严厉的处罚。

在新员工入职前的岗位培训中,应安排网络安全须知培训,培训的基本内容可以是国家网络安全法律法规、公司的网络安全制度、员工网络安全规范、信息保密工作指导思想和方针政策等。

在员工的整个雇用期内,经理应当定期审查每一位员工的工作描述、工作任务和特权等。随着时间的推移,工作任务和特权通常会发生偏差,这会导致一些任务被忽略,而其他一些任务又被多次重复执行。偏差还会导致违反安全性的行为。定期审查每一种工作描述中定义的界限与实际界限的关系,有助于保持安全破坏程度的最小化。

审查过程的关键部分是强制性休假。在许多安全环境中,一到两个星期的强制性休假被用于审查和认证员工的工作任务和特权。此时,这位员工暂时离开自己的工作环境,另一名员工接替其工作。通过这种做法,往往很容易发现员工的滥用、伪造或疏忽行为。

此外,为了防止品质不良或不具备一定技能的人员进入组织或被安排在关键或重要岗位,组织应定期进行岗位安全考核,主要从工作人员的业务和品质两个方面进行考核。还应建立一个正式的处理安全违规的记录。

(2) 安全教育培训

组织的安全计划要取得预期的效果,就必须同员工交流与安全相关的问题,如执行哪些安全计划,执行方式以及执行这些计划的原因。安全意识培训应该是全面的、为特定群体量身定做的、全组织范围的。它应该以不同形式重复最重要的信息、时刻更新、有趣味性、易于理解。最重要的是要得到高层管理者的支持。管理层必须为这个活动配备资源,并保证员工的出勤率。

安全意识培训的目的是让每位员工认识到安全对整个公司和个人的重要性。培训中需要明确期望的责任和可接受的行为,并在引用相关法规之前,清楚说明不遵守规定的后果,包括根据严重程度给予警告或解雇。通过正式的安全意识培训流程纠正员工在安全方面的错误行为和态度，促使安全意识培训的目标达成。

因为安全是一个涉及组织许多不同方面的主题，所以可能很难向适当的人员传达正确的信息。执行正式的安全意识培训流程，就可以确定一种提供最佳结果的方法，确保向组织中合适的人传达安全策略和措施。这样，就可以确保每个人都理解企业安全策略的内容、安全策略的重要性如何与组织中个人的职责相适应。较高级别的培训可能更加笼统，涉及更加广泛的概念和目标；而针对特定工作和任务的培训则会更加具体，直接适用于公司中的某些职位。

一个安全意识培训计划通常至少有 3 种受众：管理层、职员、技术人员。每种安全意识培训都针对一类受众，从而保证每个群体都了解自己特定的责任、义务和期望。

专门召集管理层成员召开一次简短的安全意识定位会议，讨论与安全相关的企业资产和金融收益，他们就会获益良多。他们需要了解安全危害对股价的负面影响、公司面临的可能威胁及其后果，以及安全为什么需要像其他业务过程一样集成到系统环境中。管理层成员必须领导公司其他员工支持安全工作，所以他们应当对安全的重要性有正确的认识。

详细说明策略、措施、标准和指南以及它们与中层管理人员各自管理的部门之间的关系会让中层管理人员从中受益。应向中层管理人员讲解为什么他们对各自部门的支持至关重要，以及他们在确保员工从事安全活动方面应承担的责任。此外，还应向中层管理人员说明其下属的不服从行为对整个公司的影响，以及他们作为中层管理人员对此不当行为应承担的责任。

技术部门人员必须接受以其日常任务为重点的单独培训。公司应对他们进行更深入的培训，讨论技术配置、事故处理和识别各种安全威胁的迹象，以便在出现这些问题时能够正确识别它们。通常，最好与每名员工都签订一份文档，以表明他们已获知和了解所有相关的安全主题，而且明白不服从会造成的后果。这样做一方面可以向员工强化策略的重要性；另一方面，如果员工声称自己从未被告知这些安全要求，那么这份文档还可以作为证据。安全意识培训应该贯穿整个招聘过程，之后至少每年进行一次。培训的出勤率也应该写入员工的绩效报告中。

4. 离职

员工在离职时，可能对公司或多或少存在一些负面的看法，或者有保留以往工作成果的冲动，因此有可能实施一些不当操作，如复制数据带出公司，或者在离职前利用职权牟利等，因此公司应加强人员离职管理。比如离职员工必须在一名经理或保安的监督下离开公司；离职员工必须上交所有与公司相关的身份标识和钥匙，完成离职面谈，并退还公司提供的相关设备设施；公司应立即禁用或修改离职员工的账号或密码。这些规章执行起来似乎相当严厉而且冷漠，但是可以预防一些员工离职后的不当行为。

另外，当公司内部员工转岗时，公司在为员工开设新岗位账号权限之前，应该及时收回员工原来岗位的账号权限。

4.2.2 外部人员

组织应通过对外部人员的访问管理,减少安全风险,确保本单位信息系统安全。外部人员包括临时工作人员、实习人员、参观检查人员、外来技术人员。

外部人员进入公司工作场所时,一般应该由内部员工授权或带领。外部临时人员在访问公司办公环境时,应对其开展安全培训,使其了解公司的网络安全制度要求,进入办公室的全程应有内部员工陪同。

外部人员在访问重要区域时,需要经过审核和领导批准,在签署保密协议后方可访问,由公司责任人员对访问情况进行记录。访问结束后,公司责任人员必须对信息系统和设备进行安全检查,确认对信息系统和设备没有造成安全影响后,双方签字方可离开现场。

对因工作需要提供给第三方安全服务人员的信息系统技术资料、管理制度、系统账号等资料,要详细记录所提交的文档编号、内容简要、页码数、附件等相关内容,并要求服务方对检查结果的所有权、委托方的专利权、验证结果等进行保密,使用完毕后要及时收回。

4.2.3 第三方供应商

利用外部供应商来提供商业功能或服务,价格可能非常划算,但是潜在的风险也会随着攻击面的扩展和漏洞范围的扩大而增大。只有对第三方供应商进行系统化管理,才能确保供应商提供可靠的服务,保护和完善组织的安全机制。

供应商安全管理是一个动态过程,它涉及供应商选择、服务变更风险控制、驻场人员权限管理、授权数据保护以及IT供应链安全五个环节。

(1) 供应商选择

考察评估、选择供应商是供应商管理的关键环节。供应商的优秀与否在很大程度上决定了采购的成功与否,选择合格的供应商不但可以降低企业的成本,而且还会提升企业的业绩。与此同时,组织也要深刻理解风险态势,清楚知道公司所渴求的益处有可能被不可预见的漏洞所抵消。因此,一般情况下,除了由品质、供应链、技术和开发部门组成供应商认证小组,在评估供应商时还应加入信息安全的保障要求,如是否通过信息安全管理体系(ISMS)认证,拥有相关的安全资格证书等,最后确定通过条件,选择合格的供应商。

有些供应商为公司提供边缘业务,有些供应商为公司提供核心业务,因此,可以基于供应商对公司数据和业务接触的程度,对其进行分级,确保考虑到供应商能访问的数据和系统类型、自身运营对供应商提供的服务的依赖程度,以及合规风险。不同等级的业务由安全要求不同的供应商来承接。

在供应商提供服务的过程中,需要评价供应商的服务交付和安全保障能力,并根据结果进行绩效评估。

(2) 服务变更风险控制

很多IT供应商在提供服务时,会出现“偷懒”的情况,如桌面服务外包,其服务合同约定的是由两名高级工程师提供服务,可实际实施时来的却是中级或初级工程师,或者高级工程师服务了没多久,供应商就以各种理由将高级工程师调走,换来其他人。人员流动性高是在服务外包过程中经常遇到的事情。临时人员对企业忠诚度有限,即使签署了保密协议,企业对其的约束力也十分有限,这往往会造成不可控风险。因此,对于供应商的人员变更,应按照服务变更进行严格管理,可以设立人员审核机制。如果供应商要进行人员变更,变更人员要先通过面试,达到合同中的能力和安全要求时,才允许供应商变更,不然则计入供应商绩效以进行处罚。

(3) 驻场人员权限管理

在外包服务中,有些供应商的工作人员需要在一段时间内在公司的办公场所执行任务,并且与公司员工一起工作(如软件外包开发)。在这样的情况下,要注意对驻场人员的权限管理。

首先应该给驻场人员安排与员工办公室相对独立的公共区,并设置独立的网络、门禁等,限制驻场人员访问公司的重要区域。同时注意对驻场人员工作账户的开设和收回。

在实际工作中,常常发生第三方人员滥用公司授权账户的情况,如非授权访问、账号共用、账号越权等,从而导致公司数据泄露或系统故障。所以,建立完善的第三方人员账号的控制流程特别重要。

对涉及核心系统的账号授权时间可以以小时为单位,对一般系统的账号授权时间可以以天为单位,设定时限,采用强制收回的方式,可避免因工作人员遗忘而导致账户被滥用。

总结起来就是,保证一人一账户,限制账户共用的情况,及时收回弃用账户。

(4) 授权数据保护

有些供应商为公司生产产品、加工零件、提供远程服务等,这些供应商会在公司以外的场所或多或少接触到公司的数据,包括图纸、公司流程、知识产权、经营数据、客户信息等。在这种情况下,公司必须对供应商进行严格要求,使其保证所接触的授权数据的安全。一般要求供应商内部建立封闭的环境和流程以处理与公司有关的业务,同时建立完善的网络安全管理体系,时刻保管好相关数据。对于安全等级较高的公司数据,可以要求供应商设置独立的工作区域办公,利用隔离的网络处理数据。对于长期供应商,公司可以设置飞行检查机制(突击现场检查),每年定期检查供应商内部安全管理水平。公司还应建立数据回收或销毁机制,当项目完成或服务终止时及时处置数据,防止数据泄露或扩散。

假如供应商在境外,在合同中需要明确其对公司数据的管理和操作要符合我国法律法规要求。

(5) IT 供应链安全

涉及关键信息基础设施的企业,还应关注 IT 供应链的安全。IT 供应链安全不仅包含传统的生产、仓储、销售、交付等供应链环节,还应延伸到产品的设计、开发、集成等生命周期,以及交付后的安装、运维等过程。IT 供应链安全风险主要体现在以下几个方面。

① 非法控制风险

近年来,网络产品和服务面临供应链完整性威胁的问题,其主要表现如下。

恶意篡改。在供应链的任一环节对产品、服务及其所包含的部件、元器件、数据等进行恶意篡改、植入、替换、伪造,以嵌入包含恶意逻辑的软件或硬件。

假冒伪劣。网络产品或上游组件存在侵犯知识产权、质量低劣等问题,如盗版、翻新机、低配充高配、未经授权的贴牌或代工等违规远程控制。网络产品和服务拥有远程控制功能,但未告知远程控制的目的、范围和关闭方法,甚至采用隐蔽接口、未明示功能模块、加载禁用或绕过安全机制的组件等手段实现远程控制功能。

② 数据泄露风险

采购的网络安全产品和服务投入使用后,会采集和处理个人信息或重要数据,而且在当前云管端的服务模式下,前端产品与后台系统甚至第三方之间会产生数据流转。因此,网络产品和服务可能面临多种数据安全威胁。

③ 敏感数据泄露

由于数据安全功能不足、内部人员违规操作、违规共享等原因,网络产品和服务收集的个人信息和重要数据可能被未授权泄露。

④ 敏感数据滥用

网络产品和服务提供者可能收集了大量供货信息和用户信息,一旦对掌握的大量敏感数据进行分析发掘并任意共享或发布,则可能对公司和公众利益造成威胁。

⑤ 供应链中断威胁公司业务连续性

网络产品和服务供应链通常由分布在各地、多个层级的供应商组成,可能面临网络产品服务供应的数量或质量下降、供应链中断或终止的安全威胁,主要表现如下。

突发事件中断:由于战争等人为的和地震、台风等自然的不可抗力引发的突发事件,造成产品和服务的供应链中断。

国际环境影响:许多网络产品均由全球分布的供应商开发、集成和交付。国际环境和地域的复杂性可能导致产品服务中必需的组件、算法或技术等无法获取或难以满足当地合规要求,从而造成产品不能及时交付。

不正当竞争行为:供应商利用用户对产品和服务的依赖性,实施不正当竞争或损害用户利益的行为,如通过技术手段,限制或阻碍用户选择其他供应商的产品、组件或技术等。

支持服务中断:当供应商停止生产和维护某些系统或其中某些组件时,网络产品和服务可能由于不被支持而被迫中断运行。

近年来,很多国家纷纷出台国家供应链安全政策,采取测评认证、供应商安全评估、安全审查等多种手段加强供应链安全管理。

随着经济全球化和信息技术的快速发展,网络产品和服务供应链已发展为遍布全球的复杂系统,任一产品组件,任一供应链环节出现问题,都可能影响网络产品和服务的安全,加强 IT 供应链安全是保证企业业务连续性的重要一环。

4.3 延伸阅读

2014 年 2 月 27 日,中央网络安全和信息化领导小组宣告成立,中共中央总书记、国家主席、中央军委主席习近平任组长。新设立的中央网络安全和信息化领导小组将着眼国家安全和长远发展,统筹协调涉及经济、政治、文化、社会及军事等各个领域的网络安全和信息化重大问题,研究制定网络安全和信息化发展战略、宏观规划和重大政策,推动国家网络安全和信息化法治建设,不断增强安全保障能力。

2014 年 11 月 5 日,中央网络安全和信息化领导小组办公室(中央网信办)在北京召开了“首届国家网络安全宣传周新闻通气会”,来自全国各地 30 余家媒体参加会议。会议宣布，为帮助公众更好地了解、感知身边的网络安全风险，增强网络安全意识，提高网络安全防护技能，保障用户合法权益，共同维护国家网络安全，中央网络安全和信息化领导小组办公室（中央网信办）会同中央机构编制委员会办公室、教育部、科技部、工业和信息化部、公安部、中国人民银行等部门，于2014年11月24日至30日举办首届国家网络安全宣传周。自此，国家网络安全宣传周每年举行，坚持网络安全为人民、网络安全靠人民，广泛开展网络安全进社区、进农村、进企业、进机关、进校园、进军营、进公园“七进”等活动，以通俗易懂的语言、群众喜闻乐见的形式，宣传网络安全理念、普及网络安全知识、推广网络安全技能，形成共同维护网络安全的良好氛围。此外，中央网信办还围绕网络安全领域新政策、新举措、新成效，针对个人信息保护、数据安全治理、关键信息基础设施安全保护、电信网络诈骗犯罪、数字平台健康发展、青少年健康上网等社会热点问题，结合重要时间节点，创新方式方法，通过图文、直播、短视频、公益短剧、益智游戏、线上课程等融媒体形式，以及宣传展览、巡回讲座、技能大赛、社区讲解、互动体验等线下方式，以创新性的内容供给、立体化的传播矩阵、针对性的受众投放，深入开展宣传教育。

党的十八大以来，我国加快推进网络安全领域顶层设计步伐，党对网信工作的集中统一领导有力加强——改革和完善互联网管理领导体制机制，将“小组”上升到“委员会”，成立中央网络安全和信息化委员会，职能更加全面、机构更加规范、运行更加稳定、组织更加健全；中央、省、市三级网信工作体系基本建立，县级网信机构建设扎实推进；出台《关于加强网络安全和信息化工作的意见》《“十四五”国家信息化规划》等，压实网络意识形态工作责任制、网络安全工作责任制，把党管互联网落到实处。

建立健全国家网络安全事件应急工作机制，提高应对网络安全事件能力，印发《国家网络安全事件应急预案》，建立健全网络安全应急协调和通报工作机制，与各地区、各部门、有关中央企业建立网络安全应急响应机制，及时汇集信息、监测预警、通报风险、响应处置，构建起“全国一盘棋”的工作体系。

信息安全组织与人员案例分析

第5章　信息安全风险管理

随着政府部门、企事业单位以及各行各业对信息系统依赖程度的日益增强，信息安全问题受到普遍关注。运用风险管理思想去识别、处置安全风险，解决信息安全问题得到了广泛的认识和应用，风险管理已成为信息安全管理的核心内容。本章将对信息安全风险管理的概念、策略、方法及流程进行详细阐述。

5.1　信息安全风险管理概述

5.1.1　信息安全风险管理的概念

安全环境下的风险指的是破坏发生的可能性以及破坏发生后的衍生情况。现代组织存在的目的是赚取利润或提供服务，然而在组织追逐其目标时却不断面临来自各类的挑战，百分之百安全的环境是不存在的。风险管理是识别并评估风险，将风险降到可接受级别并确保能维持这种级别的过程。当涉及信息安全时，组织可能面临的是：有人想要偷取企业顾客数据，以从事银行诈骗。公司机密不断被来自内部和外部的实体窃取，用于经济间谍活动。系统被劫持或被用于僵尸网络，以攻击其他组织或者传播垃圾邮件。公司资金被来自不同国家的有组织的犯罪团伙通过复杂的、难以确认的数字方法秘密抽走。成为攻击者目标的组织机构，其系统和网站因遭受攻击而数小时或者数日都不能正常运转。既然组织存在的目的不是为了安全，因此没有哪个企业真正愿意开发成百上千的安全策略，部署反恶意软件，维护脆弱的管理系统，不断更新事件响应能力，以及遵循各种令人眼花缭乱的安全标准和法规。为此，几乎每个组织都在积极考虑如何评估企业所面临的信息安全风险以及如何分配资金和资源来遏制那些风险。

信息安全风险管理是一个详细的过程，包括识别可能造成数据损坏或泄露的因素，根据数据的价值与对策的成本来评估这些因素，以及为了减轻或降低风险而实现有成本效益的解决方案。信息安全风险管理的核心特点是：接受风险，承认风险事件必然会发生，但是风险可控。究竟要达到哪一个风险级别，取决于组织、资产价值、预算规模以及其他许多因素。某个组织认为可接受的风险对于另一个组织来说可能是完全不合理的、过高的风险级别。设计并实现一个完全没有风险的环境是不可能的，但是，显著地减少可能出现的风险还是可能的，而且往往只需要付出很少的努力。

信息安全风险管理是对组织或业务系统信息安全主动的、“前瞻式”的管理。在信息安全保障体系的技术、组织和管理等方面引入风险管理的思想和措施，准确评估风险，合理处理风险，能够把信息化工作的安全控制关口前移，超前防范，有助于信息安全保障目标的实现。

5.1.2　信息安全风险管理框架与流程

风险管理框架是一个结构化的流程，它允许组织识别和评估风险，将风险降低到可接受的水平，并确保其保持在该水平。在信息安全领域、风险管理领域有许多标准以及最佳实践提供了这样的框架，如国际标准化组织制定的风险管理标准 ISO 31000、ISO/IEC 27005《信息技术—安全技术—信息安全风险管理》(简称 ISO/IEC 27005)以及我国的信息安全风险评估规范 GB/T 20984 等，均被广泛采纳。组织可以参考这些框架来满足自身风险管理的特定需求。

正确地实施信息风险管理意味要全面了解组织，了解它所面临的威胁，知道应该采取什么样的应对措施来处理这些威胁，并持续监控以确保风险级别处于可接受的级别。因此，风险管理流程主要包括六个相互关联的组件，如图 5-1 所示。

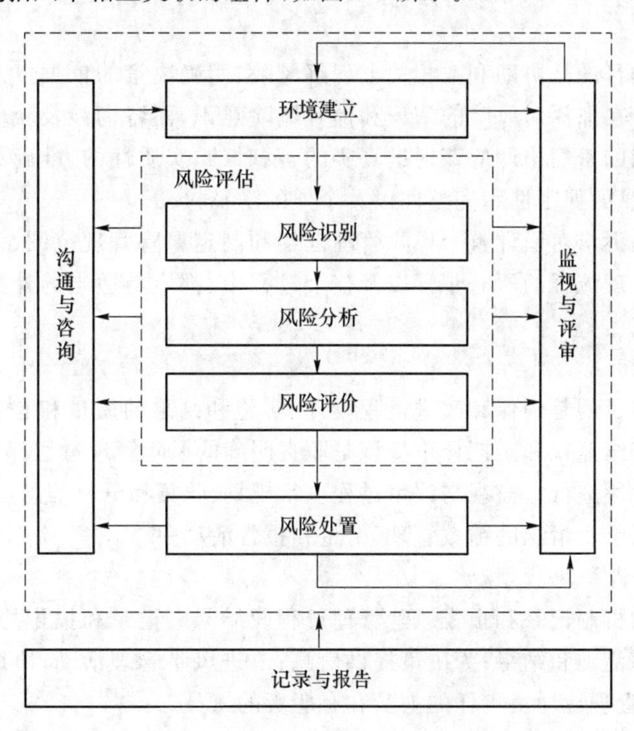

图 5-1　风险管理基本流程

(1) 环境建立

环境建立要确定风险管理的对象和范围，做好实施风险管理的准备，进行相关信息的调查和分析，确定风险准则。相对于目标而言，组织应明确承担风险的数量和类型。还应定义评估风险重要性水平和支持决策过程的准则。风险准则要反映组织的价值观、目标和资源，并与风险管理的策略和声明保持一致。根据组织的义务和利益相关方的考虑来定义准则。

(2) 风险评估

风险评估是风险识别、风险分析和风险评价的整个过程。风险评估应该利用利益相关者的知识和观点，系统地、迭代地和协作地进行。评估过程中应使用最可靠的消息，并在需要时进行额外的调查研究。

风险识别的目的是发现、识别和描述可能有助于或妨碍组织实现目标的风险。

风险分析的目的是理解包括风险水平在内的风险性质和特征。风险分析涉及对不确定性、风险源、后果、可能性、事件、情景、控制及其有效性的详细考虑。

风险评价的目的是支持决策。风险评价涉及将风险分析的结果与既定的风险准则进行比较，以确定需要采取何种应对措施。

(3) 风险处置

风险处置的目的是选择和实施处置风险的选项。风险处置涉及以下迭代过程：制定和选择风险处置方案—规划和实施风险处置—评估处置的有效性—确定残余风险是否可接受—如果不能接受，则采取进一步的应对，直至将风险降低到用户可接受的范围内。

选择最合适的风险处置方案，强调的是成本与收益之间的一种经济平衡，同时还应考虑到组织的义务、自愿承诺和利益相关方的观点。

(4) 沟通与咨询

沟通与咨询的目的是协助利益相关方理解风险、明确决策的依据以及需要采取特定行动的原因。沟通旨在加深对风险的认识和提升风险意识，而咨询涉及获取反馈和信息以支持决策。两者之间的密切协调应该促进真实的、及时的、实质性的、准确和可理解的信息交换，同时要考虑信息的保密性和完整性以及个人的隐私权。

利益相关方的诉求对设计整个风险管理框架和制定风险管理范围、评估标准都具有参考意义。在风险管理流程的所有步骤以及整个过程中，都应与适当的外部和内部利益相关方进行沟通与咨询。

(5) 监视与评审

监视与评审的目的是确保和改进过程设计、实施和结果的质量和有效性。对风险管理过程及其结果的持续监视和定期评审应该是职责明确的风险管理过程部分。监视与评审应该在过程的所有阶段进行。监视与评审过程包括规划、收集和分析信息，记录结果和提供反馈。其结果应纳入整个组织的绩效管理、衡量和报告活动中。

(6) 记录和报告

应通过适当的机制记录和报告风险管理过程及结果。记录和报告的目的是：在整个组织内传达风险管理活动和结果；为决策提供信息；改进风险管理活动；协助与利益相关方的互动，包括对风险管理活动负责任的人员和有职责的人员。

信息安全风险管理的过程是通用风险管理过程在信息安全领域的实例化。环境建立是风险管理的前提，风险评估和风险处置是风险管理的两大主体，如果把风险管理理解成一个“对症下药”的过程，那么风险评估就是“对症”，找到问题所在；而风险处置则是“下药”，在整个组织内把风险降低到可接受水平。沟通与咨询、监视与评审、记录和报告则贯穿风险管理过程的始终。环境建立、风险评估、风险处置、沟通与咨询、监视与评审、记录和报告构成了一个螺旋式上升的循环，使风险管理对象在自身和环境的变化中能够不断应对新的安全需求和风险。

5.2 环境建立

环境建立是信息安全风险管理的第一步。所谓环境建立是指确定风险管理的对象和范围，做好实施风险管理的准备，进行相关信息的调查和分析，确定风险管理方法、定义基本准则、组建风险管理团队，对信息安全风险管理项目进行规划和准备，保障后续风险管理活动顺利进行的过程。

5.2.1 组织环境理解

风险管理过程的环境应根据对组织运行的外部和内部环境的理解来确定。外部和内部环境是指有助于理解组织、寻求界定和实现目标的组织内部和外部的规定、承诺、关系和文化等相关信息。

(1) 组织的内部环境

组织的内部环境是在实现目标过程中所面临的组织内部的历史、现在和未来的各种相关信息。

信息安全风险管理过程要与组织的文化、经营过程和结构相适应，包括组织内影响其风险管理的任何事物。组织需明确内部环境信息，因为风险可能会影响组织战略、日常经营或项目运营等方面，从而会进一步影响组织的价值、信用和承诺等。风险管理是在组织的特定目标和管理条件下进行的，其具体活动的目标和有关准则应放到组织整体目标的环境中考虑。

组织的内部环境包括，但不局限于：

① 组织愿景、使命和价值观；

② 组织治理、组织结构及其角色分工和责任；

③ 组织发展目标和策略；

④ 组织的文化；

⑤ 组织采用的标准、准则和模型；

⑥ 组织获取资源和相关知识（如资本、时间、人员、知识产权、流程、系统和技术）的能力；

⑦ 数据、信息系统、信息流、正式或非正式的决策流程；

⑧ 内部利益相关方的观点、价值观和相互依赖关系；

⑨ 合同中关于内部关系和承诺的条款。

(2) 组织的外部环境

组织的外部环境是组织在实现目标过程中所面临的外界的历史、现在和未来的各种相关信息。

为保证在制定风险准则时能充分考虑外部利益相关者的目标和关注点，组织需要了解外部环境信息。外部环境以组织所处的整体环境为基础,包括法律和监管要求、利益相关者的诉求和与具体风险管理相关的其他方面的信息等。

组织的外部环境包括,但不局限于:

① 国际与国内政治、经济、自然、文化、科技、法律、金融,以及竞争环境因素;

② 与组织相关的监管、财务或技术限制;

③ 影响组织目标的关键驱动因素和趋势;

④ 外部利益相关方的需求、观点、价值观和相互依赖关系;

⑤ 合同中的关于外部关系和承诺的条款;

⑥ 网络环境中外部依赖关系及其复杂性。

5.2.2 基本准则确立

基本准则是在风险管理框架的基础上依据组织风险管理目标、组织的能力等因素定义的一系列用于评估风险重要性、支持风险管理决策过程的标准、原则和方针。基本准则一般包括风险评价准则、影响准则和风险接受准则。它反映了组织的价值观、目标、义务,以及利益相关方的关切。

1. 风险评价准则

风险评价准则是一系列用于指导风险评估活动的标准、原则和方针。制定风险评价准则应考虑以下因素:

① 风险评估的规范性、法律法规的要求和合同的义务,例如推导出标准性原则,指导风险评估的流程规范化;

② 业务信息化的战略价值,例如推导出关键业务原则,明确评估重点;

③ 涉及信息资产的范围和边界,例如推导出关键业务原则和最小影响原则,指导评估范围和评估时机;

④ 相关信息资产的危急程度;

⑤ 运营和业务的重要性、可用性、保密性和完整性,例如推导出最小影响原则、可控性原则、可恢复性原则和保密性原则,指导评估工作自身风险控制、意外情况恢复和签订保密协议等;

⑥ 利益相关方的期望和观念,以及风险对商誉和声誉的负面影响,例如推导出可控性原则,保证风险评估活动服务可控、人员信息可控、过程可控、工具可控等;

⑦ 决定风险处置的优先顺序,例如推导出标准性原则和关键业务原则,指导风险分析与评价,为后续风险处置提供建议。

2. 影响准则

影响是指信息安全风险给组织的目标所带来的不利变化。值得注意的是,国际标准ISO31000使用"后果准则"而不是"影响准则",强调风险带来的正面和负面的双重后果。

所谓影响准则是一系列标准、原则或方针,用于判断信息安全威胁利用资产或安全措施的脆弱性并结合业务和资产的重要性对组织造成的损失和损害。

定义影响准则应考虑下列因素：

① 受影响的信息资产的级别；

② 对信息安全属性的破坏情况(如保密性、完整性和可用性的丧失)；

③ 业务运行中的损失(内部或第三方)；

④ 商业和财务价值的损失；

⑤ 对计划和最终期限的破坏；

⑥ 对组织声誉的损毁；

⑦ 对法律法规或合同要求的违背等。

3. 风险接受准则

风险接受是组织管理者通过评估正式决定接受某一风险的决策。风险接受准则是指组织应该为风险接受水平的尺度所制定的一系列标准、原则和方针。风险接受准则通常与组织的方针、目标和利益相关方的利益有关。在定义风险接受准则时组织应考虑以下因素：

① 风险接受准则可以规定多个具有风险预期目标水平的阈值,但在确定的情形下,提交给高层管理者接受的风险可能超出该级别；

② 风险接受准则可以表示为估计利润(或其他商业利益)与估计风险的比率；

③ 不同类别的风险需对应不同的风险接受准则,例如,导致不符合法律法规的风险可能是不可接受的,但导致违背合同要求的高风险却可能允许接受；

④ 应与风险处置的要求相对应,例如,通过实施风险处置措施,在规定的时间段内将风险降低到可接受的水平,则可以接受风险；

⑤ 根据预期风险存在的不同时间,风险接受准则也应不同,例如可以与临时或短期风险相对应；

⑥ 其他考虑因素还包括商业运作标准、技术水平、财力、人道主义和社会因素等。

5.2.3 范围和边界确定

信息安全风险管理范围涵盖与组织相关的、引发信息安全风险的各种因素。信息安全风险管理的边界是与组织信息安全相关的物理或逻辑上的管理界限。组织应明确信息安全风险管理的范围,以确保在风险管理中考虑所有相关的组织战略、业务和资产。此外,需要识别边界以解决通过这些边界可能产生的风险。例如常见的风险管理范围可以是IT应用程序、IT基础设施、业务流程或组织确定的部分；常见的边界可以是组织的逻辑边界、管理权限边界、内外网的连接点或物理环境边界等。

另外,由于风险管理过程可能适用于不同的层面,如战略、运营、计划、项目或活动等,因此所考虑的范围和边界也会不同。

合理定义管理对象和管理范围边界,首先要了解组织的结构、发展战略和业务；其次需识别影响信息安全风险管理范围和边界的各种约束或限制条件；最后确定风险管理的对象。

5.2.4 组建风险管理团队

风险管理团队是指组织内部成立的信息安全风险管理机构，负责确定信息安全风险管理过程的角色和责任。以下是该组织的主要职责：

① 制定适合组织的信息安全风险管理方针、原则、计划、方法和过程；

② 明确利益相关方并进行沟通；

③ 确定组织内部和外部所有各方的角色和职责；

④ 在组织和利益相关方之间建立所需的关系，包括建立利益相关方与组织高层风险管理职能部门的联系，以及建立本信息安全风险管理组织与其他相关项目或活动的联系；

⑤ 确定信息安全风险管理批准监督的流程和路径；

⑥ 保存、记录和规范信息安全风险管理文档。

组建风险管理团队，包括确定子团队类别、团队成员、组织结构、角色和责任等内容，应由组织的高层管理者如决策层来批准。团队一般分为总体规划组、风险评估组、风险处置组、监视评审组等。总体规划组负责制定组织的发展战略、总体结构和资源计划，通常由高层管理人员担任。风险评估和风险处置作为风险管理两个相对独立的项目，其团队的组成基本一致，一般都是由领导组、执行组和专家组三层机构组成。监视评审组一般由相关的管理和技术人员构成，负责对风险管理各过程的监控、审查。

风险管理团队应召开风险管理工作启动会议，做好管理前的表格、文档、检测工具等各项准备工作，进行风险管理技术培训和保密教育，明确各子团队在风险管理中的任务，制定风险管理过程相关规定，编制应急预案等。

5.3 风险评估

风险评估是风险管理中发现问题的阶段，围绕着资产、威胁、脆弱点、安全措施和安全风险这些基本要素展开，并充分考虑这些基本要素的关系。图5-2给出了风险要素及其相互关系：

① 威胁对脆弱点加以利用，暴露了具有价值的资产，从而造成负面影响并由此导致安全风险；

② 资产具有价值，并对组织业务有一定影响，资产价值及影响越大则其面临的风险越大；

③ 安全措施能防范威胁、减少脆弱点，因而能减小安全风险；

④ 风险的存在及对风险的认识导出安全需求，安全需求通过安全措施来满足或实现。

风险管理的整个过程就是在这些要素间相互制约相互作用的关系中得以推进的。

风险评估过程一般分为三个阶段。

风险识别：标识资产和它们对于组织机构的价值，识别脆弱性和威胁。

风险分析：量化潜在威胁的可能性及其对业务的影响。

风险评价：在威胁的影响和对策的成本之间达到预算的平衡，形成风险评估报告。

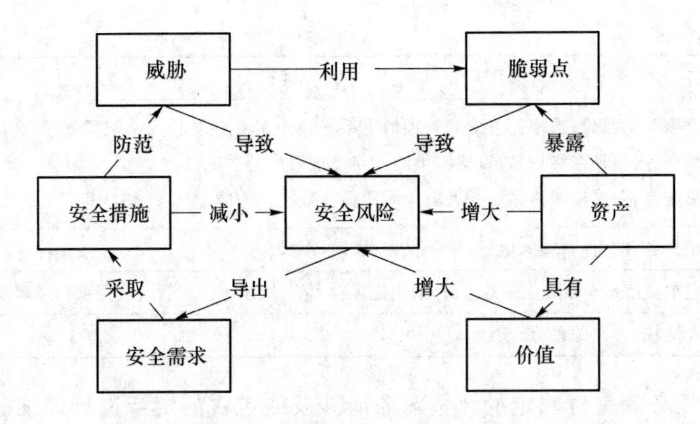

图5-2　风险要素及其相互关系

5.3.1　风险识别

1. 资产识别与估价

资产是指任何对组织有价值的东西，资产包括：

① 物理资产（如计算机硬件、通信设施、建筑物）；

② 信息/数据（如文件、数据库）；

③ 软件；

④ 提供产品和服务的能力；

⑤ 人员；

⑥ 无形资产（如信誉、形象）。

资产以多种形式存在，有无形的、有形的，有硬件、软件，有文档、代码，也有服务、形象等。根据资产的表现形式，可将资产分为数据、软件、硬件、文档、服务、人员等几类，如表5-1所示。

表5-1　基于表现形式的资产分类方法

分类	示例
数据	存储在信息媒介上的各种数据资料，包括源代码、数据库数据、系统文档、运行管理规程、计划、报告、用户手册等
软件	系统软件：操作系统、语言包、工具软件、各种库等 应用软件、外部购买的应用软件、外包开发的应用软件等 源程序：各种共享源代码、可执行程序、自行或合作开发的各种程序等
硬件	网络设备：路由器、网关、交换机等 计算机设备：大型机、服务器、工作站、台式计算机、移动计算机等 存储设备：磁带机、磁盘阵列等 移动存储设备：磁带、光盘、软盘、U盘、移动硬盘等 传输线路：光纤、双绞线等 保障设备：动力保障设备（不间断电源、变电设备等）、空调、保险柜、文件柜、门禁、消防设施等 安全保障设备：防火墙、入侵检测系统、身份验证等 其他电子设备：打印机、复印机、扫描仪、传真机等

续表

分类	示例
服务	办公服务:为提高效率而开发的管理信息系统(MIS),包括各种内部配置管理、文件流转管理等服务 网络服务:各种网络设备、设施提供的网络连接服务 信息服务:对外依赖该系统开展服务而取得业务收入的服务
文档	纸质的各种文件、传真、电报、财务报告、发展计划等
人员	掌握重要信息和核心业务的人员,如主机维护主管、网络维护主管及应用项目经理及网络研发人员等
其他	企业形象、客户关系等

资产识别的任务就是对确定的评估对象所涉及或包含的资产进行详细的标识。由于资产以多种形式存在,有无形的、有形的,所以资产识别过程中要特别注意无形资产。同时还应注意不同资产间的相互依赖关系,关系紧密的资产可作为一个整体来考虑,同一种类型的资产也应放在一起考虑。

资产识别的方法主要有访谈、现场调查、问卷、文档查阅等。

通常信息资产的机密性、完整性、可用性、可审计性和不可抵赖性等是资产的安全属性。信息安全风险评估中资产的价值可由资产在这些安全属性上的达成程度或者其安全属性未达成时所造成的影响程度来决定。可以先分别对资产在以上各方面的重要程度进行评估,然后通过一定的方法进行综合,可得资产的综合价值。

若资产在机密性、完整性、可用性、可审计性和不可抵赖性的赋值分别记为 V_c、V_i、V_a、V_{ac}、V_n,综合评价值记为 V,那么可根据以下原则确定资产综合评价值。

① 最大原则:资产价值在机密性、完整性、可用性、可审计性和不可抵赖性方面不是均衡的,在某个方面可能大,在某个方面可能小,最大原则是取最大的那个方面的赋值作为综合评价值,即 $V=\max\{V_c,V_i,V_a V_{ac}、V_n\}$。

② 加权原则:根据机密性、完整性、可用性、可审计性和不可抵赖性对组织业务开展影响的大小,分别为机密性、完整性、可用性、可审计性和不可抵赖性赋予一个非负的权值 W_c、W_i、W_a、W_{ac}、W_n($W_c+W_i+W_a+W_{ac}+W_n=1$),综合评价值由加权求得,即 $V= V_c \cdot W_c+V_i \cdot W_i+V_a \cdot W_a+V_{ac} \cdot W_{ac}+V_n \cdot W_n$。

比如,若某资产在机密性、完整性、可用性、可审计性和不可抵赖性的赋值分别为1、2、4、1、3,若采用最大值原则,该资产的综合评价值为4;若采用加权原则,并假定机密性、完整性、可用性、可审计性和不可抵赖性对应的权值分别为0.1、0.2、0.35、0.2、0.15,则该资产的综合赋值为 $0.1 \cdot 1+0.2 \cdot 2+0.35 \cdot 4+0.2 \cdot 1+0.15 \cdot 3=2.55$。

另外,由于系统所包含的资产往往很多,资产识别与评价时应注意区分哪些是影响组织目标的关键资产。风险评估应重点围绕关键资产进行。

2. 威胁识别

威胁是可能对资产或组织造成损害的潜在原因。威胁有潜力导致不期望发生的事件发生,该事件可能对系统或组织及其资产造成损害。这些损害可能是蓄意的对信息系统和服务所处理信息的直接或间接攻击,也可能是偶发事件。

根据威胁源的不同,威胁可分为自然威胁、环境威胁、系统威胁、人员威胁。它们都有不同的表现形式。自然威胁主要指自然界的不可抗力导致的威胁,环境威胁指信息系统运行环境中出现的重大灾害或事故所带来的威胁,系统威胁指系统软硬件故障所引发的威胁,人员威胁包含内部人员威胁与外部人员威胁,由于内部人员熟悉系统的运行规则,内部人员所带来的威胁更为严重。表5-2给出了需识别的威胁源及其表现形式。

表5-2 威胁源及其表现形式

威胁源	常见表现形式
自然威胁	地震、飓风、火山、洪水、海啸、泥石流、暴风雪、雪崩、雷电、其他
环境威胁	火灾、战争、重大疫情、恐怖主义、供电故障、供水故障、其他公共设施中断、危险物质泄漏、重大事故(如交通工具碰撞等)、污染、温度或湿度、其他
系统威胁	网络故障、硬件故障、软件故障、恶意代码、存储介质老化、其他
外部人员	网络窃听、拒绝服务攻击、用户身份仿冒、系统入侵、盗窃、物理破坏、信息篡改、泄密、抵赖、其他
内部人员	未经授权的信息发布、未经授权的信息读写、抵赖、电子攻击(如利用系统漏洞提升权限)、物理破坏(系统或存储介质损坏)、盗窃、越权或滥用、误操作

根据威胁的动机,人员威胁又可分为恶意和无意两种,但无论是无意行为还是恶意行为,都可能对信息系统构成严重的损害,两者都应该予以重视。

不同的威胁源能造成不同形式的危害,威胁识别过程中应对相关资产考虑上述威胁源可能构成的威胁。

威胁出现的频率在一定程度上决定了威胁的严重程度,应结合评估经验和(或)相关统计数据来进行判断。频率统计的重点包括以下3个方面:过往安全事件报告中发生过的威胁及其频率;实际环境中检测工具以及各种日志发现的威胁及其频率;近期国际组织发布的对于整个社会或特定行业的威胁出现频率及其破坏力的统计。

3. 脆弱点识别

脆弱点是一个或一组资产所具有的,可能被威胁利用对资产造成损害的薄弱环节。如操作系统存在漏洞、数据库的访问没有访问控制机制、系统机房任何人都可进入,等等。

脆弱点是资产本身存在的,如果没有相应的威胁出现,脆弱点本身不会对资产造成损害。另外如果系统足够强健,再严重的威胁也不会导致安全事件,并造成损失。即,威胁总是要利用资产的脆弱点才可能造成危害。

资产的脆弱点具有隐蔽性,有些脆弱点只有在一定条件和环境下才能显现,这是脆弱点识别中最为困难的部分。需要注意的是,不正确的、起不到应有作用的或没有正确实施的安全措施本身就可能是一个脆弱点。

脆弱点主要表现在技术和管理两个方面,技术脆弱点是指信息系统在设计、实现、运行时在技术方面存在的缺陷或弱点,涉及物理层、网络层、系统层、应用层等各个层面的安全问题。管理脆弱点则是指组织管理制度、流程等方面存在的缺陷或不足。如未安装杀毒软件或病毒库未及时升级、操作系统或其他应用软件存在拒绝服务攻击漏洞、数据完整性保护不够完善、数据库访问控制机制不严格都属于技术脆弱点;而系统机房钥匙管理不严、人员职责不清、未及时注销离职人员对信息系统的访问权限等都属于管理脆弱点。管理脆弱点又可分为技术管理脆弱点和组织管理脆弱点两方面,前者与具体技术活动相关,后者与管理环境相关。

不同对象的脆弱点识别内容如表5-3所示。

表5-3　脆弱点识别内容

类型	识别对象	识别内容
技术脆弱点	物理环境	从机房场地、机房防火、机房供配电、机房防静电、机房接地与防雷、电磁防护、通信线路的保护、机房区域防护、机房设备管理等方面进行识别
	网络结构	从网络结构设计、边界保护、外部访问控制策略、内部访问控制策略、网络设备安全配置等方面进行识别
	系统软件	从补丁安装、物理保护、用户账号、口令策略、资源共享、事件审计、访问控制、新系统配置、注册表加固、网络安全、系统管理等方面进行识别
	应用中间件	从协议安全、交易完整性、数据完整性等方面进行识别
	应用系统	从审计机制、审计存储、访问控制策略、数据完整性、通信、鉴别机制、密码保护等方面进行识别
管理脆弱点	技术管理	从物理和环境安全、通信与操作管理、访问控制、系统开发与维护、业务连续性等方面进行识别
	组织管理	从安全策略、组织安全、资产分类与控制、人员安全、符合性等方面进行识别

脆弱点识别时的数据应来自资产的所有者、使用者,以及相关业务领域的专家和软硬件方面的专业人员等。脆弱点识别所采用的方法主要有问卷调查、工具检测、人工核查、文档查阅、渗透性测试等。可以综合考虑技术实现的难易程度、脆弱点流行程度和对资产的损害程度等因素,来衡量脆弱性的严重程度。

5.3.2　风险分析

安全风险总是以威胁利用脆弱点导致一系列安全事件的形式体现出来。风险识别标识了待评估的资产,为每项资产赋予了一个相关数值,确定了影响这些资产的脆弱性和威胁。现在需要进行风险分析了,即分析当前环境下,安全事件发生的可能性以及会造成的影响,然后利用一定的方法计算风险。

1. 影响分析

安全事件对组织的影响可体现在以下方面:直接经济损失,物理资产的损坏,业务影响,法律责任,人员安全危害,信誉、形象损失等。这些损失有些容易定量表示,有些则很难。

(1) 直接经济损失

风险事件可能引发直接经济损失,如交易密码失窃、电子合同的篡改(完整性受损)、公司账务资料的篡改等,这类损失易于计算。

(2) 物理资产的损坏

物理资产损坏所造成的经济损失也很容易计算,可用更新或修复该物理资产的花费来度量。

(3) 业务影响

风险事件会对业务造成很大的影响,如业务中断,这方面的经济损失可通过以下方式来计算，先分析由于业务中断，单位时间内的经济损失，用“单位时间内的经济损失×修复所需时间＋修复代价”可将业务影响表示为经济损失，当然对单位时间内的经济损失的估计有时会有一定的难度。业务影响除包括业务中断外，还有其他情况，如经营业绩影响、市场影响等，这些应根据具体情况具体分析，定量分析存在困难。

（4）法律责任

风险事件可能导致一定的法律责任，如由于安全故障导致机密信息的未授权发布，未能履行合同规定的义务或违反有关法律、规章制度的规定，这些法律责任可能表现为需要支付的赔偿金，以补偿因违反法律义务而造成的经济损失，当然其中有很多不确定因素，实际应用时可参考惯例、合同本身、有关法律法规的规定。

（5）人员安全危害

风险事件可能对人员安全构成危害，甚至危及生命，这类损失很难用货币衡量。

（6）信誉、形象损失

风险事件可能导致组织信誉、形象受损，这类损失很难用直接的经济损失来估计，应通过一定的方式计算潜在的经济损失，如由于信誉受损，可能导致市场份额损失、与外部关系受损等，市场份额损失可以转化为经济损失，与外界各方关系的损失可通过分析关系重建的花费、因关系受损给业务开展带来的额外花费等因素来估计，另外专家估计也是一种可取的方法。

由于风险事件对组织影响的多样性，以及相关的数据也比较缺乏，因此风险事件对组织影响的定量分析还很不成熟，更多的是采用定性分析的方法，根据经验对安全事件的影响进行等级划分，如给出“极高、高、中、低、可忽略”等级。

2. 可能性分析

总体说来，引起安全事件发生的可能性因素有：资产吸引力、威胁出现的可能性、脆弱点的属性、安全措施的效能等。

（1）资产、威胁、脆弱点分析

根据威胁源的分类，安全事件发生的原因可能是自然威胁、环境及系统威胁、人员无意行为、人员恶意行为等。不同类型的安全事件，其可能性影响因素也有所不同。

① 自然威胁

自然威胁出现的可能性指各种自然灾害出现的可能性，如地震、洪水出现的可能性等。

脆弱点属性主要指能反映资产抵抗各种灾害能力的因素，如某些资产在抗打击、防水方面考虑得特别成熟，即使发生这类灾害，资产依旧不会遭受损失。

② 环境及系统威胁

威胁出现的可能性是指各类环境问题及系统故障出现的可能性，如空调、电力故障的可能性、网络故障的可能性、硬件/软件故障的可能性等。

脆弱点属性主要反映资产在各类环境与系统威胁中遭受破坏的可能性，如资产的抵抗恶劣环境的能力、故障容忍能力等。

③ 人员无意行为

威胁出现的可能性是指人员无意过失出现的可能性，对外部人员及内部人员应区分开考虑，内部人员威胁大，影响深，出现可能性也高。

脆弱点属性主要反映资产在人员无意过失中遭受破坏的可能性，如系统数据完整性审查机制是否健全、操作完成是否需经多次确认等。

④ 人员故意行为

由人员故意行为引发的风险事件,其发生的可能性与前述几种情况不同,其发生的可能性取决于:资产吸引力、脆弱点属性以及当前安全措施的效能等。

恶意人员发动攻击或其他威胁信息资产的行为的动机有:获利、打击报复、恶作剧等,通过对资产发动攻击,可能获取利益或可能达到打击报复、恶作剧的目的,可统称为资产的吸引力。

恶意人员发动攻击能否成功取决于资产是否存在可利用的脆弱性以及脆弱点利用的难易程度,脆弱点被利用的难易程度取决于技术难度、成本、公开程度等。如系统是否存在可被远程网络攻击利用的安全漏洞,安全漏洞利用的技术难度、实现成本及对应攻击工具的公开程度都是影响攻击能否成功的因素。当然攻击者的能力也是影响攻击能否成功的因素,但在风险分析中可采用最大原则,即假定攻击者具备当前最先进的技术与工具。

与人员无意行为一样,内部人员与外部人员的恶意行为也应分开考虑,他们有不同的权限,对组织信息系统的了解程度也大不相同,内部人员的威胁大于外部人员的威胁。

(2) 安全措施分析

如果防护措施的功能强大,就会告诉那些有意制造威胁的人,这里有足够的防护,他们的攻击将是徒劳无功的。因此,在选择防护措施的时候,要考虑防护措施的功能和有效性,关注防护措施中能够提供有效屏障的特征。表5-4列出了在购买和使用某种安全保护机制之前应该考虑的特征。虽然防护措施应该有显著的功能,但是它的工作方式应当不可获取,从而使那些心怀恶意的人不能更改防护措施或是知道如何接近保护机制。

表5-4 防护措施的特征及其描述

特征	描述
基础模块	能够从环境中安装和卸载保护机制而不会危及其他机制
提供统一的保护	同一个安全级别以一种标准化的方式应用于它要保护的所有机制
提供重写功能	必要情况下管理员可以重写限制
默认为最小权限	在安装之后,默认为缺少许可权限,而不是每个人都能够完全控制它
防护措施及其保护的资产相互独立	防护措施可以用来保护不同资产,不同资产也可以被不同防护措施所保护
灵活性和安全性	防护措施提供的功能越多越好。这些功能应该有灵活性,从而我们可以选择不同的功能,而不是必须全选或一个功能都不能选择
用户交互	用户不会恐慌
用户和管理员之间有清楚的界限	当涉及配置或关闭保护机制时,用户应该有较少的权限
最少的人为干预	当不得不需要人为配置或修改控制时,就为错误开启了方便之门。防护措施应该能够自己进行设置,能够从环境中获取所需的信息,并且需要尽可能少的人为输入
资产保护	即使需要重新设置对策,资产也仍然受到保护
容易升级	软件总是不断发展的,所以应该能够方便地进行升级
审计功能	防护措施需要包含一个机制,用于提供最少的和/或详细的审计
最小化对其他组件的依赖性	防护措施应该具有灵活性,不应该对自己的安装环境有严格的要求

续表

特征	描述
容易被职员使用和接受,并能容忍错误	如果防护措施对工作效率造成障碍,或是在简单的任务中需要添加额外的步骤,用户就不能容忍它
必须产生可用的和可以理解的输出	防护措施应该给出重要信息,从而让人们能够很容易地理解它,并且将其用于趋势分析
必须能够重启	防护措施应该能够重新启动,并在不影响其保护的系统和资产的情况下恢复原有的配置和设置
可测试	应该能够在各种情况和各种环境下对防护措施进行测试
不引入其他危害	防护措施不应该提供任何隐蔽通道或后门
系统和用户性能	系统和用户的性能不应该受到很大影响
普遍应用	在环境中实施防护措施时,不能有许多(甚至一个)例外情况
恰当的报警	应该能够设定一个阈值,确定什么时候警告相关人员发生了违反安全的行为
不影响资产	环境中的资产不应该受到防护措施的负面影响

安全措施效能分析的最终结果应当表明为什么所选的对策对组织来说是最有利的。因此,在选择安全措施时除关注基本功能外,还要考虑经济的约束,即选择安全措施来保护某项资产时有一个基本原则,那就是:实施安全措施的代价应该不大于所要保护资产的价值。为此,组织应该进行一次成本利益分析(Cost-Benefit Analysis)。在确定安全措施成本的时候,应该考虑购买费用、添加新控制对商务效率的影响、额外人力物力、培训费用、维护费用等。此外,组织还要考虑整体的预算,力求实施安全措施的成本不要超过预算,当然,事情往往会这样:想在小的预算范围内达到所期望的高安全水平,很有可能是不现实的,当出现这种情况时,需要管理层进行决策。一项安全措施对组织有商业价值,意味着该措施是非常划算的(收益大于成本)。安全措施的成本并不只是购买订单上填写的金额。在计算一项安全措施的全部成本时,应当考虑下列因素:

产品成本;

设计/规划成本;

实现成本;

环境更改;

与其他措施的兼容性;

维护需求;

测试需求;

修复、替换或更新成本;

运行和支持成本;

对工作效率的影响;

预订成本;

监控和响应警报所需的额外人工成本;

解决这款新工具带来的问题的成本。

(3) 风险计算

根据威胁利用资产的脆弱性导致安全事件发生的可能性、安全事件发生后造成的损失来计算风险值,风险值 V_R 可表示为可能性 L 和影响 F 的函数,其形式化的表示如下:

$$V_R = R(A,T,V) = R(L(A,T,V),F(A,T,V))$$

其中:R 为风险计算函数,A 表示资产、T 表示威胁、V 表示脆弱点,$L(A,T,V)$、$F(A,T,V)$ 分别表示对应安全事件发生的可能性及影响,它们也都是资产、威胁、脆弱点的函数。在实际应用中,不能用非常精确的数据来表示脆弱性的严重程度、威胁发生的可能性和威胁的影响程度等因素,不同专家对同一资产进行风险分析和计算,常会得出不同的风险值。因此,目前很难有一种风险计算方法能够适合所有信息安全风险评估的过程,简单处理就是将安全事件发生的可能性 L 与安全事件的影响 F 相乘得到风险值,实际就是平均损失,即 $V_R = L(A,T,V) \cdot F(A,T,V)$。

假设某信息系统中资产面临威胁利用脆弱性的情况如下。

共有两项重要资产:A_1 和 A_2。

资产 A_1 面临两个主要威胁 T_1 和 T_2;资产 A_2 面临一个主要威胁 T_3。

威胁 T_1 可以利用资产 A_1 存在的一个脆弱性 V_1。

威胁 T_2 可以利用资产 A_1 存在的一个脆弱性 V_2。

威胁 T_3 可以利用资产 A_2 存在的一个脆弱性 V_3。

资产价值分别为:资产 $A_1=2$,资产 $A_2=4$。

威胁发生的频率分别为:威胁 $T_1=2$,威胁 $T_2=4$,威胁 $T_3=3$。

脆弱性严重程度分别为:脆弱性 $V_1=3$,脆弱性 $V_2=5$,脆弱性 $V_3=4$。

因为在风险值计算中,通常需要根据两个要素值来确定另一个要素值。例如,由威胁和脆弱性确定安全事件发生的可能性值,资产和脆弱性确定安全事件的影响性,可以采用常见的矩阵法来计算信息系统面临的风险。

首先需要确定二维计算矩阵,用数学方法来确定矩阵内各个要素的值,根据具体情况和函数递增情况,将两个元素的值在矩阵中进行比对,行列交叉处即为所确定的计算结果,即 $z=f(x,y)$。

函数 f 采用矩阵形式表示。以要素 x 和要素 y 的取值构建一个二维矩阵,矩阵内 $m \cdot n$ 个值即为要素,如表 5-5 所示。

表 5-5　二维矩阵表示法

y	x					
	y_1	y_2	…	y_j	…	y_n
x_1	z_{11}	z_{12}	…	z_{1j}	…	z_{1n}
x_2	z_{21}	z_{22}	…	z_{2j}	…	z_{2n}
…	…	…	…	…	…	…
x_i	z_{i1}	z_{i2}	…	z_{ij}	…	z_{in}
…	…	…	…	…	…	…
x_m	z_{m1}	z_{m2}	…	z_{mj}	…	z_{mn}

采用以下公式来计算 z_{ij}：

$$z_{ij}=x_i+y_j \text{ 或 } z_{ij}=x_iy_j \text{ 或 } z_{ij}=\alpha x_i+\beta y_j$$

其中 α 和 β 为正常数。

z_{ij} 的计算要根据实际情况确定，矩阵内的 z_{ij} 值不一定遵循统一的计算公式但必须具有统一的增减趋势。矩阵法的特点在于通过构造两两要素的计算矩阵，清晰地反映要素变化趋势且灵活性好。

以资产 A_1 面临的威胁 T_2 可以利用资产 A_1 的脆弱性 V_2 为例进行计算。

威胁发生的频率：$T_2=4$。

脆弱性严重程度：$V_2=5$。

由矩阵（表 5-6）可确定安全事件发生的可能性为 22。

由等级（表 5-7）划分可确定安全事件发生可能性的等级为 5。

表 5-6　安全事件发生的可能性矩阵

威胁发生频率	脆弱性严重程度				
	1	2	3	4	5
1	2	4	7	10	13
2	3	6	10	13	16
3	5	9	12	16	19
4	7	11	14	18	22
5	8	12	17	20	25

表 5-7　划分安全事件可能性的等级

安全事件发生可能性的值	1～5	6～11	12～16	17～21	22～25
发生可能性的等级	1	2	3	4	5

由矩阵（表 5-8）可确定安全事件的影响值为 16。

由等级（表 5-9）划分可确定安全事件影响的等级为 3。

表 5-8　安全事件影响矩阵

资产价值	脆弱性严重程度				
	1	2	3	4	5
1	2	4	7	11	14
2	3	6	9	13	16
3	5	9	12	16	19
4	7	11	14	18	22
5	9	12	17	21	25

表 5-9　划分安全事件影响的等级

安全事件影响的值	1～5	6～10	11～16	17～21	22～25
安全事件影响的等级	1	2	3	4	5

此时,已计算出:安全事件可能性的等级为5,安全事件影响的等级为3。

由矩阵(表5-10)可确定风险值为21。

按照同样的方法,可计算得出资产 A_1 的其他风险值,以及资产 A_2 的风险值。

由等级(表5-11)划分可知,资产 A_1 面临的威胁 T_2 利用资产 A_1 的脆弱性 V_2 所形成的风险等级为4。

表5-10 风险矩阵

安全事件影响的等级	安全事件发生可能性的等级				
	1	2	3	4	5
1	2	4	9	12	16
2	3	7	10	13	18
3	5	9	12	16	21
4	7	11	15	20	23
5	10	12	17	22	25

表5-11 划分风险的等级

风险值	1~5	6~12	13~16	18~22	23~25
风险等级	1	2	3	4	5

以此类推,可以计算出两个重要资产 A_1 和 A_2 的其他风险值,并确定出各自的风险结果(表5-12)。

表5-12 风险结果

资产	威胁	脆弱性	风险值	风险等级
资产 A_1	威胁 T_1	脆弱性 V_1	7	2
	威胁 T_2	脆弱性 V_2	21	4
资产 A_2	威胁 T_3	脆弱性 V_3	15	3

5.3.3 风险评价

风险评价是指在对资产、威胁和脆弱性及当前安全措施进行分析后,对风险所做的综合分析。风险评价利用风险分析过程中所获得的对风险的认识,为未来的行动提供决策支持。决策的内容包括:某个风险是否需要应对;风险的应对优先次序;是否应开展某项应对活动;应该采取哪种途径。在明确环境信息时,需要制定决策的性质以及决策所依据的准则都已得到确定。但是在风险评估阶段,需要对以上问题进行更深入的分析,毕竟此时对于已识别的具体风险有更为全面的了解。如果该风险是新识别的风险,则应当制定相应的风险准则,以便评价该风险。

对于不可接受范围内的风险,在选择适当的控制措施后,评价残余风险,根据风险评估的准则,由管理层判定风险是否已经降低到可接受的水平,考虑选择的控制措施和已有的控制措施对于降低威胁发生可能性的作用。在选择了适当的控制措施后某些风险可能仍处于不可接受的风险范围内，由管理层做出决定，选择接受该风险或增加控制措施。为了确保所选择控制措施的有效性，可在必要时进行再评估，以判断实施控制措施后的残余风险是否可被接受。

业内一般有3种风险评估方式：定性风险评估、定量风险评估、半定量风险评估。前面的例子所采用的方式就是定性风险评估。

定量风险评估和资产价值挂钩，也就是用财产量化的方式描述风险。一般情况下，业内不会实施定量风险评估，因为很难评估风险所涉及的资产价值。但是，可以通过相同的定量风险评估方式核算出风险的控制收益的趋势。

定量风险评估的方法一般需要比较两个参数的大小：①采用安全控制措施后的收益；②安全控制措施的成本。显然，当①大于②时，意味着所采取的安全控制措施为企业带来了收益，应该采用；当①小于②时，意味着安全控制措施的成本大于收益，不应采用此安全控制措施。而采用安全控制措施后的收益可以通过资产价值与下述参数计算得到。

暴露因子(Exposure Factor，EF)：标识的威胁造成的资产损失百分比。

单次损失期望值(Single Loss Expectancy，SLE)＝资产价值·EF。

年发生概率(Annualized Rate of Occurrence，ARO)：某个威胁一年中发生的估计概率，取值的范围可以是从0.0(不发生)到1.0(一年一次)乃至大于1的数字(一年若干次)的任何值。

年损失期望值(Annual Loss Expectancy，ALE)＝SLE·ARO。

采用安全控制措施后的收益＝ALE－采用安全控制措施后的ALE。

例如，如果某个数据仓库的资产价值为1 000 000元，发生火灾后，该数据仓库大约有25%的价值遭到破坏，那么SLE就是250 000元。

$$资产价值(1\,000\,000) \cdot EF(25\%) = 250\,000$$

这个结果告诉我们，如果该公司发生火灾，可能损失250 000元。由于按年度制定和使用安全预算，因此需要知道年发生比率是多少。假如数据库发生火灾并造成损坏的概率是10年一次，那么ARO值是0.1。

根据ALE公式，即SLE·年发生比率＝ALE。

如果公司的数据仓库设施发生火灾可能造成250 000元的损失，发生火灾的频率，即ARO值为0.1(表示10年发生一次)，那么ALE值就是25 000元(250 000×0.1＝25 000)。

ALE值告诉该公司，如果想采取控制或防护措施来阻止这种损失的发生，那么每年就应当以25 000元或更少的费用来提供必要的保护级别。了解某个风险的实际发生可能性以及威胁造成的损失金额是非常重要的，这样我们就能够知道应该花多少钱来首先使资产不受威胁。如每年花费超过25 000元来使自己不受该威胁的影响，是没有什么商业价值的。

对风险进行确定后，应给出风险评估报告。风险评估报告是风险评估工作的重要内容，是对整个风险评估过程和结果的总结。同时，风险评估报告可作为组织从事其他信息安全管理工作的重要参考内容，如信息安全检查、信息系统等级保护评测、信息安全建设等。

风险评估报告中的主要文档包括：信息系统的描述；准备阶段综述；资产识别分析，根据组织在风险评估程序文件中确定的资产分类方法对资产进行识别，给出资产的价值；威胁识别分析，根据威胁识别和赋值结果，形成威胁列表，包括威胁的名称、类型、严重程度、描述等;脆弱性识别分析,根据脆弱性识别和赋值结果,形成脆弱性列表,包括脆弱性的名称、类型、严重程度、描述等;安全措施识别分析,根据已有安全措施的确认结果,形成已有安全措施确认表,包括安全措施的名称、类型、功能描述、实施效果等;风险计算,给出风险的计算过程和结果;风险控制,说明需要控制的风险以及控制措施;总结,对本次评估进行总结。

5.4 风险处置

风险处置是将风险评估得到的各个安全等级的风险控制到可接受或可容忍的范围内而采取的一系列的计划和方法。

5.4.1 风险处置过程

1. 明确风险处置目标

在采取有效控制和妥善处理风险之前,需要根据风险评估的结果来确定一个合适的风险处置目标。这样做可以为风险处置提供明确的指导和方向。风险处置的基本目标是以最小的处置成本获得最大的收益,以避免风险可能带来的损失和不利影响,所以在确定具体的风险处理目标之前都需要进行成本-收益核算,只有依据分析和权衡核算的结果而确定的目标才是科学的、可行的。

2. 制订风险处置计划并定义各处置项的优先级

当要着手进行风险处置时,应首先明确各个待处置风险项的优先级,然后再制订相应的风险处置计划。各风险处置项的优先级可以根据处置所需耗费的成本、达到处置目标后的收益和此风险潜在的影响程度等因素来确定。

3. 确定风险安全处置的依据和方法

在对风险进行了衡量、评估以后,可以根据风险评估的结果,确定风险安全处置的依据和方法。具体的依据和方法,组织应根据实际的业务需求、所确定的风险处置目标以及相应的风险等级来确定。

4. 编制风险处置方案

风险处置是风险管理中的一个重要环节,每个风险的处置都应是严谨而有条理的,在进行正式的风险处置之前,相关组织和人员最好制定一个详细的风险处理方案,以便在处理过程中为其提供参考和凭证。风险处置方案还应包括:风险处置项和具体内容,负责处置的团队和人员,工作计划,时间进度安排,预期结果和意外状况处理方案。

5. 实施风险处置方案并检测结果

在风险处置过程框架中,最为关键的步骤便是风险处置的实施。负责实施的人员应严格依据所编制的风险处置方案实施风险处置过程,并对残余风险进行评估和判断。当进行处置后,若残余风险已经处于组织可以接受或容忍的范围内,则处置过程结束;若残余风险依然对组织有较大的威胁,则进行循环处置,直到残余风险接近可接受和容忍的范围。

5.4.2　风险处置方式

风险处置的手段和方法主要分为两大类，即控制方法和财务方法。控制方法主要目标是致力于消除、回避和减少风险发生的机会，限制风险损失的扩大，在最大程度上降低风险带来的损失，控制方法中包含风险规避、风险预防、风险分散和风险降低等处置措施；财务方法的侧重点则在于事先做好风险处置方面的成本规划，力图通过财务安排来降低风险处理所要耗费的成本，财务方法包含的处置措施有风险接受和风险转移。

1. 风险规避

风险规避是风险应对的一种重要措施，即通过变更原有计划来消除风险或者风险发生的条件，从而避免目标遭受风险的影响。但是，风险规避并不意味着风险的完全消除，而是规避了风险可能给目标造成的损失。一方面降低损失发生的概率，另一方面降低损失的程度。

2. 风险转移

风险转移是对风险最为实际而有效的应对方式，是指将面临风险的资产或价值通过合同或者非合同的方式转嫁给另一个人或单位的一种风险处理方式。风险转移可以将风险可能造成的损失进行部分或完全转移。

一般风险转移方式可以分为保险转移和非保险转移两种：保险转移是指当个体或者组织遇到风险之前，通过向保险人或保险公司缴纳一定的保险费，并将风险转移至第三方的一种行为；非保险转移是指采用签订经济合同的形式，将预期风险或与风险相关的财务结果转移给别人。

3. 风险降低

风险降低即通过一系列的保护措施来降低风险。在选择和实施控制措施时，要考虑多种约束条件，如时间约束、财务约束、技术约束、运行约束、文化约束、道德约束、环境约束、法律约束、易用性约束、人员约束、整合新建和现有控制措施的约束。

4. 风险接受

风险接受即组织自己承担风险造成的损失。在风险明显满足组织方针策略和接受风险的准则的条件下，或者处置该风险所耗费的成本远远大于收益的时候，风险接受就成为一种合理的选择。

风险接受又分为被动接受和主动接受两种。被动接受风险是指在没有识别面临的风险，或即使有所察觉但是没能采取措施而被动接受损失后果。这种情况通常与安全领域中的风险管理不成熟、风险决策人缺乏培训和经验有关。当业务经理负责处理部门的风险时，多数场合他们会接受摆在他们面前的任何风险。这是因为业务经理的真正目的是完成项目，他们不想被无聊又烦人的安全问题所困扰；主动接受风险是指在已经识别种种风险的基础上，有意识地、有计划地采取方案接受应对风险带来的损失。

接受风险应基于几个因素，如潜在的损失是否低于对策成本？组织是否能够应付接受风险所带来的“阵痛”？其中，第2个因素并不是一个纯粹的成本决策，还可能涉及与决策相关的非成本问题。例如，如果接受风险，就必须在生产流程中增加另外3个步骤。这对我们有意义吗？或者，如果接受风险，那么可能引发更多的安全事故。我们是否做好了处理这些事故的准备？

接受风险的个人或团体还必须理解这个决策的潜在可见性。假设公司已经决定不保护客户的姓名，但是必须保护客户的其他信息(如身份证号、账号等)，虽然这些行为符合法律法规的要求，然而，如果客户发现公司没有正确保护他们的姓名，并且由于缺乏相关知识而将这一行为与身份欺诈联系起来，那么该怎么办呢？即使一切问题得到适当的处理，但公司可能无法处理潜在的声誉影响。公司客户群体的认知并不总是基于事实。客户可能会将他们的业务交给另一家公司，这是我们必须认识到的一个潜在事实。

5.5 延伸阅读

不同的组织有不同的安全需求和安全战略，风险管理的操作范围可以是整个组织，也可以是组织中的某一部门，或者独立的信息系统、特定系统组件和服务。影响风险管理进展的某些因素，包括评估时间、力度、展开幅度和深度，都应与组织的环境和安全要求相符合。业内有不同的标准化方法，各个方法都包含相同的基本核心组件(识别脆弱性、分析威胁、计算风险值)，但各个方法又各有侧重(独特的方法和关注点)。

从范围上来看，美国的信息技术体系风险管理指南(Risk Management Guide for Information Technology System)SP800-30主要关注计算机系统和IT安全问题。它不包括大型组织所面临的诸如自然灾害、继任规划、环境问题以及安全风险与商业风险的关系等威胁类型。与之相比，由卡内基梅隆大学软件工程研究所(CMU/SEI)开发的OCTAVE(Operationally Critical Threat, Asset, and Vulnerability Evaluation Framework)则是一种综合的、系统的信息安全风险评估方法，可用于评估所有系统、应用程序和组织内的业务流程。如果需要一个集成到ISMS的风险方法，可以选择ISO/IEC 27005，它规定了在ISMS框架内如何进行风险管理。澳大利亚和新西兰联合开发的风险管理标准AS/NZS 4360(对应的国际标准为ISO/IEC 31000)就更为广泛了，其强调从商业的视角而不是从安全的视角来关注公司的健康情况，了解公司的财务、资本、人员安全和业务决策风险。

从方法来看，失效模式和影响分析(Failure Modes and Effect Analysis, FMEA)是一种确定功能、标识功能失效并通过结构化过程评估失效原因和失效影响的方法。FMEA能够洞察未来并确定潜在的失效领域(发现脆弱性)，并在脆弱性转变为真正的障碍前采取纠正措施。FMEA作为一种调查方法在识别某个系统的主要失效模式时非常有效，但它在查找多个系统或子系统中存在复杂失效模式方面却不如故障树分析方法。故障树分析过程可以概括如下：首先，以一种不希望产生的影响作为逻辑树的根部或顶部事件；然后，将可能造成这种影响的每一种情形作为一系列逻辑表达式添加到树中；最后，使用与失效可能性有关的具体数字来标记故障树。

我国的信息化建设起步较晚。2003年7月，国务院信息化工作办公室委托国家信息中心牵头组建"信息安全风险评估课题组"，提出将信息安全风险评估工作作为提高我国信息安全保障水平的重要举措。2007年发布的信息安全风险评估规范GB/T 20984，为政府部门、金融机构等国家信息网络基础设施和重要信息系统提供信息安全风险评估指南。信息安全风险评估工作在全国范围内全面展开。在制定适合我国国情的风险评估规范的同时，我国也参考国际标准制定了一系列与风险管理相关的标准，包括：

GB/T 24353《风险管理 原则与实施指南》，参考 ISO 31000；

GB/T 24364《信息安全技术 信息安全风险管理指南》，参考 ISO/IEC 27005；

GB/T 31722《信息技术 安全技术 信息安全风险管理》，等同采用 1SO/IEC 27005；

GB/T 31509《信息安全技术 信息安全风险评估实施指南》，GB/T 20984 的操作性指导标准。

2016 年 4 月 19 日，习近平总书记在北京主持召开网络安全和信息化工作座谈会并发表重要讲话。习近平总书记强调，网络安全和信息化相辅相成，“安全是发展的前提，发展是安全的保障，安全和发展要同步推进。”维护网络安全，首先要知道风险在哪里，是什么样的风险，什么时候发生风险。感知网络安全态势是最基本最基础的工作。

2022 年 11 月 1 日，GB/T 20984-2022《信息安全技术 信息安全风险评估方法》代替 GB/T 20984—2007《信息安全技术 信息安全风险评估规范》正式实施。新版标准不仅包含了风险评估的基本概念、风险要素关系、风险分析原理、风险评估实施流程，还提出了基于业务、面向信息系统生命周期（规划、设计、实施、运行维护和废弃）的风险评估方法，分析了业务及支撑的信息系统所面临的威胁及其存在的脆弱性，全面评估安全事件造成的危害程度。新版标准为网络安全保护工作部门、重要行业和领域的主管部门、信息系统运营单位、安全服务厂商等开展信息安全风险评估工作提供了参考依据，为网络安全建设工作提供了技术指导和效果评价方法，极大促进了网络安全工作的实施。

信息安全风险管理案例分析

第6章 信息安全运维管理

随着IT技术的发展,越来越多的组织基于IT技术构筑自己的价值链,IT构架已经成为影响组织生存的关键要素,特别是对于银行、证券、保险、电信等高度依赖信息技术的组织。运维安全是关于为保持网络、计算机系统、应用程序和环境运转并以安全和受保护的方式运行所发生的一切事情。本章将介绍安全运维的概念以及维护、监测周围环境(虚拟与物理环境两者皆有)的五大基本流程(事件管理、问题管理、变更管理、发布管理和配置管理),给出物理环境安全措施。

6.1 安全运维管理概述

6.1.1 安全运维的概念

在产品生产过程中,遵循一定的质量控制标准(如ISO9000系列标准)可以确保产品的质量保持较高的水准(如较高的产品合格率),降低产品的制造成本。而对支撑和服务组织业务的IT系统来说,只有通过运维工作将其服务维持在一定的水平上,才能实现业务的过程控制,达到既定的质量目标。

组织的业务运行与软件、人员和硬件都有关。一般来说,运维关注硬件和软件方面,管理层负责人员的行为和职责。运维负责确保系统在预期的方式下运行。通过限制级别、审计和监控等手段,运维能防止反复发生问题,将硬件和软件故障降低到可接受的级别,减小事故的影响。安全运维则是保持环境运行在一个必要的安全级别中的持续维护行为。

6.1.2 安全运维管理的框架与流程

为保持网络、计算机系统、应用程序和环境运转并以安全和受保护的方式运行,安全运维管理要遵循信息系统运行维护的一整套流程,关注如何降低可能由非授权访问或滥用造成损失的可能性。ITIL(IT Infrastructure Library,信息技术基础架构库)是世界上最广泛认可的IT运维框架,为IT服务管理系统提供全面、实用且经验证的指导。基于ITIL框架,安全运维管理对事件管理、问题管理、变更管理、配置管理和发布管理这五大运维流程深入并灵活运用，内容涉及配置、性能、容错、安全性以及问责和验证管理，确保适当的操作标准与合规性要求得到满足，如图 6-1 所示。

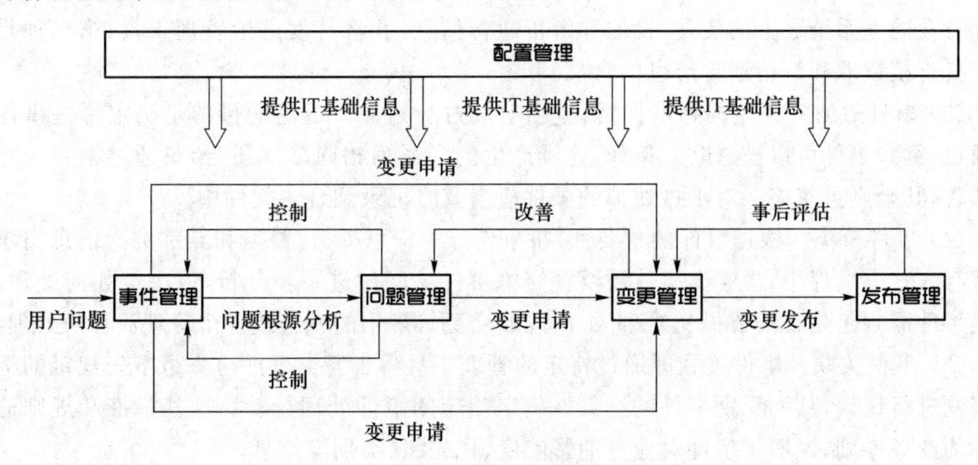

图 6-1　安全运维管理遵循的基本流程

6.2　事件管理

事件是指 IT 运维过程中导致或可能导致服务中断或质量下降的不符合 IT 运维标准操作的任何活动(如设备中毒、日志报错等)。它不仅包括软硬件故障，还包括服务请求。

事件管理通常会有一个统一入口(服务台)，通过统一入口将事件进行流水线处理，如图 6-2 所示。

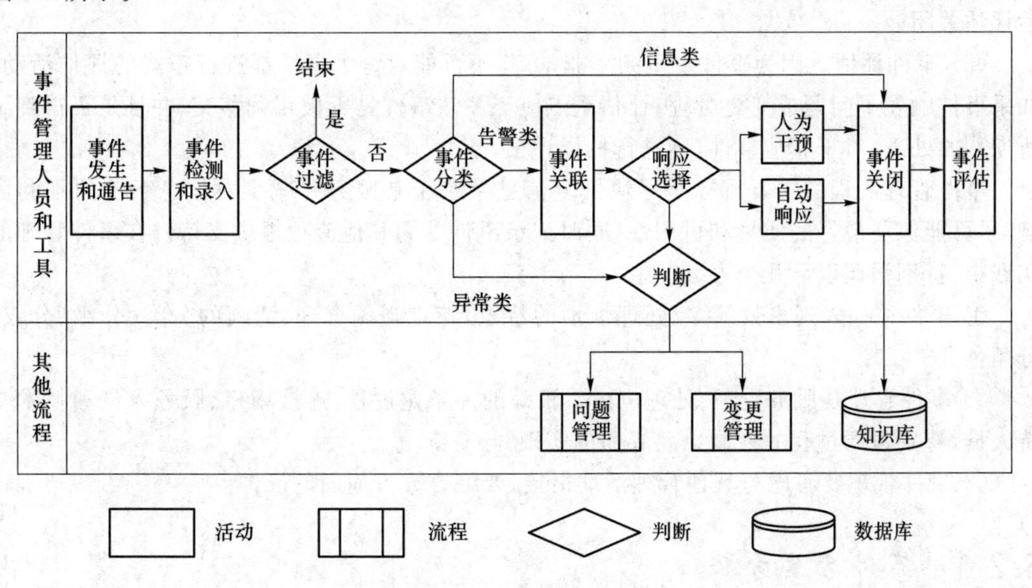

图 6-2　事件管理基本流程

(1) 事件发生和通告。事件管理的入口的对象是事件来源，如用户反馈、业务监控告警、员工保障等。配置项以轮询和通知两种方式产生事件通告信息，其中轮询是通过管理工具的询问,配置项被动地提供相关信息;而通知是当特定状态满足后,配置项主动产生通告。

(2) 事件检测和录入。事件发生后,管理工具通过两种方法对其进行检测,第一种是通过运行在同一系统之上的代理,检测和解析通告信息,并将其发送给管理工具;第二种是管理工具直接读取和解析通告信息的含义。

(3) 事件过滤。当检测到事件后,应当对其进行过滤。过滤的目的是确定哪些事件应被通过,哪些事件可以被忽略。例如,连续产生的一系列相同事件通告,只通过第一个到达的通告,其余则可忽略。对于过滤掉的事件应当及时记录到日志文件中。

(4) 事件分类。根据事件的重要性,将事件分为信息类、告警类和异常类。信息类事件通常存入日志文件中;告警类事件需要提交给事件关联做进一步分析,以决定如何处理;异常类事件需判定是否需要提交给事故、问题或变更管理中的一个或多个管理流程来处理。

(5) 事件关联。事件关联即通过特定的管理工具将告警类事件与一组事先规定的标准和规则进行比较,从而识别事件的意义并确定相应的事件处理行动。这些标准和规则通常被称为业务准则,说明了事件对业务的影响度、优先级、类别等信息。

(6) 响应选择。根据事件关联的结果,可以选择自动响应、报警和人为干预,问题或变更判定等方式处理告警类事件。如果告警类事件及其处理方法已被充分识别和认识,则可以为其定义合适的自动响应方式。如果告警类事件处理需要人为干预,则应发出报警信息通知相关人员或团队。如果告警类事件处理需要通过问题或变更管理的一个或多个流程完成,则需要启动相应的流程。

(7) 事件关闭。不同类型的事件有不同的关闭形式。信息类事件通常不存在关闭状态,它们会被录入到日志中并作为其他流程的输入,直到日志记录被删除;自动响应的告警类事件通常会被设备或应用程序所自动触发的另一事件关闭;人为干预的告警类事件通常在合适的人员或团队处理完评估后关闭;异常类事件通常在成功启动问题或变更管理流程后评估关闭。

(8) 事件评估。因为事件发生频率非常高,不可能对每个事件都进行正式的评估活动。如果事件触发了问题或变更管理,评估重点应当关注事件是否被正确移交,并且是否得到了所期待的处理;对于其他事件,则进行抽样评估。

事件管理流程的主要目标是尽快恢复信息系统正常服务并减少对信息系统的不利影响,尽可能保证最好的质量和可用性,同时记录事件并为其他流程提供支持。在事件管理的实践中,特别强调以下几个方面。

① 事件往往表现出数量多、处理烦琐的特点,特别强调合理、清晰的分类、分级、分权、分角色。

② 事件管理是服务受理、处理、反馈、跟踪的一条龙过程,连接用户、服务人员和技术支持人员,特别强调过程的控制以及界面的实现。

③ 事件管理要考虑与其他管理活动衔接,要综合方方面面的反馈。

6.2.1 事件分类分级

为使繁杂的事件易于分辨,需要对事件进行分类。同时,为保证事件处理效率,需要将有限的资源合理分配到每个事件中,必须对事件进行分级,以确定事件处理的先后顺序。

在实践中，可根据业务职能和机构组织特点，将事件分为三类：故障、服务请求、重大信息事件。故障、服务请求、重大信息事件可以继续分二级子类，甚至可以更细致地分三级子类。特别是服务请求的范围，涵盖了所有业务职能，使事件管理成为所有服务受理的平台，为用户根据事件的分类建立新事件。

事件处理的优先级可以根据两个维度来评判。

影响度：衡量时间对业务的影响程度，主要参照影响范围、数量和重要程度。

紧急度：主要根据业务对 IT 的需求和依赖程度，以及可以忍受的时限。

根据这两个维度，可以为所有事件类型设定优先级（低、中、高），这样就可以对应定义各类事件的响应时间、解决时限和升级准则。

具体到网络安全事件的分类与分级，可以参考一些国际或国内标准，如《信息安全技术 信息安全事件分类分级指南》(GB/Z 20986—2007)。

6.2.2 事件响应行动

将组织经常遇到的安全事件，编写为事件响应指南或标准操作手册，让原本需要反馈到高层才能做出的决策，下放到基层，只要评判事件特征符合标准就可以快速反应。这样一来，就可以大大缩短事件处置所需的时间。常见的常规事件响应指南包括病毒传播事件、网站页面被篡改、常用系统故障或死机、外部网络入侵告警、机房或物理设备故障等。

事件响应指南或标准操作手册很可能不能直接用于事件处置，但在制定这些预案时进行的大量细致分析、事件发展推演等，在事件爆发时非常有助于决策和事件行动方案的制定、修订和执行。应急指挥人员通过事件行动方案指挥、调度处置力量，统筹调配应急物资（包括应急装备/设备、备用场所和消耗品等），协调外部机构参与应急处置（增派处置力量及增加救援物资），决定提请更高层人员或上级组织/机构协调解决现场处置无法协调解决的问题和困难等。

事件处置的行动周期可分为 5 个阶段，从初始响应、确定目标、制定方案，到下达指令和执行方案，然后开始新一轮行动。在事件处置过程中，阶段 1（初始响应）只会执行一次，从阶段 2（确定目标）到阶段 5（执行方案）的行动周期，是事件行动方案制定和执行的循环往复过程。因为从阶段 1 到阶段 5 形成了类似英文字母“P”的过程，所以这一过程也被称为事件处置的“P”过程，如图 6-3 所示。

阶段 1：初始响应。发现事件的人员应立即向有关主管部门或值班人员报告。事发部门和组织在事发地的分支机构等作为事件“第一响应人”，应第一时间组织开展初始响应工作。事发部门或值班部门负责人要做好监测预警，调动现场资源和处置力量进行先期处置，及时疏散、安置受影响的人员，做好现场管控，第一时间控制现场事态，并按照相关要求做好信息报告。对可能造成运营中断的事件，组织要根据有关应急预案或者实际需要立即成立现场指挥部，将现场指挥权从事发部门或值班部门移交给现场指挥部，视情况组织成立专家组。

对影响人员生命财产安全、环境保护及社会秩序等的公共安全事件，组织要立即向所在地政府、有关主管部门或当地紧急报警中心、非紧急救助服务中心报告。事发部门和组织在事发地的分支机构负责人要第一时间组织开展自救互救，并在地方政府和相关机构的指挥下做好秩序维护、道路引领等先期处置工作。在政府应急指挥机构成立现场指挥部后,组织要与现场指挥部保持密切联系,配合现场指挥做好处置救援工作。

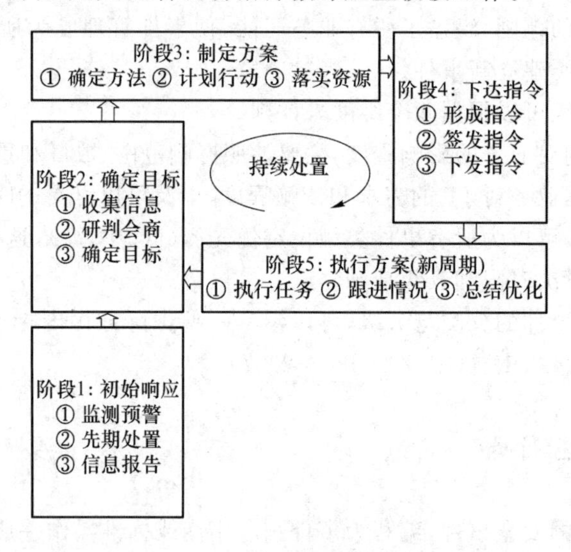

图 6-3 事件处置的"P"过程

阶段 2:确定目标。指挥部应及时收集信息,抓紧掌握事件基本情况、先期处置情况、事件发展情况,物资储备库、应急救援和业务恢复队伍、庇护场所、后备运营场所、有关典型案例的信息,各级领导就事件处置做出的批示(指示)等。

指挥部负责确定参会人员范围,组织现场各部门有关负责人和专家召开会议,对现场态势进行研判会商,并以上级批示(指示)、应急预案、损失评估及现场态势为依据,确定事件处置(应急响应/业务恢复/影响控制等)的目标。

阶段 3:制定方案。指挥部通过判断、预测、推论和假定进行任务目标分析,围绕处置目的、响应和恢复目标、恢复顺序及处置行动风险、处置工作重心和决策点等筹划要素,确定达成处置目标的方法。在确定处置方法的基础上,指挥部以具体处置队伍为施行主体,拟订具体的行动计划(谁、何时、何地、做什么、使用什么资源),开展计划时间与空间冲突检测与优化,形成时间最优化、空间效率最大化的事件行动方案(草案)及配套资源保障方案。

在事件行动方案制定过程中,指挥部如果需要向上级组织或相关机构申请物质资源,应立即向上级组织或相关机构发出请求,在获得物质资源后,在情况研判和方案制定环节更新相应变化。如果事件行动方案与计划需要审核批准,指挥部应立即向上级组织或相关机构汇报以取得批准。

阶段 4:下达指令。指挥部根据确定的事件行动方案,按照相关要求形成正式的指令(或通告)并由指挥部总指挥(或其指定人员)签发;召集处置队伍负责人,下发处置行动指令;发布相应通告。一般而言,指令要有适当的描述,如基本形势、处置目标、详细指令(关键要素,如谁、以什么方式、做什么、期限是什么等)。

在实践中,为提高反应速度,决策层和现场指挥可能采用口头方式来请示处置事宜、下达各类命令;但同时也应将正式的请求、命令文书上传或下达,以备存档和查询。

阶段 5:执行方案。当指挥部正式下达处置行动命令后,接受命令的处置队伍根据命令,执行事件行动方案。在方案执行过程中,随着形势的演变,整个方案要保持不断的修订和完善。

在事件行动方案的执行阶段，指挥部应做好以下工作。

① 持续跟进方案执行，根据现场处置情况、领导批示(指示)精神及专家意见，进一步完善现场处置方案，落实各级领导批示(指示)的相关事项。

② 尽可能用事件行动方案中明确的处置队伍和资源来应对并完成任务，但如果形势演变突破原方案预期，现场负责人明确需要更多处置队伍和资源时，就需向上级提交额外的请求，请求包括但不限于设备、设施、场地、交通工具和其他物资等。

③ 当事态进一步扩大，预判凭借事发单位现有资源和能力难以实施有效处置时，指挥部要向上级组织和有关部门提出扩大响应的建议。

④ 实地督查事件行动方案的落实情况，向负责牵头处置事件的上级组织或有关机构汇报有关决定、命令的执行情况和现场最新情况、处置方案、处置情况。

⑤ 积极配合上级督查组做好事件处置督查工作，及时、客观地反映有关情况。

当然，以上 5 个阶段的工作并不对应任何时间期限，也不一定完全按时间顺序展开(可能因时间限制同步展开，甚至被忽略)。在有些情况下，组织可能不会为响应事件发布类似于预案启用的正式书面命令，具体应对事件的处置队伍收到的第一份命令文书可能直接就是行动指令。有时，事件发生后，为快速遏止事件事态演变，高层领导可能会直接命令相关队伍立即采取行动，借此显著压缩计划活动的时间。更有甚者，快速演变的事件对反应时间的极高要求可能需要指挥部在事件处置过程中采用口头通报的方式来传递信息或命令，甚至包括部署处置队伍展开行动的命令。

在事件处置过程中，指挥部还要按照信息发布和新闻宣传工作相关规定及内外部沟通专项应急预案要求，由公共关系/媒体宣传部门组织协调信息发布和舆论引导工作。

在事件的威胁和危害得到控制或者消除后，或中断的业务重续运营后，指挥部要及时向负责牵头处置事件的组织和机构提出终止事件响应的建议。

在事件处置结束后，负责指定现场负责人的单位决定是否终止现场指挥权。

组织应及时开展事件处置的总结评估工作，查找事件处置工作中存在的问题和不足，提出改进措施，及时修订应急预案和现场处置方案。

现场负责人积极履职、科学决策、指挥有力，最大限度地减少了人员生命财产损失的，负责指定现场负责人的单位应当予以表彰；现场负责人处置不力或者出现严重失误的，负责牵头处置事件的部门或应急指挥机构应当及时予以撤换；现场负责人弄虚作假、工作不力、玩忽职守、造成严重后果的，指挥部应依法追究相关责任。

对在事件处置工作中做出突出贡献的集体和个人，组织应给予表彰。迟报、谎报、瞒报和漏报事件重要情况，应急响应和业务恢复不力，或者在事件处置工作中有其他失职、渎职行为的部门，由其上级部门或者相关管理部门责令改正；情节严重的，根据情节对直接负责的主管人员和其他直接责任人员依法给予处分。

6.3　问题管理

当一个事件出现后，因事件紧迫未能分析出原因，只能采用紧急应急措施处理掉。但若因为事情已经解决了,就将这个问题抛之脑后不再追究,则会埋下一个隐患。如何才能"斩草除根",这就引出了一个概念——问题管理。

问题管理是以解决问题为导向,以挖掘问题、表达问题、归结问题、处理问题为线索和切入点的一套管理理论和管理方法。可以说事件管理是"救火",强调的是快速、效率。而问题管理则是"消防",重点在于消除引发问题的根本原因,找出解决问题的方案,从根本上解决问题,并记录所有的已知错误、相关的症状及解决方案。

问题管理包括主动性问题管理和被动性问题管理两类。主动性问题管理的目标是通过找出基础设施中的薄弱环节来阻止事件再次发生,以及提出消除这些薄弱环节的建议或方案。被动性问题管理的目标是找出导致以前的事件发生的根本原因,以及提出解决措施或纠正建议方案。

问题管理划分为三个阶段,即问题识别、问题处理和问题根治。问题管理负责人作为问题处理的主导者,对事件管理所识别出的问题进行受理和分析,完成对问题的初步分类和优先级判断后进行审批和分配。根据审批和分配给出的反馈信息,会有一名或一组工程师来处理问题。在问题处理阶段,对已经找到根本原因的问题,需要确定解决方案,以便永久解决问题。此时,要注意是否需要通过其他流程,如需要则提交到其他相应的流程,并与该流程人员保持沟通,了解问题的解决情况;如不需要,可以计划并组织实施解决方案。问题处理的实施结果反馈给问题管理负责人,由其对解决的问题进行评价,并将处理问题积累的新知识录入知识库,随后关闭问题。以后遇到相同或类似问题,就可以参考知识库中的信息,提高工作效率,减少重复劳动。

问题管理的基本流程包括问题检测和记录、问题分类和优先级处理、问题调查和诊断、创建已知错误记录、解决问题、关闭问题、重大问题评估等,如图 6-4 所示。

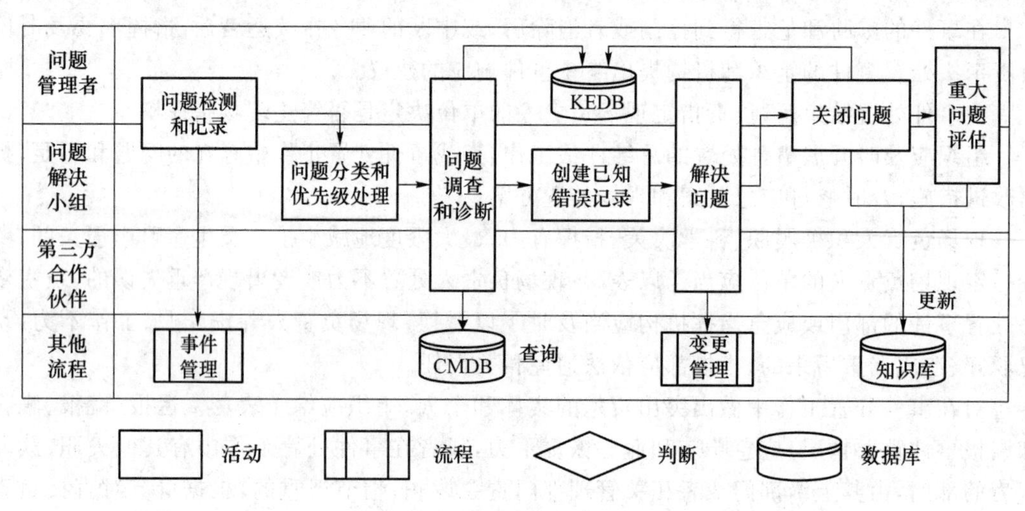

图 6-4 问题管理基本流程

① 问题检测和记录。问题检测的方法包括:服务台和事件管理等提交的事件需要进一步查明潜在原因;技术支持小组在日常维护工作中发现存在尚未对业务产生影响的潜在问题;自动化的事件/告警检测工具检测出 IT 基础设施或应用存在问题;供应商或承包商通告其产品或服务存在的问题;主动问题管理通过趋势分析提交潜在的问题。问题记录包含问题描述、问题状态、问题类型、服务信息和设备信息等。

② 问题分类和优先级处理。问题的分类原则与事件管理中事件的分类原则相同。问题优先级处理与事件管理中事件的优先级处理方法相同。

③ 问题调查和诊断。问题调查的技术包括借助配置管理数据库(CMDB)定义问题的影响级别并调查故障点。问题调查和诊断常用的方法包括时序分析法、KT决策法、头脑风暴法、石川图法、帕累托分析法等。

④ 创建已知错误记录。针对调查和诊断的结果及解决方案创建已知错误记录,并将其存放在已知错误库(KEDB)中,以方便下次发生同样问题时能够快速匹配出已知错误。

⑤ 解决问题。根据制定出的解决方案,问题管理者组织问题处理人员实施方案。如果解决方案需要对基础设施进行变更,则必须首先提交变更请求,启动变更管理流程。

⑥ 关闭问题。当变更完成并且解决方案成功实施使得问题解决之后,可正式关闭问题记录,更新已知错误库(知识库),将问题状态置成"已解决"。知识库是集中提供相关技术资源和信息的平台,是知识积累的重要场所,充分利用知识库中的成果,可以提高工作效率,减少重复劳动。

⑦ 重大问题评估。重大问题解决之后应当召开重大问题评估会议,需探讨的问题包括工作中的经验和教训、改进方案、预防措施、第三方责任等。

问题管理的目的是消除引起事件的深层次根源以防止事件再次发生。为了确定问题产生的根本原因,可以建立三级审批机制。一级为问题管理负责人,他是接收问题申请单的主要负责接口。若这一级解决不了问题,则向第二级递交。第二级为问题管理经理,可以是IT部门负责人。第三级是公司最高层。不同等级的人员代表着解决问题投入资源的不同,投入资源越多,就越容易发现问题产生的原因。只有问题产生的原因得到确认,才能制定出相应的解决办法,产生的问题才会得到根本解决。

在实际处理问题的过程中,由于技术水平、资源等因素限制,可能短期内不能从根本上解决问题,而整个问题处理的流程是一个过程控制,能够按照流程一步步地进行是很重要的。

6.4 变更管理

变更指添加、变更或删除可能对服务产生直接或间接影响的任何内容。产品需求迭代需要发布变更,测试发现问题需要对错误代码进行变更,上线新业务及扩容服务器等都需要变更,变更管理是为了保证项目在变化过程中始终处于可控状态,确保以受控的方式去评估、批准、实施和评审所有变更,使每一条变更都变得有理可依,有据可查。变更管理通常与配置管理结合使用,两者合为一个过程,将变更相关事件对服务质量的影响降至最低,并持续改善支持业务的运行和基础架构,从而确保信息系统的可靠性、稳定性。

变更管理的具体对象包括管理环境中与执行、支持及维护相关的硬件、通信设备、软件、运营系统、处理程序、角色、职责及文档记录等。结合公司的实际情况,从紧急程度、业务影响度等方面可以将变更分成三种类型,分别为常规变更、重大变更、紧急变更。其中,常规变更指的是频繁发生、影响范围较小、紧急程度较低、实施风险较小、已经制定了标准实施流程的变更;重大变更指的是实施工作复杂、影响范围广、存在风险、需要制定详细方案、在系统与业务功能方面有重大调整的变更,需要专业技术委员会审批方可执行;紧急变更指的是对业务运行、服务等级带来重大影响的事项所作的变更。

变更管理的流程包括创建变更请求、记录和过滤变更请求、评审变更、授权变更、变更规划、协调变更实施、回顾变更和关闭变更等。变更管理的基本流程模型如图 6-5 所示。

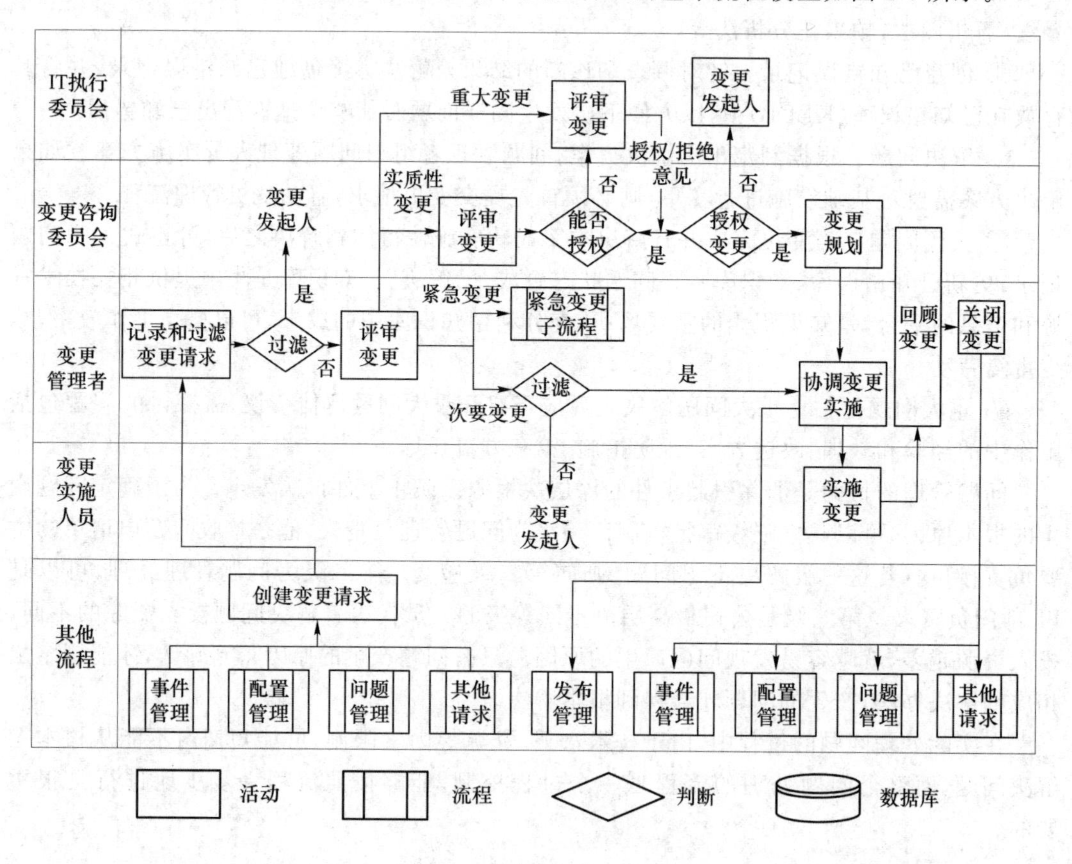

图 6-5　变更管理基本流程

① 创建变更请求。变更请求(RFC)由变更发起人负责创建并提交给变更管理者。变更请求可能涉及所有的 IT 部门,任何相关的人都可以提交一项变更请求。变更发起人虽然可能初步为变更分类和设定优先级,但最终的优先级必须在变更管理中确定。

② 记录和过滤变更请求。变更管理者负责将接收到的变更请求按一套规范的形式记录成 RFC 文档。具体信息包括 RFC 标识号、相关联的问题/错误码、变更影响的配置项、变更原因、不实施变更的后果、变更的配置项当前的和新的版本、提交该 RFC 的人员/部门的信息、提交 RFC 的时间。

③ 评审变更。在接收到变更请求后,变更管理者、变更咨询委员会(Change Advisory Board,CAB)成员及 IT 执行委员会应从财务、技术及业务三方面对其进行审核,以确立变更的风险、影响度、紧急度、成本及利益等。

④ 授权变更。不同类别的变更有不同方式的授权。标准变更通常有预定的执行流程,不需要得到 CAB 和变更管理者的授权,而直接转交"请求实现"处理;次要变更无须提交 CAB 而直接由变更管理者批准实施;针对实质性变更,变更管理者根据变更风险、紧急度和

影响度来决定是否事先征求 CAB 成员的意见或召开 CAB 会议；重大变更必须事先得到 IT 执行委员会的评审，再交由 CAB 讨论具体实施方案。

⑤ 变更规划。变更规划和进度计划表的制定及发布是一个动态和持续的过程。此外，根据组织的变更策略，如果需要以发布包的形式将变更部署到生产环境中去，则应启动发布管理流程实施变更。

⑥ 协调变更实施。在得到变更授权并完成规划后进入变更实施阶段，具体包括变更构建、测试及实施。变更管理者在整个过程中起监控和协调作用。

⑦ 回顾变更和关闭变更。变更成功实施后，变更管理者应当组织变更管理小组和 CAB 的成员召开实施后的评估会议。会议上要提交变更结果及在变更过程中发生的任何事故报告。

6.5 发布管理

发布管理负责规划、设计、构建、配置和测试硬件及软件，从而为运行环境创建发布组件的集合。发布管理的目标是交付、分发并追溯发布中一个或多个变更。具体包括：软硬件的规划协调和实施、为分发和部署而设计和实施有效的程序、确保与变更相关的软硬件安全可追溯，且只有正确被授权的、经过测试的版本才能被部署，确保软件的原始版本被安全地存放在最终软件库中，并且在配置管理数据库中得到及时更新。

发布的版本可以包括许多不同的基础架构和应用程序组件，也可以包括文档、培训、更新的流程或工具以及所需的任何其他组件。版本的范围可以从非常小，如仅涉及一个小的变更功能，到非常大，如涉及许多提供全新服务的组件。发布的组件可以由服务提供商开发，或者从第三方获得并由服务提供商集成。

根据实际情况，从紧急程度、业务影响度等方面可以将发布分为三种类型，分别为常规发布、重大发布和紧急发布。常规发布指的是频繁发生、影响范围较小、紧急程度较低、实施风险较小、已经制定了标准实施流程的发布；重大发布指实施工程复杂、存在风险、需要制定详细方案、在系统与业务功能方面有重大调整的发布；紧急发布指如果不发布会立即或正在严重影响系统可用性、服务等级等的发布。紧急发布属于计划外发布，多指系统故障、缺陷、影响关键业务或重要领导交办的由紧急变更引起的发布。

发布管理的流程包括发布规划，发布设计、构建和配置，发布验收，试运营规划，沟通、准备和培训，发布、分发和安装等。发布管理的基本流程如图 6-6 所示。

（1）发布规划

发布规划包括协调发布内容，就发布日程安排、地点和相关部门进行协商，制订发布日程安排、沟通计划，现场考察以确定正在使用的硬件和软件，就角色和职责进行协商，获取详细的报价单，并与供应商就新硬件、软件和安装服务进行谈判协商，制订撤销计划，发布制订质量计划，由管理部门和用户共同对发布验收进行规划。

（2）发布设计、构建和配置

① 设计。根据发布策略和规划，为发布进行相应的设计活动。这些活动具体包括明确发布类型、定义发布频率和发布方式。

② 构建。一个发布单元可能会由多个发布组件构成,这些组件中有些可能是自主研发的,有些可能是外购的,发布团队应当整合所有发布组件,并对相关的程序进行规划和文档记录,并尽可能重复使用标准化流程。同时,发布团队也需要获取发布所需的所有配置项和组件的详细信息,并对其进行必要的测试,确保构建的发布包中不包含具有潜在风险的项目。

③ 配置。需要发布的所有软件、参数、测试数据、运行中的软件和其他软件,都应处于配置管理的控制之下。在软件被构建应用之前,需要对其执行质量控制审核。有关构建结果的完整记录也要求记录到配置管理数据库(CMDB)中,以确保在必要时按照该配置记录重复构建。

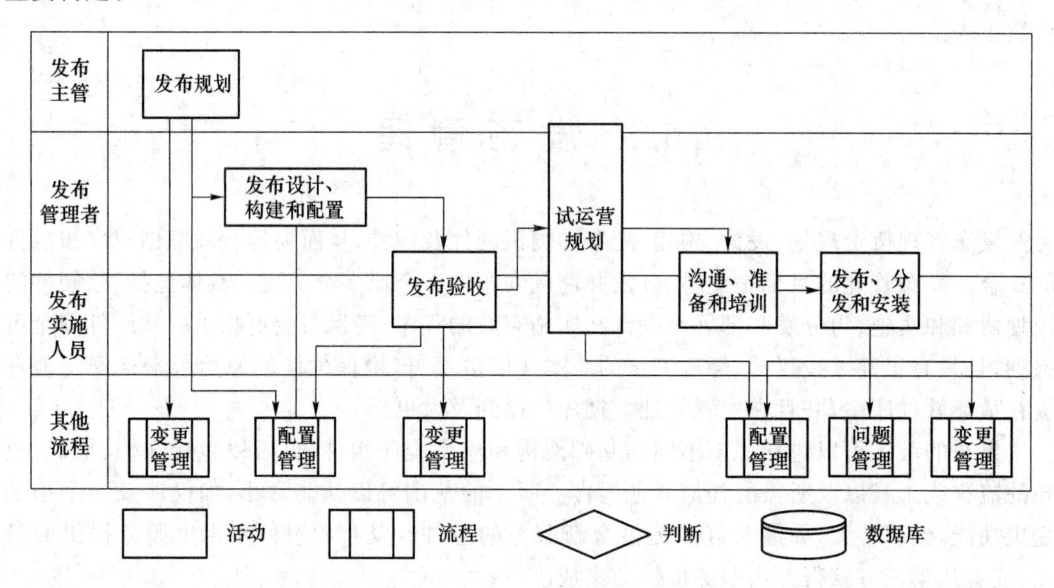

图 6-6 发布管理基本流程

(3) 发布验收

用户代表应对发布进行功能测试并由 IT 管理人员进行操作测试。在测试过程中,IT 管理人员需要考虑技术操作、功能、运营、绩效,以及与基础设施其他部分集成等方面的问题。测试还应涉及安装手册、撤销计划。在试运营开始之前,变更管理应安排由用户进行的正式验收及由开发人员签发的开发结束标记。发布应当在一个受控测试环境中验收,并确保该项发布可以被恢复至一个可知的配置状态。这种针对该项发布的基线状态应该在发布规划时明确,并应记录在配置管理数据库中。

(4) 试运营规划

试运营规划包括确定日常安排以及有关任务和所需人力资源的清单,制定有关安装配置项、停止配置项以及退出使用的具体方式的清单,综合考虑可行的发布时间及所在时区,为每个实施地点制订活动计划,邮寄发布备忘录及与有关方面进行沟通,制订硬件和软件的采购计划,购买、安全存储、识别和记录所有配置管理数据库中即将发布的新配置项。

(5) 沟通、准备和培训

通过联合培训、合作和联合参与发布验收等方式,确保负责与客户沟通的人员、运营人员和客户组织的代表都清楚发布计划的内容及该计划的影响。如果发布是分阶段进行的,则应该向用户告知计划的详细内容。

（6）发布、分发和安装

发布管理监控软件和硬件的采购、存储、运输、交付和移交的整个物流流程。硬件和软件存储设施应该确保安全，并且只有经过授权的人员才可以进入。为减少分发所需的时间，提高发布质量，推荐使用自动工具来进行软件分发和安装。在安装后，配置管理数据库中的相关信息应立即更新。

6.6 配置管理

配置管理是指识别、控制、维护和验证现存的所有资源配置项，如服务器、进程资源、端口资源、IDC 资源、IP 资源、域名资源、网络专线、网络设备、存储设备以及各部门的业务、软件等。一个产品的运营涉及许多基础运营资源信息的配置，如该产品用了多少台什么型号的服务器？用了多少存储容量？都放在哪些 IDC 机房机架上？用什么样的网络设备？是处于运营中还是闲置状态？等等，这些都属于运营配置管理范畴。

在产品规模小的时候，对配置管理的依赖较少，当要管理数千台服务器、几十个 IDC 的时候，面临的就是数百个模块、数百台交换机甚至数万个进程和端口，配置管理的价值就会体现出来，降低维护复杂度，提升开发效率，提高系统一致性。同时，运营配置管理数据是运营成本核算的基础，更是监控、告警等所有运营平台的数据基础。

配置管理的目标是对业务和客户的控制目标及需求提供支持；提供正确的配置信息，帮助相关人员在正确的时间做出决策，从而维持高效的服务管理流程；减少由不合适的服务或资产配置导致的质量和适应性问题；实现服务资产、IT 配置、IT 能力和 IT 资源的最优化。

配置管理的流程包括管理规划、配置识别、配置控制、状态记录和报告、确认和审核等。配置管理基本流程模型如图 6-7 所示。

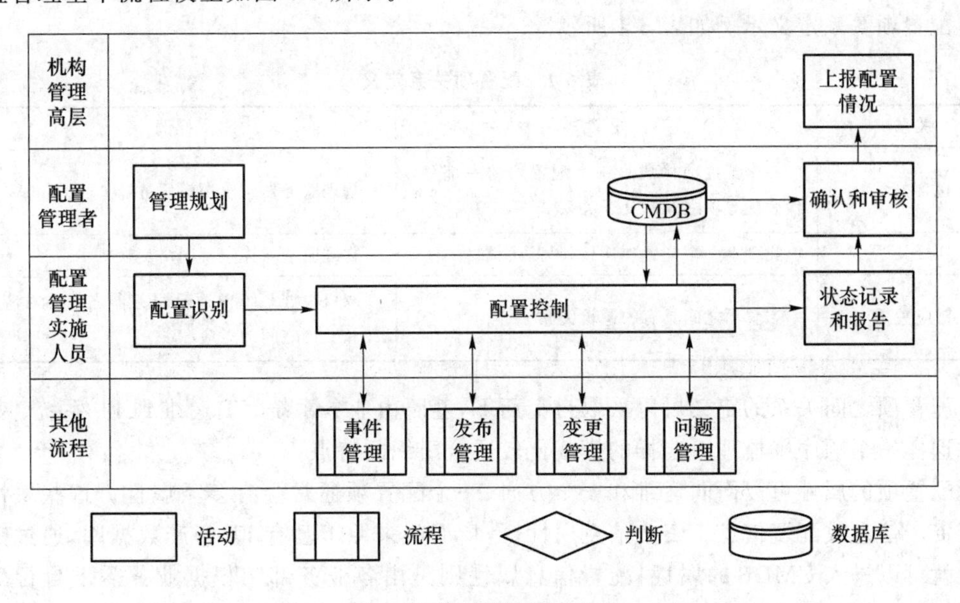

图 6-7　配置管理基本流程

(1) 管理规划

管理规划确定配置管理流程的政策、标准和战略,分析现有的信息,确定所需要的工具和资源,制订并记录一份总体计划,其内容包括明确配置管理的目标和范围,识别相关需求,选定现行适用的政策和标准,组建配置管理小组,设计配置管理数据库(CMDB)、数据存放地点、与其他服务管理系统的接口和界面及其他支持工具等,实施配置管理活动的进度和程序,接口控制与关系管理,与第三方的接口控制和关系管理等。

应将CMDB构建和运营管理成本控制在合理的范围内,配置项的宽度和细度决定了CMDB中信息的数量级,而CMDB的有效维护则取决于IT部门投入的管理成本。如果无法投入足够的资源有效维护CMDB,则无法保证其数据的准确性,其应有的价值便无法发挥。在初始化构建CMDB的时候,组织无论从服务管理意识上,还是服务管理水平上往往都处于中下游,难以一次性投入大量的人力和物力,因而一般CMDB初始构建应当由粗就细、循序渐进、逐步完善。尽量采用自动的方式从生产环境和已有的资产数据库中获取配置数据。尽量减少或避免手工采集配置数据,因为在大量数据的情况下,手工采集容易导致错误。另外,自动方式也有助于运营管理成本的控制,因此,需要不断改进系统,使其能够更方便地服务于自动化的数据获取。

(2) 配置识别

配置识别活动是配置管理流程的基础,它确定了配置结构,定义了配置项的选择标准、命名规范、标签、属性、基线、类别及配置项之间关系等方面的内容。

在实践中,配置项的选择可以参考以下原则。

① 是组织提供IT运维所必需的资源。对于与IT运维本身无关的资源,不必列入配置项管理。

② 是组织能够管理的。组织无法管控的组件不应列入配置管理范围。

③ 是可能会变更的。只有预期将来某一时间会发生变更的组件才需要列入配置项管理,对于很久不变的组件,列入配置项管理的意义不大。

配置项关系定义示例如表6-1所示。

表6-1 配置项关系定义

关系	定义	样例
包含关系	一个配置项构成另一个配置项的一部分,代表配置项之间的父子关系	物理服务器包含逻辑服务器
连接关系	物理上一个配置项连接到另一个配置项	物理服务器连接到网络交换机
对应关系	配置项之间具有的逻辑关联	双机集群系统内逻辑服务器之间的对应;软件和文档之间的对应

配置项之间关系的定义可以采取自上而下,遵照由业务系统、IT运维到IT系统、大IT组件这样一个顺序来梳理。这样的模式比较适合组织的特点。

配置项的属性可以面向运维和安全方向,一个配置项通常会有多条属性。这些属性分属于资产信息或配置信息。资产信息属性,是指那些来源于已有IT资产数据库,通过链接关系就可以进入CMDB的属性;配置信息属性则是由各业务部门根据业务需求自行确定的。例如,一台交换机有多个属性,但对于业务部门来说,只有IP地址、MAC、空闲端口数、位置等对实际工作有意义，而大小尺寸等可不在配置项信息表中显示。

（3）配置控制

配置控制活动负责对新的或变更的配置项记录进行维护，确保配置管理数据库只记录已授权和可识别的配置项，并且其配置记录与现实匹配。配置控制的政策和相关程序包括许可证控制、变更控制、版本控制、访问控制、构建控制、电子数据及信息的移植和升级、配置项在发布前制定基线、部署控制、安装控制等。

（4）状态记录和报告

配置项在其生命周期内有一个或多个离散状态，每一个状态的详细信息和数据都应该被记录。记录的细节包括服务配置信息、配置项实施变更的进展及质量保证检测结果等。配置状态报告是指定期报告所有受控的配置项的当前状态及其历史变更信息。

（5）确认和审核

配置确认和审核是指通过一系列评价和审核确认有且只有授权的、注册的、正确的配置项存在于配置管理数据库中的活动，对于监测出的未授权或未注册的配置项应及时通过变更管理登记注册或将其移除。

6.7　物理环境安全

随着社会的全面信息化，IT世界和物理安全性世界正在迅速融合。安全需要保护组织机构的所有资产（除了信息资产还有物理资产），并通过提供一个可靠且可预测的环境来增强生产力。

6.7.1　物理资产分类

物理资产分类并赋予其重要性和价值，是制定简明控制措施和程序，有效保护这些资产的基础。企业物理资产常分为以下几类。

- 计算机设备：服务器、网络附加存储（NAS）和存储区域网络（SAN）、台式计算机、笔记本式计算机、平板式计算机等。
- 通信设备：路由器、交换机、防火墙、调制解调器、专用分组交换机（PBX）、传真机等。
- 技术设备：电源、不间断电源（UPS）、电源调节器、空调等。
- 存储介质：许多比较旧的系统使用像磁带、DAT、CD-ROM和ZIP存储介质设备，因此熟悉它们仍然是很好的。现在的大多数系统使用硬盘驱动器组、固态硬盘驱动器或拇指驱动器，以及多种类型的记忆卡，如SD卡、micro SD、闪存卡（Compact Flash）和记忆棒等。
- 家具及固定装置：机架、符合NEMA标准的机柜等。
- 有直接货币价值的资产：现金、珠宝、债券、股票、信用卡、个人资料、手机等。

资产的价值和资产的业务关键程度应当进行评估并记录在案。与计算机和信息安全相比，物理资产的脆弱性、所面临的威胁和风险有所不同。物理安全必须能够应对物理破坏、入侵者、环境问题、盗窃和故意破坏。物理安全机制包括设施位置的设计和布局、电力及火灾等环境支持组件、访问控制以及入侵检测等诸多方面。

6.7.2 场所选择与设施安全

对资产的保护很大程度上取决于场所的安全性,这需要考虑大量因素。在整个场所选择过程中,场所的位置和构造起到了至关重要的作用。容易遭受暴乱、打劫、非法闯入和野蛮破坏的场所或高发案区域内的场所显然都是不合适的。诸如地质断裂带、龙卷风/飓风区和邻近自然灾害区域之类的易受自然环境威胁的区域,也是场所选择中非常棘手的问题。

毗邻其他建筑物和业务是另一个至关重要的考虑因素。如果附近的一家企业吸引太多的顾客、产生大量的噪声或处理危险材料,它们可能会伤害你的员工或建筑物。与紧急响应人员的距离是另一个考虑因素。有些公司有能力购买或建造自己的园区,以避免受周边环境的影响,并加强出入控制和监控。然而,并不是每家公司都能这样做,它们必须利用现有的、负担得起的设施。

随着无线网络在大城市中的普及,无线黑客攻击和拦截的风险日益增加。我们需要考虑包括无线射频设备、无绳电话、手机、个人信息管理系统和移动电子邮件设备在内的其他无线通信协议。在使用扫描仪测试现有协议时,应尽量避开拥挤的频率范围。对于敏感通信,加密是绝对必要的。

在进行设施的设计时,需要理解组织所需的安全等级,经常涉及的一些重要问题包括易燃性、防火等级、建筑材料、负载定额、布局和诸如墙壁、门、天花板、地板材料、HVAC、电力、供水、污水处理和煤气供给之类的因素。暴力入侵、应急通道、入口阻挡、进出口、警报的使用和传导率同样也是需要评估的其他重要因素。

环境设计预防犯罪(Crime Prevention Through Environmental Design,CPTED),通过合理的设施构造、环境组件和措施,为预防损失和犯罪提供指导。设施设计的最佳途径往往是先通过 CPTED 方式构建一个环境,然后再根据需要在设计上应用目标强化组件,即强调通过物理和人工障碍(报警器、锁、栅栏等)来拒绝访问。

6.7.3 环境支持

环境控制不当可能会给公司的服务、硬件和员工生命造成伤害。一些服务的中断可能造成难以预料和令人遗憾的后果。电力、供暖、通风、空调和空气质量控制十分复杂,而且包含许多不确定因素,因此有必要对它们进行规范操作和定期监控。

1. 电力

电力使我们能够在许多领域内进行生产活动。提供洁净电源时,电力供应不会包含干扰或电压波动。但是,如果没有适当地安装、监控电源,那么它可能会给我们带来极大的危害。干扰会中断正常的电流,波动则可能产生与实际期望值有偏差的不同电压。每种波动都会对设备和人员造成伤害。下面列出了可能发生的各种电力波动。

(1) 电力过剩

- 尖峰:瞬间高压。
- 浪涌:长时间的高压。

(2) 电力供应停止

- 故障:瞬间停电。
- 断电:长时间停电。

(3) 电力降低

- 衰变:瞬间低压,持续一个周期到几秒不等。
- 电压过低:供电电压长时间低于正常电压。
- 浪涌电流:启动负载时所需的初始电流浪涌。

稳压器(voltage regulator)和线路调节器(line conditioner)用于保证电源的洁净和平稳分配。主电源上应安装一个稳压器或调节器。如果出现瞬间高压,那么它们能够吸收过剩电流;如果发生瞬间低压,那么它们能够存储能量以增加线路中的电流。这样做的目的是使电流保持正常、平稳状态,不至于给主板元件或员工造成伤害。

公司可以通过购买两组不同的电源来降低电力中断的风险。但这种方法价格高昂。另一种相对经济的方法是使用发电机或 UPS。某些发电机配有传感器,它们能够探测到电源中断并自动启动。根据类型与型号,发电机的供电时间为几小时到几天不等。与发电机相比,UPS 一般只能解决短期停电问题。

2. 温度、湿度与通风

在设施建设过程中,物理安全必须保证水、蒸汽和燃气的管道上都装有合适的关闭阀门以及正向排空装置(即其中的容纳物只能流出而不能流入)。如果主水管出现破裂,那么必须通过关闭阀门立即中断供水。同样,在建筑设施内发生火灾的情况下,应该能够立刻关闭燃气管道的阀门。如果出现洪灾,那么公司会希望任何材料都不能通过水管进入供水系统或其他设施内。设施管理人员、操作人员和安全人员应当了解这些阀门的位置,并制定针对这些紧急情况的严格措施,这将有助于降低潜在的损失。

大多数电子设备必须在一个温控环境下运行。在任何建筑中,特别是在装有计算机系统的建筑设施中,保持合适的温度和湿度十分重要。不适当的温度和湿度可能对计算机和电子设备造成损害。温度过低会使机械装置运行缓慢或停止运行,温度过高则可能造成元件电子特性的改变,并导致它们的工作效率降低或破坏整个系统。湿度过高会造成腐蚀,而湿度过低则可能产生过多的静电。这种静电会使设备短路,造成数据丢失。空调和防静电措施可以处理上述问题。

要确保环境的安全舒适,就必须满足空气通风方面的几个要求。灰尘可能堵塞用于为设备散热的风扇,从而影响设备的正常运行。如果某些气体的浓度过高,那么会加速设备的腐蚀,引发性能问题,或者使电子设备出现故障。虽然大多数磁盘驱动器都是密封的,但是其他存储设备可能受到空气传播污染物的影响。必须对经空气传播的材料和颗粒浓度进行监控,使其维持在适当的水平。空气洁净设备和通风系统可以处理上述问题。

3. 防火

火灾的预防、检测和抑制绝不能被忽略。保护人员不受到伤害应当始终是所有安全或防护系统最重要的目标。除了保护人员安全,设计防火检测和灭火措施的目的是将由火、烟、热和灭火材料引起的损失最小化,特别是与 IT 基础设施相关的部分。

火灾预防(fire prevention)包括培训员工在遇到火灾时如何做出适当的反应,提供合适的灭火设备并确保它们能够正常使用,保证附近有方便的灭火水源,以及确保正确存放可燃物品。火灾预防还可能包括使用合适的抗燃建筑材料,采用提供屏障的防扩散措施来设计建筑设施,以将火情和烟雾限制在最小范围。这些防热或防火屏障包括各种抗燃以及外覆防火涂层的建筑材料。

火灾探测(fire detection)响应系统有很多不同的形式。许多建筑物墙壁上的红色推拉箱属于手动探测响应系统。自动探测响应系统配有传感器,当它们探测到火灾或烟雾存在时,就会做出反应。

火灾扑灭(fire suppression)指使用灭火剂来扑灭火灾。火灾可通过手持便携式灭火器手动扑灭,也可由喷淋系统或二氧化碳喷放系统类的自动灭火系统扑灭。自动喷淋系统被人们广泛使用,并且能够极其有效地保护建筑物和里面的设施。在决定安装哪种灭火系统时,公司需要评估各种因素,包括估计火灾的可能发生率、可能造成的损失以及备选的灭火系统类型。

防火程序应包括安装早期烟雾或火灾探测装置,并在消除火源之前关闭系统。在释放灭火剂之前,可通过烟雾或火灾探测器发出警告信号,这样,如果是误报或无须自动灭火系统即可处理的小火,就会有人及时处理。

6.7.4 物理访问控制

1. 锁

锁不再只是为了门而设计。任何有价值的东西如果能够"长腿走失"都应该有一个锁或在有锁的位置进行保护。锁是廉价的、被人们广泛接受和采用的访问控制机制,它们被视为延迟入侵者进入设施的设备。在入侵者被发现的时候,如果他砸碎或撬开锁的时间较长,那么就可为保安和警察的到来赢得更多时间。但是,钥匙容易丢失和复制,锁可能被砸碎或撬开。如果某家公司仅仅依靠锁和钥匙作为安全保护机制,那么拥有钥匙的人就能够随意进出,在此前他可以带走任何资产而不被发现。因此,锁应该作为保护方案的一部分,而不是全部。

2. 入口控制

入口控制的部署场景中一些最常见的类型有:单一租户的现有建筑、多租户建筑中的套房、具有特定公共入口的园区建筑群以及高层建筑。

对于现有建筑,可能已有设备可以重复使用。多租户建筑通常都有门禁系统、用于控制建筑入口或整个楼宇建筑共用的专用停车场入口。如果计划实施的门禁系统与现有系统不兼容,则可能需要多张门禁卡。许多门禁控制系统可以支持多种卡技术,甚至有的卡支持多种类型的技术,可以在多个不同的不兼容系统上使用。

在处理多租户建筑时,最重要的因素是确保除非获得授权,否则绝不允许任何人从套房的非安全侧进入安全侧。在缺乏"Z 形走廊"(连接两个楼梯间和电梯厅的公共走廊)的多租户楼宇中,这一点可能很难做到。货运电梯的出口也应通向这一公共空间。这样可以确保公众和其他租户不必进入你的套间就能到达楼宇的其他部分。大多数城市的建筑法规都要求高层建筑的每一层都要有 Z 形走廊,但在没有公共走廊的建筑中,可能会出现让人们不受限制地进入你的套间的情况。

陷阱房间是一个设计用来在任何给定时间只允许一个授权人进入的区域。它通常用作防跟踪机制。如果使用捕人陷阱和十字转门,那么进入设施的未授权个人就无法逃脱。陷阱房间是在高安全性领域、现金处理领域和数据中心最常用的技术。

当某人试图进入一个建筑物或区域时,需要对他进行适当的身份标识,以确定该人是否被允许进入。通过匹配生理特征(生物测定学系统)、使用智能卡或存储卡(刷卡)、向保安出示身份证、使用钥匙或者提供出入卡并输入密码或 PIN,就能够进行身份标识和身份验证。

3. 物理入侵检测

物理入侵检测采取监控物理行为的措施,包括物理入侵检测设备、闭路电视(CCTV)监控技术以及保安和/或巡逻警卫。

(1) 物理入侵检测设备

物理入侵检测设备可以感应环境中发生的变化,检测未授权访问,向相关负责实体发送报警信号,要求其响应。这些系统能够监控入口、门、窗、设备或者仪器的可移动遮盖物。许多设备往往与磁接触器或振动探测器一起使用,这些仪器对环境的各种变化非常敏感。如果物理入侵检测设备检测到一个变化,那么本地警报就会响起,甚至会向本地和远处的警察或岗亭同时发出警报。

物理入侵检测设备能用于检测以下变化:

光束;

声音和振动;

移动;

各种场(微波、超声波、静电);

电子电路。

物理入侵检测设备采用机电系统(磁力开关、窗户上的金属箔片、压力垫)或体积测量系统来检测入侵者。体积测量系统更加灵敏,因为它们能够检测环境的细微变化,如振动、微波、超声频率、红外线值以及光电。

在实施入侵检测这种控制之前,需要考虑以下几个问题:

它们非常昂贵,在响应报警时需要人为干预;

它们需要冗余电源和应急备用;

它们可连接到一个中央安全系统上;

它们应具有故障防护配置,这个配置默认为“激活”;

它们应能检测和防止破坏。

(2) CCTV

闭路电视(CCTV)系统是许多组织机构常用的监视设备。购买和安装 CCTV 前,需要考虑以下问题。

使用 CCTV 的目的:检测、评估和/或标识入侵者。

CCTV 摄像头工作环境的类型:内部区域或外部区域。

所需的视野:监控区域的大小。

环境中的灯光数量:有照明的区域、没有照明的区域、受阳光影响的区域。

与其他安全控制的结合:保安、物理入侵检测设备、报警系统。

闭路电视设备放置的初始区域包括:高流量区域、关键功能区域(如停车场、装卸码头和研究区域)、现金处理区域和过渡区域(如从会议室通往敏感地点的走廊),确保用于闭路电视设备的布线不容易被触碰到,这样的话,就没有人可以轻易地接近传输,照明也会在相机有效性方面发挥作用。

如果考虑使用无线闭路电视设置,那么要考虑到任何通过电视广播的传输也意味着被接收并截获。

(3) 保安和/或巡逻警卫

使用保安和/或巡逻警卫对公司的场地进行监控是最佳的方法之一。这种安全控制比其他安全机制更为灵活,对可疑活动的响应更好,并且威慑力更强。然而,这种措施的成本较高,因为人员需要薪水、津贴以及休假。有时候,人力的可靠性比较有限。在选择保安时,进行筛选和保证可靠性非常重要,但是这样的做法只能提供一定的保证级别。其中一个问题是,保安是否会对不遵循组织机构的核准策略的人网开一面。因为人的本性是信任和帮助其他人,所以看似好心的举动可能会使组织机构面临危险。

物理入侵检测设备和物理保护措施最终都需要人的参与。保安可以在一个固定地点执勤,也可以在一定的地域范围内巡逻。不同的组织机构对保安的要求也不相同。他们可能被要求检查来往人员的证件,并且这些人员需要填写进出记录;他们也可能负责查看入侵检测系统,在发生报警时做出响应;保安还可能被要求发放或更换证件,响应火警,执行公司制定的规则,以及控制公司物品的进出。保安需要对门、窗、保险箱和金库的安全负责,报告已标识的安全危害,严格实施对敏感区域的限制,并对设施内的某些人员进行护卫陪同。

保安人员必须接受全面的培训,以便能够胜任分配给他们的任务,并能在各种情况下做出适当的反应。此外,保安人员应配备一个可进入的控制中心,通信畅通的双向无线电设备,并能够进入他们负责监控的安全区域。

6.8 延伸阅读

2017年9月28日下午,安徽省淮阳市网络与信息安全信息通报中心接到国家网络与信息安全信息通报中心通报:某职业技术学院系统存在的高危漏洞,导致系统存储的4 000余名学生的身份信息,包括班级、姓名、身份证号、性别、学号、专业、具体宿舍楼号等二十余项被泄露。不少学生收到骚扰电话与诈骗电话,严重影响了个人的生活。

在以上案例中,该学院对其信息系统的日常运维存在几个明显缺陷。第一,系统账号及密码管理不严格。由于密码的复杂度高就难以记忆,定期修改密码的工作量较大,因此运维人员忽视了对密码的管理,后台登录存在弱密码、弱口令的情况。第二,系统授权管理不合理。由于缺乏对后期应用系统的追踪,运维人员对系统具体的部署情况不清楚,对资源进行授权时,仅仅依靠操作系统的应用体系来授权,缺少资源实施层面的授权管理,导致无法基于最小授权分配原则管理用户权限。此外,该系统还存在着越权漏洞。第三,缺乏运维审计。学院未落实网络安全管理制度,未建立网络安全防护技术措施、网络日志留存少于六个月,未采取数据分类、重要数据备份和加密措施。以上问题导致不法分子得以窃取了4 353名学生的身份信息。

信息时代，信息系统安全运维是组织业务发展的基础，有效提高运维的质量，并将其标准化、规范化以及自动化已成为运维发展的必然趋势。在实际运维平台的建设和管理过程中，应引进动态管理理念，将归纳总结后的信息及时传输给运维管理人员，辅助运维管理人员进一步识别深度风险，察觉不容易发觉的故障问题。在业内，华为公司是实现安全和运维紧密结合的杰出代表。因为华为的运维配置管理数据库（CMDB）信息非常准确，准确率高达 98%，把安全变更、IP 地址滥用、特权账号管理、安全事件等都通过 CMDB 实现自动化运维，这是一个非常了不起的事情。举个例子，一个服务器上线时，必须要在 CMDB 中执行上线流程，否则 CMDB 会发现没有遵守上线流程而报警，并关联绩效。按照上线流程申请后，会自动向 CMDB 申请 IP 地址，开通安全策略等安全卡点。当服务器 IP 地址需要改变时，也需要在 CMDB 中进行申请变更。审批通过后，对应的安全策略会自动调整为最新的 IP 地址策略。当服务器下线时，CMDB 会自动地关联删除安全策略，避免安全策略空载。可以说，华为是信息安全运维体系的业界标杆。

数据中心等新型基础设施的加快建设驱动各行业的数字化转型升级，与新基建相匹配的 IT 运维能力成为新基建能否发挥效能的关键因素。面对新基建，IT 运维正在加快变革，迎接未来的挑战。包括云计算、大数据、人工智能等在内的新一代信息技术快速发展，让 IT 运维正从原来的被动式、应急式运维逐步向主动式、智能化运维升级。

信息安全运维管理案例分析

第7章　连续性管理

由于IT威胁源的不断组合、增加、成长及IT威胁源消减措施的缺失或失效，因此资产会遭遇到内外部威胁的冲击，引发IT事件。存在于现实中的、已经发生的突发性IT灾难性事件将中断组织正常业务运营，造成严重后果。连续性管理关注如何降低其影响，维护组织业务的连续性。本章首先对连续性管理整个流程进行了概述，然后从业务影响分析到灾难恢复，再到制订业务连续性计划，给出了实施连续性管理的关键内容。

7.1　连续性管理概述

7.1.1　连续性管理的概念

一个组织机构依靠资源、人员和每天执行的任务来维持正常运转。大多数组织机构拥有有形资产、知识产权、雇员、计算机、通信链接、设施和设施提供的服务。在安全事件发生后，安全事件与安全威胁源之间、安全事件与安全事件之间会不断地组合、增加和成长，导致安全风险不断衍变、安全损害不断衍变，这不仅会对IT服务造成影响，进一步还可能对业务运营、整个组织乃至社会造成影响，IT事件影响的衍变过程如图7-1所示。因此，实现业务的"连续性"属性，降低安全事件的业务运营影响、企业影响和社会影响，对企业、企业客户、企业投资者、企业员工、社会都具有非常重要的现实意义。

在危险/威胁和安全事件之间，我们可以部署各种安全栅。同时，安全栅也可以置于安全事件和后果之间。经典的风险领结模型如图7-2所示。

图7-2中左侧的安全栅，应对可能引发安全事件的各类危险/威胁(左侧风险)；图中右侧的安全栅，应对安全事件发生所引发的运营中断影响(右侧风险)。连续性管理作为右侧安全栅，是一个全面、持续的过程，包括识别威胁组织的潜在影响，指导组织提升应对各类安全事件的持续运营能力，保障组织的主要股东利益，维护公司的声誉、品牌和其他创造价值的活动，涉及内容如表7-1所示。

可用性是业务连续性规划中的主要议题之一，它确保维持业务正常运转所需的资源会提供给依赖它们的所有人和系统。这意味着需要认真地执行备份，并且在以下方面考虑冗余:系统架构、网络和操作。如果通信线路被禁用,或者提供的服务在任何重要的时间段内不可用,那么必须快速建立和测试备用通信及服务。

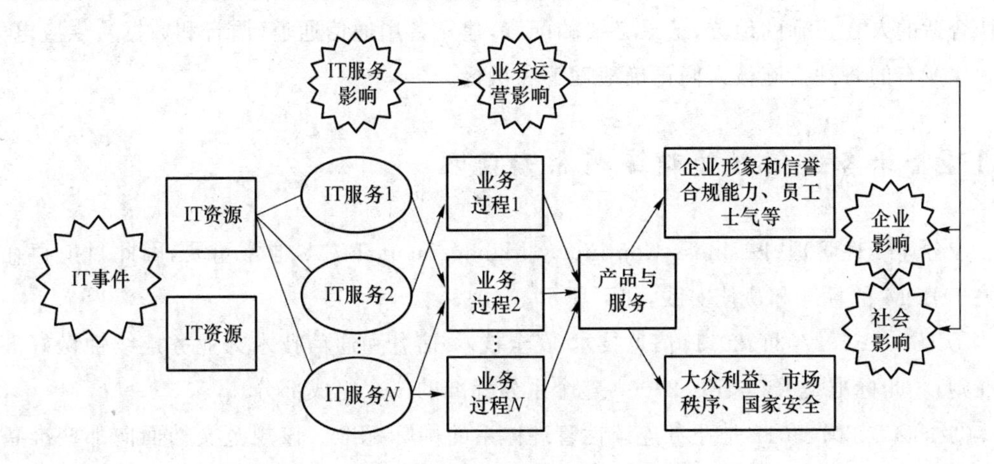

图 7-1　IT 事件影响的衍变过程

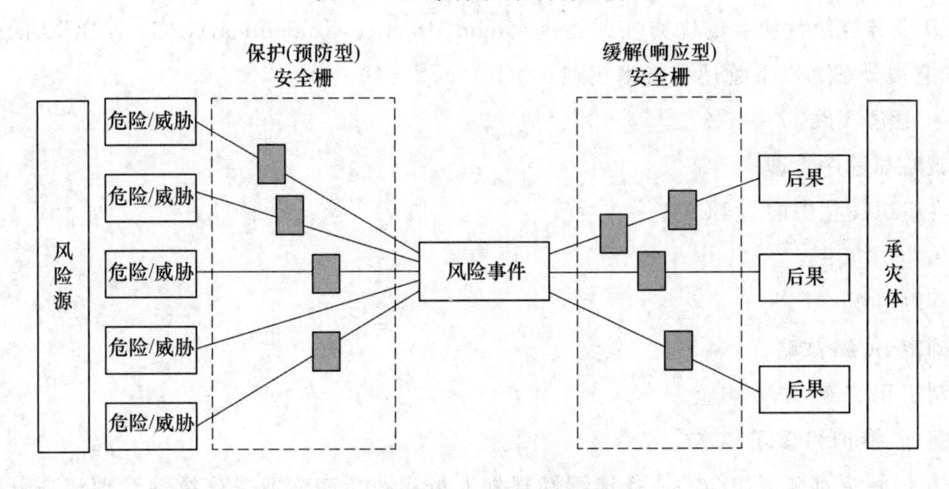

图 7-2　风险领结模型

表 7-1　业务连续性管理的内容

	业务连续性管理		
要解决的问题	可用性	可靠性	可恢复性
解决方案	企业高可用	服务水平管理	业务连续性规划
目标	实现和维护选定的企业 IT 设施的可用性级别	高效管理规划和控制 IT 基础设施以改进全盘运作可靠性	提供高效计划来最小化关键过程在严重破坏事件中的停工时间
重点	技术	过程	人员
焦点	被动和预防		响应和恢复

当提到业务连续性规划时,一些企业主要关注备份数据和提供冗余硬件。虽然这些都非常重要但它们只是公司整体运营体系中的一小部分。硬件和计算机需要人员配置和操

作,数据通常没有用处,除非其他系统和可能的外部实体对它们进行访问。因此,一幅关于业务内部各种流程如何同步工作的更庞大蓝图需要大家理解。业务连续性规划应该包含如何让合适的人在正确的地方,记录必要的配置,建立备用通信通道(语音和数据),供应电力,并确保所有的管理措施被人们正确地理解和执行。

7.1.2 业务连续性管理的框架和流程

业务连续性管理(Business Continuity Management,BCM)非常重要,因此目前存在很多关于BCM的标准和最佳实践,如下所示。

① ISO/IEC 27031:2011《信息技术-安全技术-信息和通信技术为业务连续性做好准备的准则》。此标准是ISO/IEC 27000整个系列标准的一个组成部分。

② ISO 22301:2012是业务连续性管理体系的国际标准。该规范文档面向那些准备进行认证的组织。该标准取代了BS25999-2。

③ 业务连续性协会的优秀实践指南(Good Practice Guidelines,GPG)是BCM的最佳实践,它被分解为以下管理和技术实践。

- 管理实践:

策略和程序管理;

在组织文化中嵌入BCM。

- 技术实践:

理解组织;

确定BCM战略;

制定和实施BCM响应;

演练、维护和修订BCM。

④ 国际灾难恢复协会的业务连续性规划人员实践指南将业务连续性管理流程分解成以下几个部分:

项目启动和管理;

风险评估和控制;

业务影响分析;

业务连续性战略;

应急响应和运作;

计划实施与文档化;

宣传和培训计划;

业务持续计划演练、审核和维护;

危机沟通;

与外部代理机构的协调。

⑤ GB/T 30146-2013《公共安全 业务连续性管理体系 要求》是我国第一个业务连续性

管理标准。它以“为策划、建立、实施、运行、监视、评审、保持和持续改进一个文件化的业务连续性管理体系”为目标，用以实施保护、减少中断事件发生的可能性，并更好地实施准备、响应并恢复。

上述标准和最佳实践有着各种特定的关注点（如灾难恢复计划、业务连续性计划、政府和技术等），有些仍在不断升级，但是它们的重点都在于在灾难发生后保持公司业务的正常运转，均遵循一个基本流程：事先发现组织中由各种突发业务中断所造成的潜在影响；协助组织排定各种业务恢复先后顺序，进行业务恢复；事后重建将业务恢复到正常或更高水平，实现各个领域的业务持续运营。

7.2　业务影响分析

业务影响分析从识别可能引起业务中断的事件开始，如设备故障、洪灾和火灾等事件，随后进行风险评估，以确定业务中断造成的影响（根据破坏的规模和恢复的时间）。业务影响分析是“分析随时间的推移，中断对组织的影响的过程”，其核心目标是确定业务活动恢复的优先顺序，以及确定每项业务活动的恢复目标及恢复所需资源。也就是说，业务影响分析是围绕着“中断后如何快速恢复业务活动才能使组织受到的影响比较小”这一目标的一种特殊的分析方法。

组织的资源总是有限的，所以在中断发生后，组织无法也不可能同时恢复所有的中断业务。因此，为中断业务排定恢复优先级是业务影响分析的根本价值。由于组织的业务之间可能相互依赖，在进行业务恢复时，组织需要先行恢复被中断业务依赖的业务。也就是说，在排定业务恢复优先级时，那些被依赖的业务将会排在前面。组织如果在之前设定业务连续性管理体系的范围时没有纳入这些被依赖的业务，那么在进行业务影响分析后，就需要重新调整（或再次确认）业务连续性管理体系的范围。

除了排定业务的恢复优先级，业务影响分析还应确定每项业务的恢复目标及恢复依赖的资源。应注意，业务恢复目标至少应包括最长可容忍中断时间（Maximum Tolerable Period of Disruption，MTPD）、最小业务连续性目标（Minimum Business Continuity Objective，MBCO）、恢复时间目标（Recovery Time Objective，RTO）和恢复点目标（Recovery Point Objective，RPO）。

组织及其业务面临的风险场景很多，可以说，突发事件场景不可穷举（但运营中断场景是可穷举的）。因此，组织必须对面临的风险进行评估，也就是识别、分析和评价这些风险，对那些影响大、发生可能性高的风险优先进行处置（根本的原因是组织的资源是有限的）。风险评估的目的是确定风险清单及需要优先处置的风险。

结合业务影响分析的定义和行业实践，建议采用如图7-3所示的业务影响分析5步法进行业务影响分析。

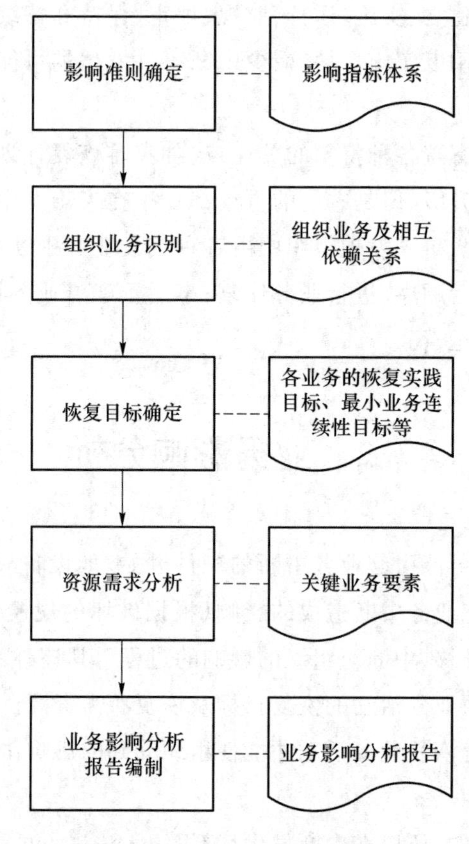

图7-3　业务影响分析5步法

7.2.1　影响准则确定

影响准则确定，即确定衡量业务影响的指标体系及定性/定量指标。常用的影响指标类别有财务、运营、声誉、合规等。其中，财务指标主要针对由运营中断导致的财务损失，如订单(减少)、营业收入(下降)、利润(损失)、罚款或惩罚、误工/加班费等，通常可用金额表示，是可量化的指标；运营指标主要针对运营中断对运营管理造成的影响，如转账/取款/存款时间(金融机构)、教学(学校)、投递(物流公司)；声誉指标主要针对由运营中断导致的负面公众评价或品牌受损程度；合规指标主要针对由运营中断造成的合规方面的问题，包括因违规被起诉问责、被吊销执照/牌照等。后三类指标一般较难直接量化为金额，是可定性的指标。

关于影响指标的量度，定量指标可直接量化为金额，定性指标一般可分为3～5级，如特别重大、重大、较大、一般、轻微等。对于定性指标，组织还应给出清晰的描述，以方便分析人员统一并使用标准。

关于中断的时间量度，是5分钟、10分钟、30分钟、1小时、2小时，还是1小时、3小时、6小时、12小时、1天等间隔，通常与组织所处的行业及业务运营特征相关。一般而言，数字化程度越高的行业，对中断时间越敏感，时间间隔就越小。

在选择和确定影响指标体系时，要注意以下问题：多与业务/职能部门的关键人员讨论；兼顾定性与定量指标，同时尽量选择那些可以跨部门有效使用、在组织内相对“通用”的指标；选择的指标应能反映组织的核心使命、战略和运营理念，并与之保持一致；注意选定的指标数量不宜过多，建议对主要影响指标类别各选3个（最多）；听取管理层（团队）的意见（如果有可能），为选定的指标排定顺序，并赋定权重。

此外，还应避免以下问题：有太多的指标；选择与组织所处行业无关的影响指标；不重视影响指标量度的确定过程；没有管理层（团队）的参与，或不重视管理层（团队）的意见。

7.2.2　组织业务识别

组织业务识别，即识别组织的业务及相互依赖关系。

根据ISO 22301，业务“可广义地解释为对组织存在的目的至关重要的活动”。组织业务识别，即识别出那些对组织存在的目的至关重要的业务活动。

业务识别的目的，是确定业务影响分析的对象（甚至是业务连续性管理的具体对象——业务），以便分析随着时间的推移中断对组织造成的影响的变化（以发现当中断时间推移到哪个时间点时，中断对组织造成的影响会变得不可接受），分析临时恢复的最小生产能力或最低服务水平，准备业务连续性能力建设（包括预案编制、资源建设、人员培训和意识教育、演练与评估等），指挥协调应急响应和业务恢复活动，……简言之，业务识别是业务影响分析以及业务连续性管理的基础。

进行业务识别可以采用实用法或建模法。实用法即直接列出业务连续性项目集范围内每个部门的5～7个重要业务，简要分析业务间的相互依赖与关联关系并汇总整理。建模法即采用行业通用业务参考模型，结合组织实际运营情况建立组织的业务流程模型。相较而言，实用法的优点在于工作量较小，便于实施，同时，“抓大放小”也符合业务连续性管理的基本原则；缺点是会遗漏部分非关键业务，同时对参与调研的人员要求较高（必须熟悉并理解业务），分析业务间的相互依赖与关联关系比较复杂。建模法的优点在于过程严谨，得到的业务流程模型层次清晰、关联关系明确（该业务流程模型还可以用于其他多种目的）；缺点是工作量大，专业要求高，项目预算及资源可能难以支持。

当然，在进行业务流程建模时，组织也可以使用企业架构方法分析业务，有时还可以结合能力视图进行建模。强调动态序列的流程视图给出了应对特定业务场景所需的相互依赖的操作序列，但一般不会详细说明每个操作需具备的特定能力。强调静态结构的能力视图在表示应对特定业务事件所需的能力/资源/技能方面特别有用，但它不擅长阐明调用这些不同能力应对特定业务场景的精确顺序或阈值。为了正确地开展建模业务活动，组织经常需要结合采用动态的流程视图和静态的能力视图。

7.2.3　恢复目标确定

恢复目标确定，即确定每个业务的恢复目标。

我们最常听到的恢复目标是恢复时间目标（RTO）和恢复点目标（RPO），但事实上，恢复目标还应包括最长可接受中断时间（Maximum Acceptable Outage，MAO）/最长可容忍中断时间（MTPD）和最小业务连续性目标（MBCO）等。

在ISO 22300：2018中，与恢复目标确定相关的几个指标RTO、RPO、MAO和MBCO

的定义分别如下。

① RTO:从事件发生后到产品/服务或活动重续,或资源恢复完成之间的时间段。随后的注释指出,对产品/服务和活动而言,RTO要小于因不能提供产品/服务或不能执行活动产生的不利影响变得不可接受所需的时间。

② RPO:将活动所用的信息还原到可使该活动重续运行的时间点。随后的注释提出,RPO也可以称为最大数据损失。

③ MAO/MTPD:因不能提供产品/服务,或活动不能执行而可能产生的不利影响变得不能接受所需的时间。

④ MBCO:组织在中断期间为实现其业务目标可以接受的产品和/或服务的最低水平。

根据以上定义可知,RTO要小于因不能提供产品/服务或不能执行活动而对组织产生的不利影响变得不可接受所需的时间,即RTO要小于MAO/MTPD。通常而言,我们可以通过调研(访谈、小型研讨会和问卷调查)分析得到每个业务的MBCO和MAO/MTPD。表7-2可帮助我们分析MAO。

表7-2 MAO分析示例

	2小时	4小时	8小时	24小时	48小时	1周
定性问题(评估度量:1表示轻微影响,2表示可接受,3表示重大影响,4表示灾难)						
1.客户对中断的反应程度	2	2	3	3	4	4
2.中断对其他业务的影响程度	1	2	2	3	3	4
3.中断对声誉的影响程度	1	2	2	3	4	4
4.追账作业的困难程度	1	1	2	2	3	3
定量问题(单位:万元)						
5.法律和合同罚款	0	1	2	30	60	95
6.维修/恢复成本	0	0	5	20	25	40
7.业务损失	0	0	0	10	200	70

MAO主要通过调研、分析得出,相对"客观";RTO/RPO的确定更多的是策略选择,相对"主观",需要组织结合MAO和业务之间的相互依赖与关联关系分析得出可能的最大值。例如,在表7-3所示的案例中,经调研分析,业务A、业务B、业务C、业务D的MAO分别是4小时、12小时、1天和2天,业务B依赖于业务A和业务C,业务C依赖于业务A,业务D依赖于业务A和业务B。在确定业务A、业务B和业务D的RTO分别是4小时、12小时和2天后,业务C的RTO又该是多少呢?

表7-3 MAO、依赖关系与RTO

业务名称	MAO	依赖关系	RTO
业务A	4小时	/	4小时
业务B	12小时	业务A、业务C	12小时
业务C	1天	业务A	/
业务D	2天	业务A、业务B	2天

当前，在实际的业务连续性管理工作中，也有相当一部分的专业人员并未使用MAO的概念，而是直接结合调研数据和业务依赖关系分析得出RTO。但MBCO这个概念最好要用到，因为这样组织就可以在业务恢复过程中根据情况降级提供服务(并不是一定要立即把业务恢复到正常水平)。有了MBCO，组织在后续选择、确定业务连续性策略时，可选空间会扩大很多，资源建设的投入也可能会相应减少，资源使用效率也会更高。

7.2.4　资源需求分析

资源需求分析，即分析业务活动正常运行所依赖的各种资源(或关键业务要素)。业务活动的正常运行需要一系列的内外部条件，我们可以把其中不可缺少的那些条件称为业务要素。突发事件不一定导致运营中断，但那些造成业务活动的关键业务要素不可用(不一定是损坏，如营业网点因门前修路使顾客无法进入，会造成工作场地无法使用)的各类事件必定会导致运营中断。

因此，对于需要恢复的每项业务活动，我们需要找出运行(或重续)该业务活动所必需的关键业务要素。一般而言，这些关键业务要素可以按人员(及其角色、职责、能力等)，信息和数据(包括业务单据，不一定以电子形式存在)，物理基础设施(如建筑物、工作场地和相关公共服务)，设备和消耗品，ICT系统，运输和物流，财务和资金，以及合作伙伴和供应商等进行分类；也可以按关键信息系统及其运行环境、关键人员、业务场地、业务办公设备、业务单据和供应商等进行分类。

通过汇总、整理这些业务活动正常运行所依赖的关键业务要素建立起来的资源需求清单，将为后续的业务连续性策略选择及资源建设计划建立必要的基础。在强监管行业中，业务牌照也应纳入关键业务要素进行考虑。

7.2.5　业务影响分析报告编制

业务影响分析报告编制，即编制业务影响分析报告并获得管理层的批准或认可。

业务影响分析报告的内容应包括：执行摘要，业务影响分析的方法与实施过程，业务清单，恢复优先级，业务恢复目标(RTO/RPO、MBCO等)，关键支持资源及其他相关信息。在编制业务影响分析报告时，我们要将报告草案发送给参与调研的关键人员，以确认报告中的数据，并根据反馈进行必要的调整；准备小型会议向高层管理者汇报业务影响分析的结果，以取得管理层对报告结论的正式认可。

基于业务影响分析5步法，我们可以确定一个正式的业务影响分析实施过程。这个正式的、成文的过程应包括但不限于以下内容。

① 业务影响分析的实施过程，需要明确影响指标体系、指标量度分级和时间量度，以及使用的工具(电子表格或软件)等。

② 业务影响分析过程中的角色与职责。

③ 相关法律法规、标准要求或其他参考标准。

④ 业务影响分析的周期。

⑤ 产生的文档。

⑥ 是否有信息需要保护。如果有,应如何保护。

⑦ 附件的调查问卷中可包括以下信息:关于时间量度的问题,MBCO,互依赖性、MAO、RPO,正常运行依赖的资源,对外部合作伙伴和供应商的评估等。

业务影响分析的数据收集方法主要包括查阅文件,进行(关键)人员访谈,举行小型主题研讨会,开展问卷调查以及基于情景的演练(根据需要,细致策划、谨慎使用)等。

7.3 灾难恢复

灾难恢复是指灾难发生后,处理灾难及其后果。灾难恢复以IT技术(可用性)为核心,采取必要的步骤以确保资源、人员和业务流程能够及时恢复运行。其包括一系列用于保护公司的方法和机制,如为设施提供备用场所,实现紧急响应措施以及启动已经准备好的预防性机制等。

7.3.1 网络和资源可用性

可用性是灾难恢复与业务连续性的主要议题,这意味着需要认真地执行备份,在系统架构、网络和操作等方面考虑冗余,了解系统故障最有可能在什么时候发生,以便采取有效措施应对。

1. 备份与冗余

(1) "热交换"冗余硬件

"热交换"冗余硬件通过提供信息的多个副本(镜像)或足够的额外信息,可在局部损失时重建信息(如奇偶校验、纠错),从而保护高度的信息可用性。热交换模式允许系统管理员在服务器不断电和不中止网络服务的情况下更换发生故障的部件。虽然系统性能往往因此降低,却避免了无法预料的系统中断。

(2) 容错技术

容错技术在防止个体存储设备故障甚至是整个系统故障的同时保证了信息可用性。容错技术可能是最昂贵的解决方案,通常组织只对最关键的信息采用这种技术。所有技术最终都会出现某种形式的故障。如果一家公司会因任何意外停机而遭受无法弥补的损失,或即使是非常短暂的意外停机也会造成数百万元的损失,那么它就有理由为容错系统支付高昂的费用。

(3) 服务级别协定

服务级别协定(Service Level Agreement,SLA)有助于服务提供商(无论是内部IT运营商还是外包商)决定采用何种可用性技术。组织可以根据这个决定设定服务价格或IT运营预算。公司也可以在开发SLA的过程中受益。在被迫给它们的内部IT运作或外部采购做预算的过程中经受考验,可以帮助公司理解信息的真正价值。

（4）操作措施

确保信息可用性还需要制定稳健的操作措施。如果没有将操作措施、培训和持续改善整合到公司的操作环境中，那么采用旨在实现最快的平均修复时间、具有最高冗余或容错能力的最可靠硬件就是对资金的一种浪费：IT管理员的一个错误（如按错键）就可能中断最可靠的系统。

2. 系统故障监测

（1）平均故障间隔时间

平均故障间隔时间（Mean Time Between Failures，MTBF）指设备的预计使用寿命，由设备供应商或第三方计算得出。使用该值是为了了解特定设备大约何时需要更换。平均修复时间是对修复一台设备并使其重新投入生产所需的时间的估计。无论是基于历史数据还是由供应商科学估算，它都是通过预测组件或系统运行到最终死亡的平均时间来作为可靠性的基准。

对所使用设备的MTBF进行长期趋势分析后，企业就能发现哪些设备的故障率超过了制造商承诺的平均值，并采取相应措施。若设备仍在保修期内，组织可主动联系制造商要求更换；若不在保修期内，组织可决定在大规模故障和操作中断发生之前预先更换设备。

（2）平均修复时间

平均修复时间（Mean Time To Repair，MTTR）是指修复一台设备并使其重新投入生产预计所需的时间。对于冗余队列中的硬盘来说，MTTR是指实际产生和发现故障后有人替换坏硬盘冗余队列并完成在新硬盘上重写信息之间的时间间隔。这可能需要以小时来评估。对于台式计算机上的非冗余盘而言，MTTR是指从用户表达不满并呼叫服务台到被替换的硬盘已经安装操作系统、软件和属于该用户的任何备份数据之间的时间间隔。这一时间可能需要以天来评估。对于计划外的重启MTTR是指从系统发生故障到重启操作系统、检查磁盘状态（希望没有发现文件系统无法处理的故障）、重启应用程序、应用程序已经检查了数据的一致性（希望没有发现日志无法处理的问题）并再次开始处理事务的时间间隔。对于运行结构合理的优质操作系统和软件的可靠硬件来说这段时间可能仅以分钟评估。对于没有使用高性能日志文件系统和数据库的日用设备而言，这段时间可能以小时评估，或者如果自动恢复/回滚功能无法运行，并需要从磁带中恢复数据，那么可能要以天评估。对于运行高质量、管理良好的操作系统和软件的精良硬件来说，这可能只需要几分钟。而对于没有高性能日志文件系统和数据库的普通设备来说，这可能需要数小时，更糟糕的是，如果自动恢复/回滚不起作用，需要从磁带中恢复数据，则可能需要数天。

- MTTR可能涉及修复组件或设备、替换设备或者可能涉及供应商的SLA。
- 如果对于一台关键设备而言MTTR过长，那么应使用冗余设备。

制造厂商提供的MTBF和MTTR可用于决定在新系统上投入多大的成本。对于可能出现短暂中断而不会造成严重影响的系统，通常是使用MTBF较短而MTTR适中的廉价设备来构建系统。MTBF数值越高，价格也往往越高。不允许停机的系统需要冗余组件。对于不允许停机的系统，甚至在冗余组件发生故障并进行更换时出现的风险增加的短暂窗口，都可能需要容错。

7.3.2 业务流程恢复

业务流程是一组相互关联的步骤,它通过特定的决策活动完成具体的任务。业务流程拥有可重复的起点和终点,它应该组合公司提供的服务、资源和运作知识。例如,当一位客户要求通过某组织机构的电子商务网站购买一本书时,就必须遵循以下步骤:

验证公司有客户所需要的书;

验证书的位置以及需要多久可将其运输到目的地;

向客户提供售价和交货日期;

接受客户的信用卡信息;

验证并处理信用卡订购;

给客户发送收据和跟踪号码;

向书的存货位置发送订单;

重新进货;

向会计部门发送订单。

业务流程恢复需要了解上述对公司而言极为关键的步骤。这些数据通常以工作流程文件的形式进行记录,包括:

需要的角色;

需要的资源;

输入和输出机制;

工作流程步骤;

需要的完成事件;

与其他流程的连接。

这将有助于团队标识威胁和控制,以确保将流程中断所造成的影响降至最低。

现代企业的业务流程往往会与内部信息系统整合,如企业资源计划(Enterprise Resource Planning,ERP)、客户关系管理(Customer Relationship Management,CRM)、办公自动化(Office Automation,OA)等其实都支撑着企业的业务流程。灾难发生后,这些信息系统有可能已经遭到破坏。因此,在制定恢复策略时,一方面要积极恢复信息系统功能,另一方面要做好通过纯人工操作来恢复业务流程的准备,至少要考虑信息系统流程与人工操作流程的互补和整合。如上述电商平台突然崩溃,组织是否存在通过电话或其他方式接收用户订单的备用流程,以及中断一段时间,在电商平台恢复后,系统中断期间接收的客户订单是否有手工更新至系统的流程。

7.3.3 设施恢复

依据破坏程度的不同,可将安全事件分为非灾难、灾难和大灾难三种类型。非灾难指的是因设备故障或失灵造成的服务中断,其解决方法包括硬件、软件或文件还原。灾难指的是使整个设施一整天或更长时间无法使用的事件,此时通常需要使用备用处理设施、软件还原以及根据异地副本还原数据。大灾难指的是完全摧毁设施的重大破坏，这种情况既需要短期解决方案（可能是异地设施），也需要长期解决方案（可能是重建原有的设施）。相对于非灾难而言，灾难和大灾难都极少发生。

一般来说，对于非灾难事件通过替换设备或从现场备份中还原文件即可得到处理。组织需要仔细考查现场备份以做出明智的选择，必须标识关键设备并估算这些设备的 MTBF 和 MTTR，从而在处理和更换设备时得到必要的统计数据支持。

组织机构有各种各样的恢复备选方案可供选择，如冗余站点、外包、租用的异地安装以及与另外一个组织签订互惠协议。

1. 冗余站点（自备）

组织自己运行一个专用站点（冗余站点），它完全与主站点的配置一致，从物理设施、网络、主机到系统、应用和数据，以及维护的工作人员，可以做到实时备份。这种站点适用于对 RPO 及 RTO 要求极高的业务，大型互联网公司都部署了这样的站点。

滚动完备场所（rolling hot site）或移动完备场所是冗余站点的简化版本。它是将一辆卡车或拖车改装成一个数据处理或工作区域，车内配备必要的电源、通信系统等，可以立即进行工作的处理。车子可以行驶并停放在任何地方，灵活机动。电信公司的移动通信保障车就是一种移动站点，在地震、洪水等灾害发生后，可以迅速开到灾区恢复移动通信。

2. 外包或租用（第三方提供）

为应对影响组织主要设施的大灾难，组织必须准备一个异地备份设施。租用一个商用设备，如租用一个“热站”，其中包含快速恢复操作所需的所有设备和数据；或者是和另外一个设施（服务局）签署正式协议来恢复操作。

组织可以选择以下 3 种异地租用设施。

热站：配置妥当，在几个小时内就可以投入运行。热站唯一缺乏的是数据和处理数据的人员。热站能够在灾难发生后较快地恢复业务。

暖站：也叫温站。暖站只进行了部分配置，如只部署了物理设施、网络等的机房，但缺少服务器或主机，在灾难到来时，组织需要带着主机接入该站点才能实现业务恢复。

冷站：只提供基本的环境、电源、空调、管道和地板，不提供设备和其他服务，要启动这个站点，需要的时间周期相对较长，一般是几周，冷站是相对便宜的恢复方案。

3. 互惠协议

与在异地的另一家组织签订站点的互相援助协议称为“互惠协议”。另一家组织往往是相似领域或拥有相似技术基础设施的组织。这意味着，公司 A 同意公司 B 在遇到灾难袭击的情况下使用自己的设施，反之亦然。与其他异地选择相比，这是一种更加便宜的方法。对于小公司，由于没有足够的资金建立一个独立的异地站点，就可以考虑采用这种方式。但两家公司在同一个环境内工作会给双方带来巨大的压力。如果它确实能够解决问题，那么也只能作为短期解决方案。

组织机构需评估这些备选方案能否快速地支持其操作并要考虑成本是否在可接受的范围内，这主要涉及下列几个方面：

从某种事故中恢复到一定的操作水平需要多长时间？

在灾难过后它会优先恢复某一个组织的运行吗?

各种功能运行的花费是多少?

它的 IT 和安全功能的规范是什么?

工作空间能容纳所需数量的员工吗?

对第三方的一个重要考量是它们无论在正常时期还是紧急情况下的可靠性。考虑它们是否可靠可以看它们的历史记录、供应库存的供应能力和地点以及它们对供应和通信通道的访问。

我国大型企业一般选用“两地三中心”或“三地三中心”的设备恢复策略,“两地三中心”是指在主站的同一个城市内,部署一个“同城备份”站点,用于应对非灾难和灾难,同时在另一个城市部署一个“异地备份”站点,用于应对大灾难;“三地三中心”是指在三个不同的城市建立镜像站点(如北京、上海、西安三地),实施同步站点数据、互为备份的恢复策略。这样的建设投入成本较高。

中型企业常常采用异地备份站点策略,也就是在另一个城市建立备份站点,出于建设成本的考虑,备份站点往往建立在企业分公司或办事处所在地。

小型企业一般采用异地数据备份或“互惠站点”策略,将业务数据定期备份并定期送到另一个城市保存,或保存到异地友商的数据中心(互惠站点)。这样一旦企业遭到灾难,业务还有恢复的可能。

随着公有云的兴起,不少企业将业务迁移到云平台上。那么需要注意,在制定恢复策略时,备份站点应使用不同的云服务提供商。

7.3.4 供给和技术恢复

明确了企业正常运转所需的业务功能,以及最适合企业的特殊备份选择方案后,组织还要具备当技术环境被部分或彻底破坏时重建该环境的知识和技能,熟悉使关键功能正常运转所必需的网络、通信技术、计算机、网络设备以及软件要求。这其中涉及硬件、软件、文档和人力资源的恢复等问题。

1. 硬件备份

首先,为确保被破坏的设备能够找到替代品,应尽量使用商业成品。

其次,为保证新设备能够及时到位,团队必须调查指定供应商的 SLA,确定是依赖这家供应商,还是购买冗余系统并保存起来作为备份,从而预防主要设备遭到破坏的情况。

当确保关键功能正常运转所需的设备,包括服务器、用户工作站、路由器、交换机、磁带备份设备、集线器等都已就位,就要为这些新设备安装系统。一般来说,使用镜像会节省一些时间,为此应提前做好镜像恢复计划(包括因替换设备是一个更新的版本而导致无法使用镜像时的手动过程),说明如何通过一些必要的配置从零开始建立每个关键系统。

2. 软件备份

如果缺少在硬件上运行的软件,那么硬件对公司而言也就没有多大价值。应当确保为关键任务功能所需的软件建立一个库存,并在一个异地设施内准备备份。需要备份的软件可能包括应用程序、实用工具、数据库和操作系统。团队应定期对这些副本进行测试，如果有新版本推出，就应及时更新这些副本。

组织机构往往会与软件开发商一起联合开发定制的软件程序。通常组织从软件供应商那里得到的是已编译的版本，而没有获得源码。当这个软件供应商由于灾难或破产而倒闭，组织将无法继续维护和更新这个软件。软件托管可以对上述情况予以保护。软件托管即由第三方机构保存源代码、编译代码的备份、手册以及其他支持材料。软件供应商、客户和第三方机构应签署一份合约，说明什么时候、谁能够怎样处理源代码。这份合约通常会规定，只有在软件供应商倒闭而无法完成合约的责任或供应商违反原始合约的情况下，客户才能够访问源代码。

3. 文档管理

文档管理是一件看似琐碎但却十分重要的工作。即使公司在将硬件和软件备份到一个异地设施，对其进行维护并保持更新方面能够做到认真负责，但如果缺少必要的文档工作，那么在灾难发生时，也没有人知道如何利用这一切来恢复业务。文档的内容可能包括如何安装镜像，如何配置操作系统和服务器以及如何正确安装实用工具和专用软件。其他文档可能包括一张联系人表，它说明应与谁进行联系，按何种顺序联系以及由谁负责联系工作。文档中还必须包括特定供应商、紧急事件处理机构、异地设施和在危急之时可能需要联系的其他任何实体的联系信息。公司应设立一个或几个负责文档工作的角色来负责这项基本业务。

4. 人力资源

人力资源是任何恢复和连续性的关键组成部分。不少企业在遇到灾难时，可以有能力恢复网络和关键系统，使业务功能正常运行，但却不知道“接下来由谁接手”这个问题的答案。因此，必须对人力资源进行全面考虑，确定在事故过程中制订计划并承担主要工作的关键人员。这些关键人员可能包括BCP协调、IT系统、数据和声音通信、业务单元、运输、物流、安全、保卫、设施、金融、审核、法律和公共关系等各部门的管理人员。

应该多培训几名员工来执行并承担计划中所规定的职责和程序，这样在紧急情况下可以有人填补空缺。在这样的交叉培训中，拥有明确的文档很重要。如果雇员在灾难中丧生，还要考虑借助临时机构或猎头公司招聘新员工来接替他们的位置。

此外，组织机构还应当拥有制定好的管理人员继任规划。这意味着，如果一名高级管理人员退休、离开公司或遇害，那么组织机构可以执行预先制定的步骤，由既定的人选接管并承担这个职位的责任以保护公司。通常，大型组织机构还有规定，两名或多名高级职员不能同时面临某个特定的风险。

7.3.5　员工工作环境恢复

业务的运行要靠公司员工的辛勤工作，因此在灾难发生后，应该尽快为他们提供一个工作环境。与员工有关的第一个问题是：如何向他们通报灾难，由谁告诉他们在什么时候转移到什么地方。管理人员的结构应当呈树状。如果灾难发生，那么由位于树顶的那个人通知他下面的两名管理者,这两名管理者再依次通知他们下面的3名管理者,直至通知到所有的管理者。每个管理者负责通知由他负责的人员,直至通知到所有人员。随后,再指派一个或两个人负责协调与用户有关的问题。这可能意味着将他们分派到一处新设施,确认他们拥有完成任务、恢复数据以及联系各个团队所需的资源。

用户环境恢复的过程应分阶段完成。第一个阶段负责关键业务操作的员工首先返岗,第二阶段负责次重要业务的工作人员返岗,以此类推。员工返岗后,要确定员工的需求,如员工是否能够在一台独立的计算机上工作,或者需要连接到网络以完成特定的任务。此外,还要考虑技术如果出了故障,应该如何手动执行当前的自动化任务。

7.3.6 数据恢复

对几乎所有组织机构而言,数据都是最关键的资产之一。只有在灾难发生前对主系统进行备份并加强管理保证其完整性和可用性,才能在灾难发生后,利用备份数据,实现主系统的还原恢复。

数据通常比硬件和软件发生变化的频率要高,因此数据备份应建立在连续的基础上,合理而高效。如果文件中的数据一天变化几次,那么为了保证记录和保存所有变化,应该一天进行几次备份或在晚上进行备份。如果数据每月变化一次,那么每天晚上都进行备份就是对时间和资源的浪费。

1. 数据备份策略

根据业务系统RPO要求,可以定义数据备份的方法和频率,这些备份方法包括完全备份、差分备份和增量备份。

(1) 完全备份

顾名思义,完全备份就是对所有数据进行备份,并将其保存在某种存储介质上。完全备份的特点是数据量大,实施备份和恢复过程可能需要很长时间。

(2) 差分备份

差分备份是对最近完全备份以来发生改变的文件进行备份。需要还原时,首先恢复完全备份,然后在此基础上应用最新的差分备份。

(3) 增量备份

增量备份是对最近完全备份或增量备份以来发生改变的所有文件进行备份。需要还原数据时,首先恢复完全备份,然后在此基础上按照正确的顺序依次应用每个增量备份。如果一家公司经历了一场灾难,并且使用了增量备份,那么在还原数据时,它首先需要在硬盘上还原完全备份,然后再恢复在灾难发生前(和最近一次完全备份以后)所执行的增量备份。因此,如果公司在6个月前进行过完全备份,而后运营部门每月进行一次增量备份,那么恢复时首先还原完全备份,再从较早的增量备份开始,按顺序逐步恢复增量备份,直至还原所有数据。

如果某家公司希望应用简单而直接的备份和还原过程,那么它可以只进行完全备份,但这样做需要大量的硬盘空间和时间。差分备份和增量备份的过程更为复杂,但需要的资源和时间要少一些。在备份阶段,差分备份比增量备份需要的时间更长,不过在恢复阶段,差分备份需要的时间较短。这是因为,实施差分备份恢复只需要两步即可完成,而在增量备份恢复过程中,每个增量备份必须按正确的顺序完成恢复过程。在实际工作中,这几种备份方式常常被组合使用。

关键数据应在现场和异地两处都保留备份。在发生非灾难的意外事故时,应该能够方便地获取现成的备份副本,并能够迅速完成恢复过程,以便公司可以尽快恢复正常运作。而在发生灾难或重大灾难时,异地备份就可以被启用。

要保证备份能够被正常使用,还需要定期进行备份恢复的测试,以确保灾难来临时,备份数据可用于有效的恢复。例如,某家公司租用了一处异地备份设施,同时雇用一名收发员每周收集备份磁带,并将它们运送到异地设施进行安全保存。公司并没有意识到,这名收发员将地铁作为交通工具,并且在等地铁的时候多次将磁带放在地上。地铁内有许多大型发电机,它们产生各自的磁场,这些磁场对磁带造成的影响和大块磁铁的效果一样。这个收发员在磁带运送过程中导致了很多备份磁带被损坏。但由于该公司没有定期开展备份测试工作,所以当公司遭受灾难想要启动这些备份磁带中的数据时,才发现磁带无法使用。

2. 数据备份手段

相对于手动备份耗时长、易出错,磁盘映像、电子传送和远程日志这类电子备份技术更加快捷和精确,对于备份那些经常改变的在线信息来说十分必要。

(1) 磁盘映像

磁盘映像通过复制硬件和维护几份信息副本来提供容错解决方案。它以动态的方式创建数据,并将其保存在两个或几个完全相同的磁盘上。如果只使用磁盘镜像,那么每个磁盘都有一个对应的镜像磁盘,其中保存与原磁盘一模一样的信息。如果使用映像组,那么数据就能够以映像的形式保存在两个或多个磁盘上。

磁盘映像提供在线备份存储功能。需要与数据交互的系统同时连接到所有驱动器。对用户来说,所有驱动器"看起来"就像一个驱动器。这为用户提供了透明性,以便当他需要检索一个文件时,不必考虑到底使用哪个驱动器来完成检索。当用户向这个存储介质执行数据写操作时,数据会被写入映像组中的所有磁盘。磁盘映像减少或替代了定期离线手动备份操作,并且它为复制提供了多条路径,而且一个映像组能够并行执行多个读取操作,大大提高了读取操作的性能。

如果一个磁盘发生故障,那么至少会有一个映像组仍然可用。通过正确的配置,可以为这个组指定一个新的磁盘,然后将数据从映像组中复制过去。复制过程可以离线进行,但这意味着在一段时间内无法使用这些数据。不过,大多数提供磁盘映像功能的产品都允许在线复制。

(2) 电子传送

电子传送即在文件发生改变时进行备份,再定期将它们传送到一个异地备份站点。传送并不实时进行,而是批量传送备份。因此,公司可以选择每小时、每天、每周或每月将发生改变的所有文件都传送到备份设施。在短时间内,信息就可以保存到一个异地设施或在那里进行检索。

(3) 远程日志

远程日志处理是另一种离线数据传输方法。这种方法只是将日志或事务处理日志传送到异地设施,并不传送实际的文件。这些日志包含对不同文件所作的改变。如果数据遭到破坏并需要进行还原,通过检索这些日志就可以重构丢失的数据。日志处理能够有效地用于数据库恢复。这时只需要对单独的记录重新应用一系列的变化,就可以使其与数据库重新同步。

数据恢复应以恢复时间目标为中心,寻求恢复成本和停机成本之间的最佳平衡。各种恢复技术的成本与所提供恢复时间之间的关系,如图 7-4 所示。

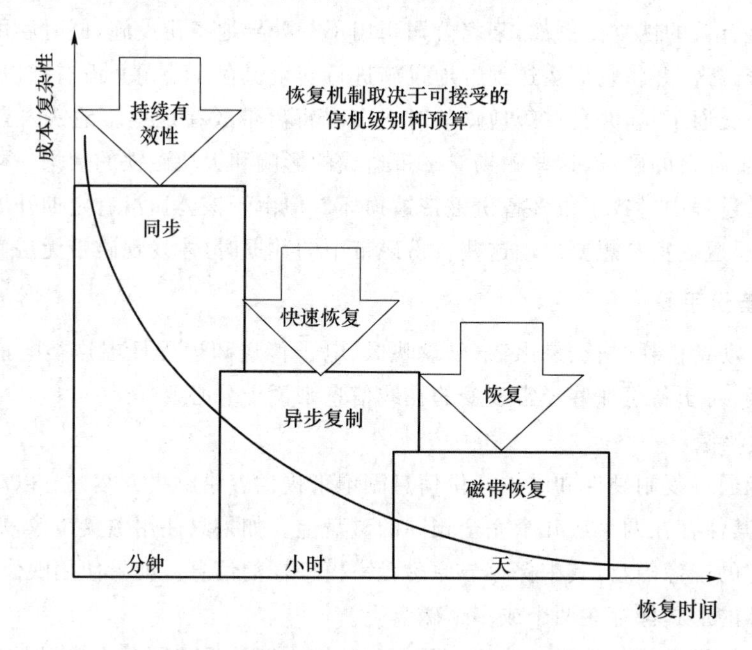

图 7-4　数据恢复的紧迫程度决定恢复解决方案

7.4 业务连续

在灾难发生后,经过马上使关键业务恢复到临时运营状态的应急响应,以及在临时业务稳定之后的灾难恢复与危机沟通,公司开始搬回它原来的场所或搬进一个新设施时,公司进入再造阶段。直到公司在它原来的主站点或一个建立起来替代主站点的新设施内恢复运作,公司才脱离紧急状态,实现了业务连续,如图 7-5 所示。

业务连续性计划(BCP)为组织提供了处理长期运营中断和灾难的方法和程序。它包括在技术实施中对原有设施进行修复的同时在另外一个环境中恢复关键系统,使正确的人在这段时间内回到正确的位置,在不同的模式下执行业务直到常规条件恢复为止。它也涉及通过不同的渠道应对客户、合作伙伴和股东,直到一切都恢复正常。作为一家公司,业务发生改变,计划也应该随之改变。BCP 应当持续改进,确保处于最新的、可用的、有效的状态。

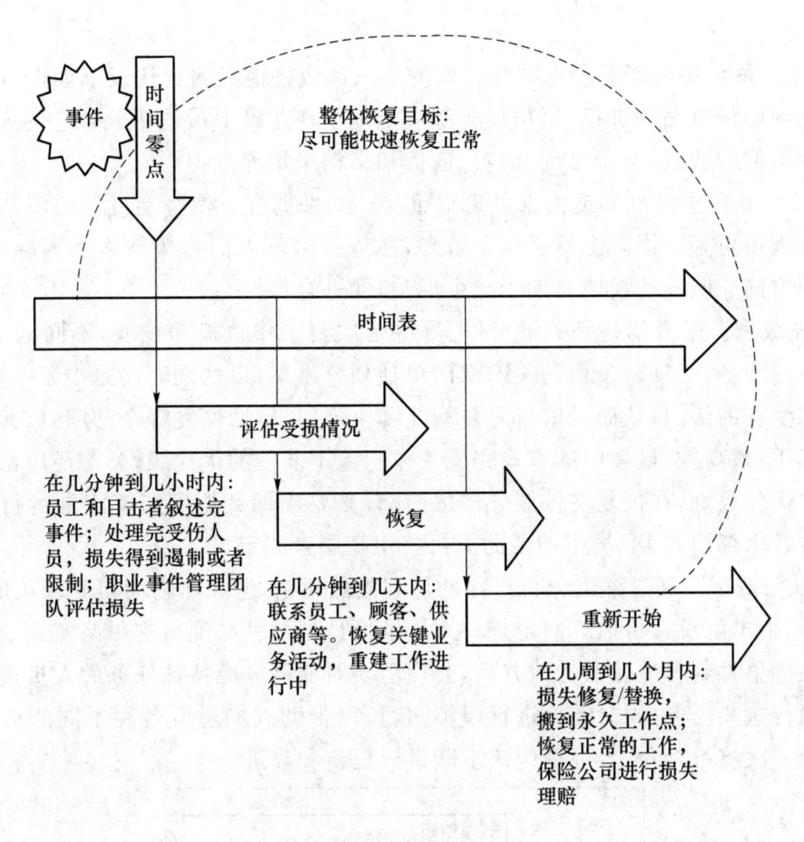

图 7-5　恢复与还原

7.4.1 开发 BCP

业务连续性计划应当详细说明之前讨论到的所有主题。每个组织的业务连续性计划都各不相同，但都应以某种方式包含这些主题。图 7-6 说明了一个业务连续性计划通常可接受的结构，它包括起始阶段、启动阶段、恢复阶段、再造阶段、附录几个部分。

1. 起始阶段

在起始阶段，最重要的是说明 BCP 的目标，并定义实施 BCP 的团队成员及岗位责任。

(1) 制定 BCP 目标

如果没有明确的目标，那么就不知道何时该完成任务，工作怎么会有成效呢？确立目标是为了大家了解工作的最终目的，建立目标对任何任务而言都十分重要，对业务连续性和恢复计划尤其如此。定义目标有助于指导资源和任务的合理分配、制定必要的策略，并对计划和程序的整体经济性做出合理判断，设定目标能为计划的实际制定过程提供指导。参与过大型项目的人都知道，由于同时要处理许多琐碎复杂的细节问题，因此有时候工作很容易偏离正轨，最终无法完成项目的主要目标。确定目标就能使大家不会脱离正轨，确保所做的努力最终得到回报。

目标设定不能太过笼统，如"在发生地震时保证公司正常营业"这个目标不是不正确只是比较笼统，对具体工作没有清晰的指导，实用性比较低。一个实用的 BCP 目标必须包含以下关键信息。

① 责任。每个参与恢复和连续性计划的个人都应将他们的责任以书面形式列出,以便在混乱时能够明确自己的责任,每项任务都应分配给在逻辑上最适于处理它的人员,这些人员必须了解他们的职责,基于培训、演习、通信和文档来培养意识。

② 权威。在危机时刻知道由谁负责很重要。如果拥有一位坚定可信的团队主管,每个团队都会表现得更好。团队主管必须了解到,在危急时刻人们指望他来承担起责任并为其他员工指明方向。明确的权威有助于减少混乱,促进合作。

③ 优先级别。了解哪些是关键工作、哪些是次要工作也极为重要,不同的部门为一个组织实现不同业务,必须将公司的关键部门单独划分出来,以区别哪些是中断一两个星期公司仍然能够生存的部门,从而了解首先要恢复哪个部门,然后恢复哪个部门,以此类推,就能以一种最实用、最高效、最集中的方式完成工作。除了部门的优先级,公司还应给系统、信息和计划设立优先级别,在恢复文件服务器之前,有必要确保数据库能够正常运行,总体的优先级别应在各个部门和 IT 员工的帮助下由公司高层来制定。

④ 实施与测试。通过详细分析得出的计划固然不错,但除非它们得到真正的实施和测试,否则它们根本就没有价值。制定好一个连续性计划后就必须将它付诸实施,在将它文本化并存放在危急时刻容易获取的地方后,公司需要对那些分配特殊任务的人员进行培训,教他们如何执行这些任务,同时需要进行模拟演习,以帮助人们适应各种不同的情况,一年应该至少进行一次演习,而整个计划应该不断进行更新和改进。

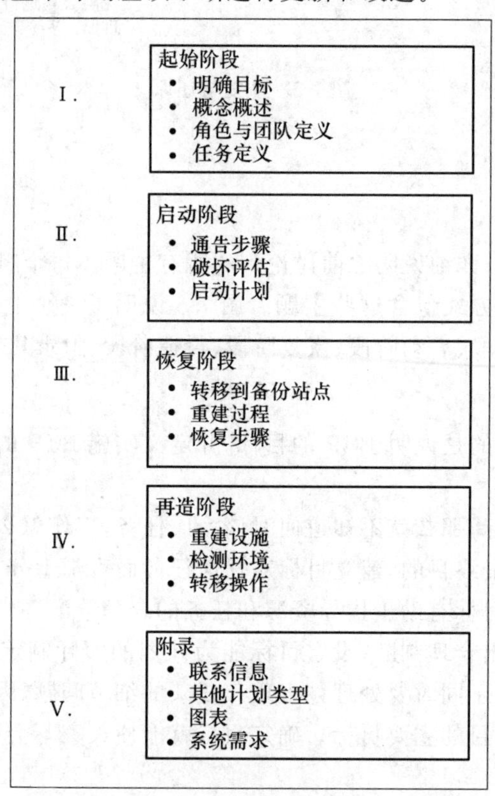

图 7-6 业务连续性计划的通用结构

研究表明，业务系统瘫痪一周以上的公司有 65% 无法恢复营业，并随后倒闭。如果一家公司不能在其他地方建立业务，迅速或有效地恢复运营，它可能会最终丧失业务，更重要的是会失去声誉。在这样一个充满竞争的世界，客户拥有许多选择，如果一家公司在被破坏或灾难发生后不能迅速恢复，客户就会转向其他供应商。

(2) 明确 BCP 团队

在制订业务连续性计划时，需要为它的执行组建几个不同的团队，并对他们进行正确培训。如果发生灾难，他们就可立刻投入工作。所需要的团队类型取决于组织的需求，下面是一些组织可能需要组建的团队：

破坏的评估团队；

法律团队；

媒体关系团队；

恢复团队；

重新部署团队；

重建团队；

救援团队；

安全团队；

通信团队。

要为每个团队指派一位主管，这些团队可以与网络安全事件响应组织衔接。在 BCP 中，各个团队不仅要负责保证各自的工作目标，还要彼此进行联络，保证每个团队的工作进度。

2. 启动阶段

启动阶段包括通告步骤、破坏评估、启动计划三个环节。

(1) 通告步骤

通告步骤指的是灾难来临时如何让负责人尽快了解事故情况的汇报机制，这部分要与网络安全事件管理中的汇报机制衔接，要根据事件或灾难的等级，按照步骤汇报给相应的处理负责人。

(2) 破坏评估

一旦灾难发生，组织需要设立一个职位或建立一个团队来完成破坏评估，破坏评估程序应正确记录在文档中，并包括以下步骤：

判定灾难的原因；

确定进一步破坏的可能性；

确定受到影响的业务功能和领域；

确定关键资源的可用程度；

确定必须立即替换的资源；

评估需要多久才能恢复关键功能；

如果恢复过程超过了事先预估的 MTD(Maximum Tolerable Downtime，最大可容忍宕机时间)，应立即声明为灾难，并立即启动业务连续性计划。

(3) 启动计划

业务连续性计划中必须包含一个启动计划的标准，做出破坏评估后，如果出现启动标准中列出的一种或几种情况，那么团队就应立即进入恢复模式。

由于组织间的业务驱动因素和关键职能各不相同，因而不同的组织有不同的启动标准。一个启动可能包括以下部分或全部要素：

对人员生命的威胁；

对城市或国家安全的威胁；

对设施的破坏；

对关键系统的破坏；

超出组织可以忍受的停工时间。

确定启动恢复计划后，就必须对各种团队进行部署，这标志着组织进入恢复阶段。

3. 恢复阶段

恢复阶段包括转移到备用站点、重建过程、恢复步骤三个环节。为了使组织能够尽快恢复正常运作，恢复过程必须有条不紊地进行。然而，实际操作往往比书面描述更为复杂，这正是详细操作手册至关重要的原因。在业务影响分析阶段，关键业务及其资源都已确定，所有团队需要团结协作，首先恢复这些关键业务和资源，在制订计划的阶段还应开发出各种模板，各团队将使用这些模板完成必要的工作步骤并记录其结果。

例如，如果一个步骤无法在购买新系统前完成，那么这个情况就应在模板中进行说明。如果一个步骤只完成一部分，也需要在模板中进行记录，以便在必要的部件到达时，团队能够记得完成剩下的步骤。

这些模板帮助团队保证任务进度，并可以立即告诉团队主管任务的进展情况、遇到的障碍和潜在的恢复时间。

4. 再造阶段

再造阶段包括重建设施、检测环境、转移操作三个环节。当组织开始搬回它原来的场所或搬进一个新设施时，即进入再造阶段，直到组织在它原来的主站点或一个建立起来替代主站点的新设施内恢复运作，才脱离紧急状态。如果长期在一个备用设施中运作，组织往往易于受到攻击，从一个备份站点搬回原始站点时，组织需要考虑许多后勤问题。以下是组织必须考虑的一些后勤问题：

保证员工的安全；

保证提供一个舒适的环境；

保证提供必要的良好的设备和服务；

保证应用正确的通信和连接方法；

新环境得到正确测试。

当救援团队宣布重建的新设施准备就绪后，救援团队应执行以下步骤：

从备用站点备份数据，并在新设施内进行恢复；

小心终止应急操作；

将设备和人员安全运送到新设施。

注意，首先应转移最不关键的功能，这样如果网络配置或连接出现问题，或重要步骤没有执行，组织的关键业务不至于受到负面影响。

5. 附录

在附录部分可以附上相关人员的通讯录、与业务连续性计划相关的其他计划、配套的流程图或图表，以及网络或系统的技术参数及配置要求等。

一些组织为特殊的任务和目标制订了单独的计划，这些计划可以整合到业务连续性计划的主体内容中，通常情况下最好把这些独立的计划当作附录，以使业务连续性计划文档清楚、简洁而实用，如表 7-4 所示。

表 7-4　业务连续性计划一览表

计划类型	说明
业务恢复计划	着重恢复必须重建的业务流程而非 IT 组件
操作连续性计划	在灾难发生后建立高级管理层和总部，说明职位和权力机构、继任顺序和所有职务的任务
IT 应急计划	在破坏发生之后，为系统网络和主要的应用程序恢复过程做出计划，每个主要的系统和应用程序都应分别制订另一个应急计划
紧急通信计划	包括内部和外部通信结构和任务。确定与外部实体进行通信的特殊人员，并包含写好的即将发布的声明
网络事故响应计划	主要关注恶意软件、黑客、入侵攻击和其他安全问题。列出事故响应程序
灾难恢复计划	重点说明发生灾难后如何恢复各种 IT 机制，一般事件处置计划通常针对非灾难事故的恢复，而灾难恢复计划则针对需要将 IT 数据处理转移到另一处设施的灾难事故
场所应急计划	制定人员安全防护和撤离程序

7.4.2　测试与维护 BCP

1. 测试 BCP

由于环境在持续改变，因此应当定期对连续性计划进行测试。测试的结果是通过或不通过，但这种结果并不能促进生产。相反，许多机构组织正开始采用演练这个概念，它带来的压力较小，集中性更强，并能够最终推动生产效率。每次对计划进行测试和演练时，通常都可以从中找到改进和提高效率的方法，而且随着时间的推移，能够获得越来越好的结果。建立定期演练和维护计划的任务应专门指定一个人或一组人负责，他(们)对组织机构内的业务连续性活动负有全部责任。

测试和演练应当至少每年进行一次。组织可以进行各种类型的测试和演练，它们各有优缺点。

（1）核查性测试

将 BCP 的副本分发至不同部门和职能区域接受审查，以发现是否有遗漏、修改、删除的项。这种方法能够确保不会遗忘或忽略一些问题。

（2）结构化排练性测试

各部门或职能区域的代表聚集在一起讨论计划的作用范围和设想，检查组织和报告结构，以及评估计划所描述的测试、维护和培训要求。这些代表从头到尾将计划的不同场景演练一次，既能保证没有任何遗漏项，又可加深团队成员对恢复程序的认识。

(3) 模拟测试

所有操作和支持职能部门的员工或他们的代表集中起来,根据一个特定的场景练习执行灾难恢复计划。这个场景用于测试每个操作和支持部门代表的反应。这种测试需要制订更多的计划,参与的人也更多,这样既可以保证不会遗漏特殊的步骤或忽略某些威胁,又能够提高所有参与人的意识。

(4) 并行测试

并行测试用于确保特定系统在备用异地设施中能够充分地发挥其功能。测试时需要将某些系统移动到备用场所进行处理。处理的结果和在原来场所进行的正常处理结果比较,指示出任何必要的调整或重新配置。

(5) 全中断测试

在全中断测试过程中,要将原始站点关闭并将业务处理转移到备用站点完成。因此,这种测试对公司的正常操作和业务生产干扰最大,是一种完全展开的演练,需要进行大量的计划和协调工作,但是它可以揭示计划中存在的在真实灾难发生之前需要修补的许多漏洞。全中断测试应该在所有类型的测试都已成功完成后,经高级管理层批准后才能执行。

测试和演练帮助员工为他们可能面对的情况做好准备,使他们了解自己应该完成的任务。同时还能够指出计划团队和管理层事先没有考虑和解决的一些问题,并在规划过程中加以解决。最后,这些演练能够论证公司能否从灾难中恢复过来。

演练应当具有一个事先设定的场景,这个场景是公司某天可能真正面对的。在开始演练之前,应该确定特定的参数和演练的范围。测试团队必须在测试内容与如何合理决定成功与否方面达成一致。同样需要达成一致的内容还有测试的时间安排和持续时间、参加测试的人员、谁将接受何种指派以及需要采取的步骤。此外,测试团队还需要确定硬件、软件、人员、程序和通信线路是否要接受测试,是测试它们中的一些、全部还是一部分。如果在测试过程中要将一些设备转移到备用站点,那么还必须解决和评估运输问题、额外的设备以及备用场所的准备情况。

大多数公司承受不起因测试而中断生产所造成的损失,因此它们选择在部分地区或特定的时间内进行测试,这就需要制订后勤计划。公司需要制订出书面测试计划,对整个灾难恢复计划中的特定弱点进行测试。第一次测试不应该涉及所有员工,而是从各部门选取一个小组员工,直到他们都知道自己的职责位置。接下来就可以进行大规模的演练,这样公司的整体运作就不会受到负面影响。

执行演练的人员应该期待从中发现问题和错误,从中吸取教训,以便在真正灾难发生时可以更为有效地完成自己的任务。

测试和演练为员工提供了有效的灾难恢复培训,除此之外,员工还需要就其他问题接受培训。通常,对紧急事件的最初响应会影响到最终的结果。应急响应计划是在处理危急情形下的第一道防线,用于帮助人们在危急情况下能够更好地应付遭到的破坏。应急响应计划涉及的培训包括急救、心肺复苏术、灭火器的正确使用方法、疏散线路和人群控制方法、紧急通信程序以及在面临不同灾难事件时如何正确地关闭设备、媒体公关等。

2. 维护 BCP

人们常说计划不如变化快,由于组织所处的内外环境的变化,BCP 也要相应地更新。

组织采取以下行动,可使 BCP 保持更新:

将业务连续性整合到岗位说明书中；

将维护工作表现包含到个人绩效考核中；

执行包括灾难恢复与连续性的文档及程序的内部审计；

进行 BCP 的常规演练；

把 BCP 整合到当前的变更管理过程中。

将 BCP 整合到组织的变更管理过程中，是维护计划的一种经济、高效且简单的方法。当公司的网络、主机、应用、数据等发生变更时，在变更管理过程中增加一个执行 BCP 的评估，评估这些变更对 BCP 是否造成影响，会不会使 BCP 也发生变更。这样就可以将 BCP 纳入日常维护的范畴了。

7.5　延伸阅读

上海某上市公司为了应对可能发生的灾难事件，设计并建立了一套高效率的灾难恢复系统与对应的恢复流程。在某次灾难发生时，大量计算机数据丢失，该系统在 1 小时内完全恢复了 10 台机器中存储的数据，在 2 小时完全恢复了 30 台左右机器的数据，且在数据恢复流程中，用户可以继续使用其数据丢失前的系统。最终这场灾难引发的服务中断问题与用户数据完整性问题被迅速解决，大大降低了公司的灾害损失。

在上述案例中，系统由 3 个子系统构成：存储服务器系统、客户端保护系统和管理服务器系统。针对数据损坏的各种可能性，系统采取了多种措施，利用 3 个子系统来执行数据恢复工作。

在非系统数据损坏的情况下，该计算机使用者通知管理员并告知所要恢复的数据时刻点，管理员通过 Web 页面通知配置管理（Configuration Management，CM）服务器执行查看快照操作，之后该快照时刻点的虚拟磁盘分配于其客户端供用户继续使用，此时管理员通过 Web 页面通知 CM 服务器执行还原快照操作，管理员删除虚拟快照磁盘，最终用户可以重新使用还原后的磁盘。

在系统数据损坏的情况下，此系统设计了两种方案，一种是使用远程启动方案，即管理员通知 CM 服务器执行查看快照操作，将该快照时刻点的虚拟磁盘分配于其客户端供用户继续使用，用户通过远程启动方式从该快照启动虚拟磁盘，之后进行还原快照操作，重启机器。另一种是管理员从客户端保护系统启动还原光盘，并连接上通用存储服务器（Universal Storage Server，USS），选择时刻点还原快照取出光盘，在重启机器之后，企业服务可以正常运行。

以上案例中，该公司因为提前创建完善的灾难恢复体系，从而帮助公司在灾难发生之后迅速恢复业务以及数据，减少了公司在灾难中的损失，为公司树立了良好的企业形象。

21 世纪之初，国家逐渐意识到灾备工作的重要性，并于 2003 年正式提出关于档案信息安全保障工作意见，针对重要信息的损毁、丢失等灾难提出应急处置预案，并由中共中央办公厅及国务院办公厅联合发布《国家信息化领导小组关于加强信息安全保障工作的意见》。随后，2007 年国务院信息化办公室编制的《信息系统灾难恢复规范》(GB/T20988—2007)正式成为我国灾备行业的唯一标准，该规范规定了信息系统灾难恢复的基本要求，并对灾难恢复能力等级、灾备中心等相关方面做了明确说明。

大数据时代,灾备中心越来越成为大数据中心的标配。2023年,我国多个省市数据灾备中心平台成功落地。2023年2月8日,陕西省政务数据异地灾备中心揭牌仪式举行,省政务大数据服务中心和延安新区共同签署了《政务数据异地灾备服务框架协议》。此前,湖南省大数据灾备中心在郴州揭牌,通过数据灾备中心把已有的、散落的边缘数据中心集中备份,打造安全、高效、开放、共享的省级大数据平台。另外,位于武汉临空港开发区的中国电信中部大数据中心(网安基地)项目开工,总投资50亿元,该项目投用后将成为中部地区规格最高、具备国家级灾备能力的大数据中心。中国电子信息产业集团有限公司旗下的中国电子云聚焦高安全数字基础设施、行业数据专属云建设,成功建设打造的南方电网调度云异地灾备平台正式投入试运行。

信息安全连续性管理案例分析

第8章　访问控制与安全防护

信息安全的根本所在就是通过控制如何访问信息资源来防范资源泄露或未经授权的修改。综合运用多种控制手段,建立纵深防御模型,可以对信息资产予以层层防护,有效降低组织的信息安全风险。本章介绍了访问控制的基本原理及关键技术,以及如何运用技术性、物理性和行政性访问控制实现纵深防御。

8.1　访问控制

访问是在主体和客体之间进行的信息流动。主体是发出访问请求的主动方,通常是用户或用户进程。主体验证一般通过鉴别用户标识和用户密码实现。客体是被访问的对象,通常是被调用的程序、进程,要存取的数据、文件、内存、系统、设备、设施等资源。

访问控制可以描述为:主动的主体使用某种特定的访问操作去访问一个被动的客体,所使用的特定的访问操作受访问监视器控制。其安全系统逻辑模型如图8-1所示。当主体提出一系列访问请求时,首先对主体进行认证,确认是合法的主体,而不是欺骗者。为了能够进行正确的身份验证,主体需要使用用户名或账号来标识其身份,并进一步提供如密码、密钥、个人身份证号码、生物特征或令牌等凭证。主体通过认证后才能访问客体,但并不保证其有权限对客体进行操作。主体所使用的特定访问操作由访问控制器控制,具有操作权限才可以对客体进行相应操作。

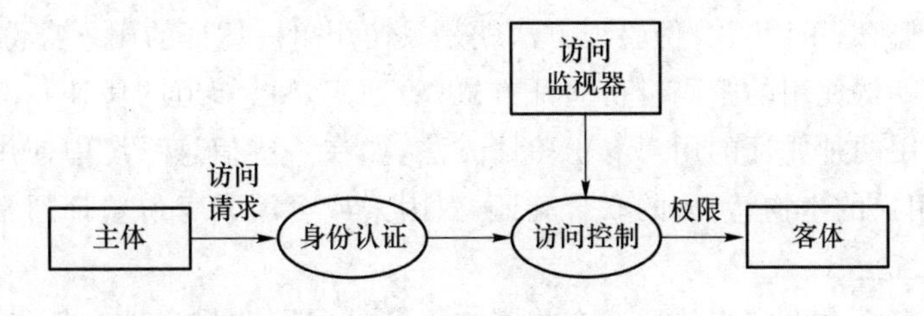

图8-1　安全系统逻辑模型

访问控制通过身份标识、身份认证、授权与问责4个步骤,给予组织机构控制、限制、监控及保护资源可用性、完整性和机密性的能力。

8.1.1 身份标识与认证

身份标识是主体声称或自称某个身份的过程。在访问资源的过程中,主体必须向系统提供身份标识,如用户名、用户ID、账号,才能够启动身份认证,身份认证及其结果则是系统提供给用户的。身份标识和认证总是被放在一起成为单一的双步过程,只有经过该过程,主体才能获得访问资源的能力。

认证的一条核心就是所有的主体必须有唯一的身份。信息系统可以使用3种因素,或称为方法来认证用户的身份,这3种因素是用户已知道的凭证(Something you know)、用户所拥有的凭证(Something you have)或者是用户的生物特征(Something you are)。它们也常被称为根据知识进行身份验证、根据所有权进行身份验证以及根据生物特征进行身份验证。

"某人知道什么(根据知识进行身份验证)"可以是密码、PIN或密码锁等。通过某人知道的内容进行身份验证实现起来往往是最经济的。这种方法的不利方面就是其他人也可能获得相关知识并能够对系统或设施进行未授权访问。

"某人拥有什么(根据所有权进行身份验证)"可以是钥匙、门卡、访问卡或证件,这种方法常用于访问设施,不过也可用于访问敏感区域或身份验证系统。该方法的缺点是这些物品容易被盗,从而导致未授权访问。

"某人的特征是什么(根据生物特征进行身份验证)",根据验证对象的不同,生物特征验证方法还能分成物理特征(包括指纹、虹膜、瞳孔、掌形等)和行为特征(包括声纹、签名等)。基于独特的生物特征对一个人的身份进行验证称为生物测定学。

生物测定学系统本身并不提供强身份验证,这是因为它只是其中一种身份验证方法。生物测定学只是证明某人的身份,但没有证明他知道的内容以及所拥有的物品。为了正确实施身份验证过程,生物测定学系统需要与其他两种身份验证方法中的一种或两种结合使用。例如很多情况下,某人必须在执行生物测定学扫描之前输入PIN,这就满足了"某人知道什么"的类别。相反,某人在执行生物测定学扫描之前会被要求通过读卡器刷一下磁卡,这就满足了"某人拥有什么"的类别。不管使用哪一种身份标识系统,强身份验证都必须至少包含3个类别中的2个类别,这也称为双因素身份验证。

我们常常可以在使用身份验证技术的场合看到诸如单因素身份验证方法、双因素身份验证方法这样的概念,单因素身份验证方法就是只使用单一凭证的用户身份验证方法,如在许多信息系统中默认使用的密码身份验证方式(验证用户已知道的凭证);双因素身份验证方法就是同时使用两种凭证的用户身份验证方法,如在一些信息系统中使用的用户密码加指纹识别(验证用户的生物特征)的联合验证,双因素或多因素身份验证通常用在对安全要求较高的信息系统上。

创建或发布安全身份应当包括3个关键方面:唯一性、非描述性和签发。首先,唯一性指的是针对个人的标识符,即每个用户都必须具有用于问责的唯一ID。指纹和视网膜扫描都可以视为确定身份的独特元素。非描述性意味着任何凭证都应当不表明账户的目的。例如,用户ID不得为administrator, backup_ operator或CEO。确定身份的第3个关键方面是签发。这些元素由另一个权威机构提供,用于证明身份。ID卡可以视为一种身份标识签发形式的安全元素。

对于计算机和设备，可以根据其硬件地址（媒介访问控制）和/或IP地址来对其进行身份标识、验证、监督和控制。网络系统也可能具备网络访问控制（NAC）技术，从而可以对系统进行身份验证，之后再允许其访问这个网络。每个网络设备都会由DHCP（动态主机配置协议）服务器分配或者由本地配置一个硬件地址，然后集成进入网络接口卡和基于软件的地址（IP）中。

8.1.2 授权

1. 基本原则

授权是依据主体的证明身份授予其客体访问权限。安全的核心是免受攻击，因此，授权默认从零访问开始，即开始不给予权限，然后再基于知其所需、最小特权以及职责分离的原则进行取舍。

知其所需：确保主体只有在他们的工作任务和工作职能有要求时被授予访问权。

最小特权：确保主体只被授予他们执行工作任务和工作职能所需的特权。这一原则有时会和“知其所需”原则混为一谈。唯一的区别在于，最小特权原则还包括在系统上采取行动的权利。

职责分离：确保敏感功能被分成由两个或两个以上员工执行的任务，这有助于通过创建制衡来防止欺诈和错误。

2. 主体、客体之间的权限关系

主体、客体和分配权限之间的关系常采用访问控制矩阵的形式来表示。当主体想要执行某个动作时，系统检查访问控制矩阵来确定主体是否有适当的权限来执行该动作。例如，一个访问控制矩阵可以包含一组文件作为客体，一组用户作为主体。它将显示每个用户为每个文件授予的确切权限，如表8-1所示。

表8-1 访问控制矩阵示例

主体	客体			
	File1	File2	File3	File4
John	Own，R，W	/	Own，R，W	/
Alice	R	Own，R，W	W	R
Bob	R，W	R	/	Own，R，W

访问控制矩阵的实现很易于理解，但是查找和实现起来有一定的难度，而且，如果用户和文件系统要管理的文件很多，那么访问控制矩阵将会成几何级数增长，这样对于增长的矩阵而言，会有大量的空余空间。所以现在使用的实现技术都不是保存整个访问矩阵，而是基于访问矩阵的行或者列来保存信息。

访问控制列表（Access Control List，ACL）是实现访问控制矩阵的一种流行的方法。这种方法实质上就是按列的方式实现访问控制矩阵，为每一列建立一张访问控制列表。在该表中,已把矩阵中属于该列的所有空项删除,此时的访问控制列表是由一有序对(域,权集)所组成。由于在大多数情况下,矩阵中的空项远多于非空项,因而使用访问控制列表可以显著地减少所占用的存储空间,并能提高查找速度。在不少系统中,当对象是文件时,便把访问控制列表存放在该文件的文件控制表中,或放在文件的索引结点中,作为该文件的存取控制信息。

访问控制列表也可用于定义缺省的访问权集,即在该表中列出了各个域对某对象的缺省访问权集。当系统中设置了这样的列表后,一旦有用户或进程尝试访问某个资源,系统通常会首先检查默认的访问控制列表,确定该用户或进程是否拥有访问该资源的权限。如果列表中没有相应的权限记录,系统会进一步查看该资源的专门访问控制列表。

图 8-2 是表 8-1 的访问控制列表实现。

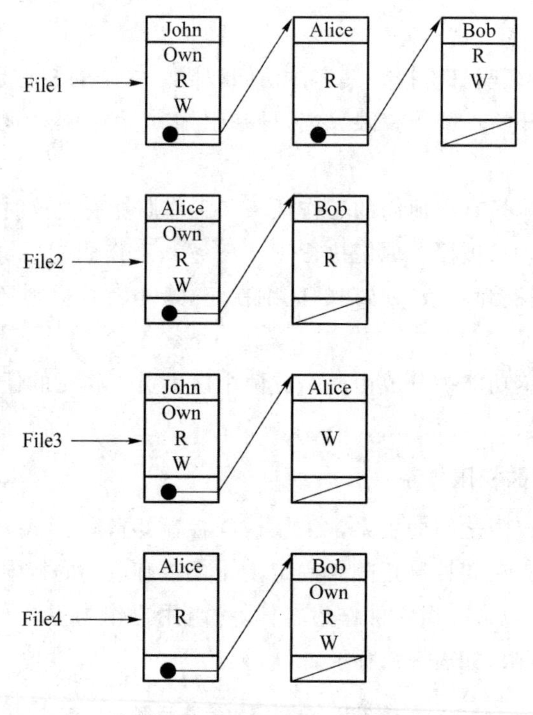

图 8-2　访问控制列表实现

访问控制能力表(Access Control Capability List,ACCL)也称权利表,是与访问控制列表对偶的方法。每一个主体与一个权利表相连,表示了所有该主体能访问的客体以及访问权限。这种方法实质上就是按行的方式实现访问控制矩阵。

访问控制能力表以用户为中心建立访问权限表,是确定分配给主体特权的另一种方式,其关注主体(如用户、组或角色)。图 8-3 是表 8-1 的访问控制能力表实现。

通过不允许使用某些功能、信息或访问特定的系统资源,限制性的用户接口能够限制用户访问能力。客体中的内容以及用户特定活动上下文也是授权经常需要考虑的因素。安全标签是限制和附属在主体或客体上的一组安全属性信息,客体的安全属性表明该客体所包含的信息的敏感程度及其功能类别,主体的安全属性表明该主体被信任的程度和访问信息的能力。使用安全标签可以建立一个严格的安全等级集合,限定一个用户对一个客体目标的访问。

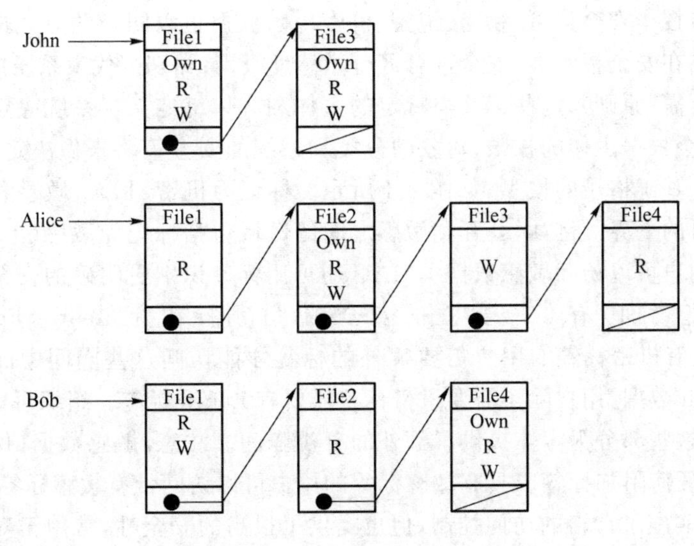

图 8-3　访问控制能力表实现

3. 授权策略

目前,基本的授权策略有 3 种:自主访问控制、强制访问控制以及角色访问控制。授权策略内置于不同操作系统及其支持的应用程序的核心或内核中。每个操作系统都有一个执行参考监控概念的安全内核,对于每次访问尝试,在主体与客体通信之前,安全内核都会审查访问控制的授权策略,以确定是否允许请求。3 种授权策略分别使用不同的方法来控制主体访问对象的方式,各有其优点和局限性。具体应当使用哪一种策略,取决于组织机构的业务和安全目标以及组织的文化和业务运作管理模式。

(1) 自主访问控制

自主访问控制(Discretion Access Control, DAC)允许客体的所有者、创建者或数据保管者控制和定义主体对该客体的访问。所有客体都有所有者,并且访问控制基于客体所有者的自由决定。例如,如果用户创建了一个新的电子表格文件,那么该用户就是这个文件的所有者。作为文件的所有者,用户可以更改文件的权限,从而准许或拒绝其他主体进行访问。角色访问控制是 DAC 的一个子集,因为系统根据用户角色识别并分配资源所有权给角色。

DAC 常常使用针对客体的 ACL 来实现。每个 ACL 都定义了对主体准许或限制的访问类型。因为客体的所有者可以改变针对客体的 ACL,所以自主访问控制并不提供集中控制的管理系统。访问对象很容易改变,特别是与强制访问控制的静态特性相比。大多数操作系统是基于 DAC 模型的,如所有的 Windows、Linux 和 OS X 系统以及主流的 Unix 系统。当你查看文件或目录的属性,了解哪些用户可以访问这些资源和允许什么类型的访问时,这些都是使用 ACL 实现 DAC 模型的实例。

(2) 强制访问控制

自主访问控制允许所有者做出自己的更改,且他们所做的更改不会影响环境中的其他地区,而在强制访问控制中,则是由支配整个环境的静态规则组管理访问。

强制访问控制(Mandatory Access Control,MAC)依赖于安全标签的使用,更为结构化且严格。用户被授予安全许可(秘密、绝密、机密等),数据也以同样的方式进行分类。权限和分类数据存储在安全标签中(安全许可区分敏感度级别;类别则代表系统内不同信息的分隔,体现“知其所需”原则),这些标签与特定的主体和客体绑定。当系统决定是否满足访问对象的请求时,会根据主体的权限、对象的分类和系统的安全策略来做决定。MAC 模型通常被形象地称为基于格子的模型,如图 8-4 所示。标记为机密、私人、敏感和公开的水平线标记了安全许可的上界。例如,公开和敏感之间的区域包括标记为敏感(上界)的客体。具有敏感标签的用户可以访问敏感数据。MAC 还可用标签识别更明确的安全域。在机密部分(私人和机密之间)有 4 个独立的安全域,分别标记为 Lentil、Foil、Crimson 和 Matterhorn。具有机密标签的用户需要额外的标签才能访问这些隔间中的机密数据。例如,为访问 Lentil 数据,用户除了需要机密标签还要有 Lentil 标签。组织可以为标签设定任何名字,关键是这些部分为客体提供了额外的分类隔间。注意,敏感数据(位于公开和敏感边界之间)没有任何附加标签。具有敏感标签的用户可以访问带有敏感标签的任何数据。

MAC 模型实施了严格的访问控制,但也提供了很高的安全性,常用于对信息分类和机密性要求非常高的环境,如军队、政府机构和与政府接触的公司。某些特殊类型的 Unix 系统基于 MAC 模型开发。公司不可能简单地选择使用 DAC 或 MAC,而是必须购买专门为实施 MAC 规则而设计的操作系统。DAC 系统并不理解安全标签、分类或许可,因此无法用于需要这种访问控制结构的机构。常见的 MAC 系统是由 NSA(美国国家安全局)和 Secure Computing 开发的 SELinux。Trusted Solaris 也是大多数人熟悉的(相对于其他 MAC 产品)一款基于 MAC 模型的产品。

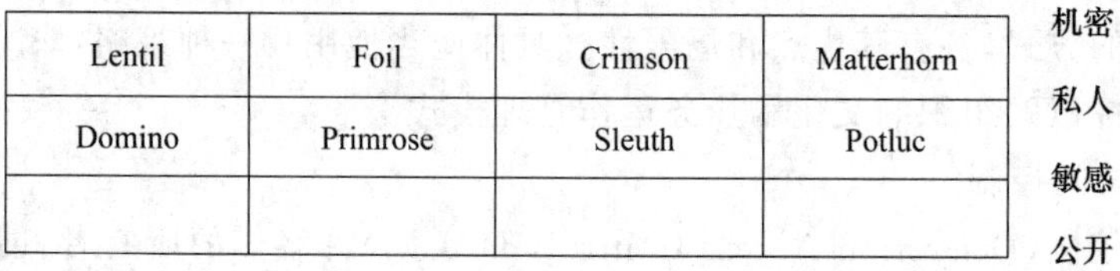

Lentil	Foil	Crimson	Matterhorn
Domino	Primrose	Sleuth	Potluc

机密
私人
敏感
公开

图 8-4　基于格子的访问控制所提供的边界表示

(3) 角色访问控制

角色访问控制(Role-Based Access Control,RBAC)模型使用集中管理的控制方式来决定主体和客体如何交互。这种访问控制基于必要的操作和用户完成组织委派的职责所需从事的任务来设定限制级别。这种模型允许用户基于他在公司内的角色来访问资源。较为传统的访问控制管理仅仅以 DAC 模型为基础,该模型在客体级别上使用 ACL 指定访问控制。由于在配置 ACL 时,管理员必须将组织机构的授权策略转换为权限,所以这种方式更为复杂。随着环境内客体和用户数量的不断增长,用户一定会被授予对某些客体的非必要访问权限,从而违反了最小特权原则,并且增加了公司面临的风险。RBAC 方式允许根据用户的工作角色来管理权限,从而简化了访问控制管理。RBAC 模型根据角色的操作和任务定义该角色,而 DAC 模型则概述了哪些主体能够访问哪些客体。

假设我们需要一个研发分析师角色。设立这个角色的目的不仅在于允许个人访问所有产品和测试数据,更重要的是说明该角色能够对这些数据执行的任务和操作。当分析师角色提交一个访问文件服务器上新测试结果的请求时,操作系统在允许该操作之前会在后台检查这个角色的访问级别。

RBAC 模型是员工流动性高的公司最适合使用的访问控制系统。例如，对应于承包商角色的 John 离开公司，那么他的接替者 Chrissy 能够轻松地与这个角色对应起来。这样一来，管理员就不必频繁更改某个客体的 ACL。他只需要创建一个角色（承包商），为该角色分配许可，并将新用户与该角色对应起来即可。

8.1.3 审计追踪与问责

审计追踪是对系统安全的审核、稽查与计算，即在记录一切（或部分）与系统安全有关活动的基础上，对其进行分析处理、评价审查，发现系统中的安全隐患，或追查造成安全事故的原因，并做出进一步的处理。审计追踪确保用户的动作可问责，验证安全策略已实施，并且能够作为调查工具用于刑事诉讼。

审计追踪可以采用手动或自动方式来检查。如果某个组织机构手动检查审计追踪，那么就需要建立一个系统，以说明如何、何时以及为什么对它们进行检查。通常，在发生安全违规、无法解释的系统活动或系统崩溃后，应立即将导致该事件的活动集中起来，启动面向事件的审计检查。定期检查审计追踪，可以监测用户或系统的异常行为，了解系统的基线和健康状况。使用自动工具在创建审计信息时对其进行检查，可以做到实时或接近实时的审计追踪。

审计日志是非常重要的检查项。绝大多数情况下，审计日志包含的都是不必要的信息，审计约简工具能够减少审计日志内信息的数量，提高审计追踪过程的效率。日益复杂化的系统架构和网络数据流量的急剧膨胀，导致安全审计数据以同样惊人的速度递增，越来越多的组织机构开始借助安全事件管理系统，从不同的设备（如服务器、防火墙和路由器等）收集日志，通过数据挖掘在这些日志间建立内在联系，以识别当前攻击并快速做出回应。

8.1.4 身份管理

身份管理（Identity Management，IdM）是一个含义广泛的术语，包括使用不同产品对用户进行自动化的身份标识、身份验证和授权。IdM 要求对唯一标识的实体、其属性、凭证和权利进行管理。身份管理允许组织机构以及时和自动的方式创建并管理数字身份的生命周期（创建、维护、终止）。企业 IdM 必须满足业务需求以及面向内部系统和外部系统的标准。

网络环境的复杂性和多样性不断增加，这也增加了跟踪谁能访问什么以及何时访问的复杂性。组织拥有不同的应用程序、网络操作系统、数据库、企业资源管理（ERP）系统、客户关系管理（CRM）系统、目录和大型机（所有这些都具有不同的业务用途）。此外，组织还拥有合作伙伴、承包商、顾问、员工和临时员工。用户在日常工作中通常需要访问多种不同类型的系统，这就使得对不同数据类型的访问进行控制和提供必要的保护变得异常复杂。这种复杂性通常会导致资产保护出现不可预见和无法识别的漏洞、控制重叠和相互矛盾，以及不符合政策和法规的情况。身份管理技术的目标就是简化这些任务的管理，让混乱变得有序。

下面列出了企业目前在控制资产访问方面需要处理的常见问题：

每位用户应当能够访问哪些内容?

由谁批准和允许访问?

访问决策如何与策略相对应?

离职员工是否仍然拥有访问权?

我们如何与动态的、不断变化的环境同步?

撤销访问的过程是怎样的?

如何对访问进行集中控制和监控?

为什么员工需要记住8个密码?

假设有5个不同的操作平台,如果每个平台(和应用程序)都需要自己的凭证,那么如何进行集中控制?

如何控制员工、客户和合作伙伴的访问权限?

如何确保我们遵守了必要的法规?

传统的身份管理过程一直是通过使用具有权限、访问控制列表和配置文件的目录服务手动进行的。事实证明,这种方法无法满足日益复杂的要求,因此已被功能丰富、能够组合起来建立一个IdM基础设施的自动化应用程序所取代。IdM技术的主要目标是简化身份管理、身份验证、授权以及对整个企业中多个系统内的主体进行审计的过程。异构企业的多样性使得正确实现身份管理成为一项艰巨的任务。如今,身份管理产品的销售市场十分繁荣,这种产品着重于降低管理成本、提高安全性、满足法规要求以及改善整个企业的服务级别。

1. 目录

大多数企业都使用某种类型的目录,目录中包含了与企业网络资源和用户有关的信息。

(1) 目录及目录服务

多数目录遵循一种层次化的数据库格式,基于X.500标准和某种协议〔如轻量级目录访问协议(Lightweight Directory Access Protocol,LDAP)〕,允许主体和应用程序与目录进行交互。应用程序可以向目录发出一个LDAP请求,请求访问特定用户的相关信息,用户也可以通过类似的请求要求访问某个资源的相关信息。

目录内的客体由目录服务管理。目录服务允许管理员配置和管理网络环境中的身份标识、身份验证、授权和访问控制。目录内的客体通过名称空间标记和标识。

在Windows环境中进行登录时,用户会登入一个域控制器(Domain Controller,DC),域控制器的数据库中具有一个层次化目录。这个数据库运行一个目录服务(活动目录),该服务组织网络资源并执行用户访问控制功能。因此,一旦成功登入域控制器,根据AD的配置,用户就可以访问某些网络资源(如打印服务、文件服务器、电子邮件服务器等)。

每种目录服务都采用某种方式标识和命名它们所管理的客体。在通过LDAP访问的基于X.500标准的数据库中,目录服务会为每个客体分配可区分名(Distinguished Name,DN)。每个DN代表与某个客体有关的一组属性,并作为一个条目存入目录。在下面的示例中,DN通常由一个常用名(common name, cn)和域组件(domain component,dc)组成。这是一个层次化目录,.com位于顶层,.LogicalSecurity位于.com的下一层,.Shon Harris

则位于底层，如图8-5所示。

dn：cn＝Shon Harris，　dc＝LogicalSecurityr，　dc＝com

cn：Shon Harris

这是一个非常简单的示例。公司通常拥有包含许多级别和对象的大型树（目录），以代表不同的部门、角色、用户和资源。

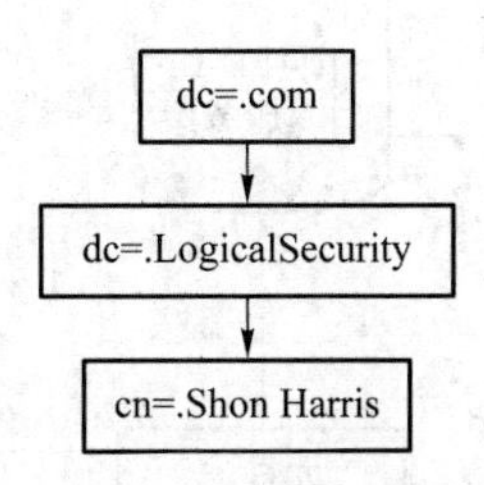

图8-5　名称空间示例

目录服务管理目录中的条目和数据，并且通过执行访问控制和身份管理功能来实施已配置的安全策略。例如，当用户登入DC后，目录服务将决定用户能够访问网络中的哪些资源。

许多传统设备和应用程序无法由目录服务进行管理，因为它们在构建时没有配备必要的客户端软件。传统实体必须通过其继承的管理软件进行管理。这意味着，大多数网络的主体、服务和资源都可以列入目录，并由管理员通过使用目录服务进行集中控制。此外，管理员还必须对传统应用程序和设备进行单独配置和管理。

(2) 目录在身份管理中的角色

用于IdM的目录是一种为读取和搜索操作而进行过优化的专用数据库软件，它是身份管理解决方案的主要组件，因为所有资源信息、用户属性、授权资料、角色、潜在的访问控制策略以及其他内容都存储在这一位置。当其他IdM软件应用程序需要执行其功能（授权、访问控制、分配权限）时，就可以在一个集中的位置获得所需的全部信息。

存储在IdM目录中的许多信息分散在整个企业中。用户属性信息（员工状况、工作描述、部门等）通常存储在人力资源数据库中，身份验证信息可以保存在Kerberos服务器中，角色和组标识信息保存在SQL数据库中，面向资源的身份验证信息则存储在域控制器的活动目录中。这些经常被称为身份存储库，位于网络的不同位置。许多身份管理产品都会创建元目录或虚拟目录。元目录从不同的来源收集必要的信息，并将它们保存在一个中央目录内。这为企业中所有用户的数字身份信息提供了一个统一的视图。元目录定期与所有身份存储库同步，以确保企业中的所有应用程序和IdM组件都能使用最新的信息。

虚拟目录的作用与元目录相似，并且可以代替元目录。两者的差异在于，元目录在其目录中实际拥有身份数据，而虚拟目录中则没有数据，它指向的是实际数据所在的位置。当IdM组件调用虚拟目录收集用户的身份信息时，虚拟目录将指向信息实际的位置。图8-6是支持IdM（访问管理、指派和身份管理）的中央LDAP目录的示例。当收到用户或应用程序的服务请求时，IdM需要从目录中提取出必要的信息以执行这个请求。由于确定执行这些请求所需的数据存储在不同的位置，因此元目录要从这些不同的位置取出数据并更新LDAP目录。

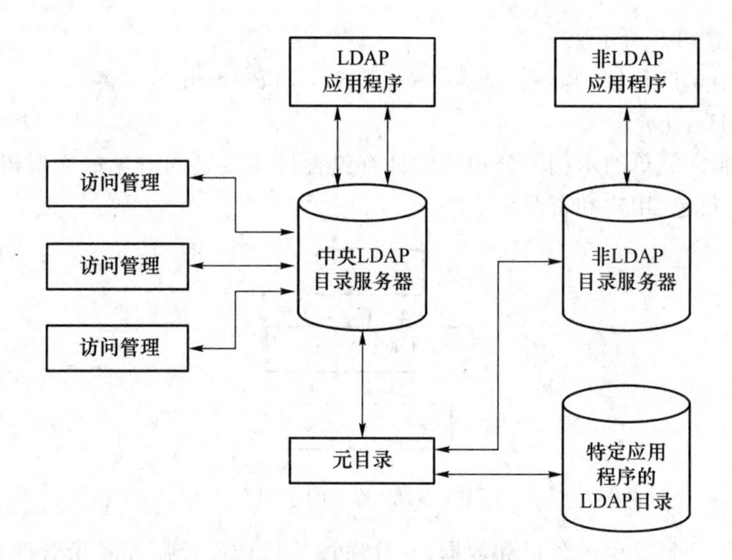

图 8-6 元目录从其他来源中提取数据以更新中央 LDAP 目录

2. Web 访问管理

Web 访问管理(Web Access Management,WAM)软件用于控制用户在使用 Web 浏览器与基于 Web 的企业资产进行交互时能够访问的内容。这种技术正变得愈加强大,部署它们的用户也越来越多。这主要是因为使用电子商务、网上银行、内容提供、Web 服务等其他服务的用户不断增加。互联网在持续发展,随着它提供的功能越来越多,其对商家和个人的作用也越来越大。

图 8-7 说明了 Web 访问控制管理过程的基本组件和活动。

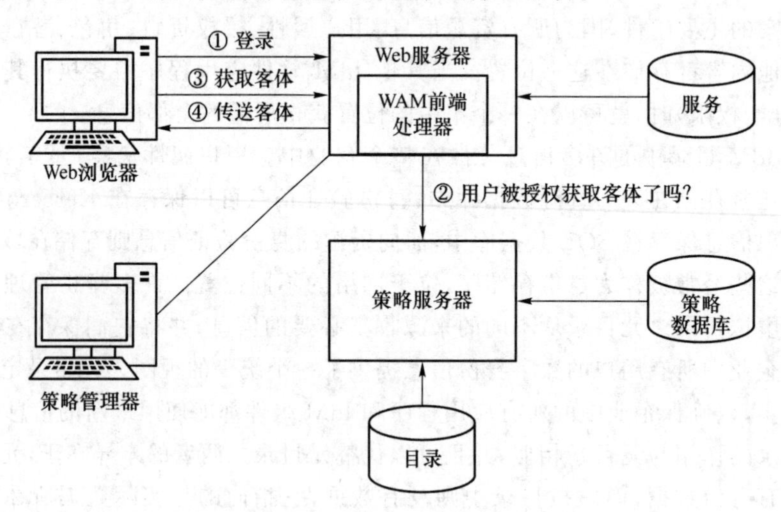

图 8-7 一个基本的 Web 访问控制管理示例

① 用户向 Web 服务器送交凭证。

② Web 服务器请求 WAM 平台去认证用户。WAM 对 LDAP 目录进行身份验证,并从策略数据库中检索授权。

③ 用户请求访问一个资源(客体)。

④ Web 服务器使用安全策略进行验证，并且允许用户访问请求的资源。

这只是一个简单示例。随着用户能够通过不同的方式（密码、数字证书、令牌等）进行身份验证，并能使用各种资源和服务（转账、购买产品、更新配置文件等）以及必要的基础设施组件，控制管理过程的复杂程度也随之增加。基础设施通常由一个 Web 服务器群组（许多台服务器）、一个包含用户账户和属性的目录、一个数据库、若干个防火墙以及一些路由器组成，上述所有设备都采用了分层架构。

WAM 软件是用户与基于 Web 的企业资源之间的主要网关。通常它是 Web 服务器的一个插件，作为一个前端进程运行。当用户提出访问请求时，在提交用户请求的资源之前，Web 服务器软件将查询一个目录、一个身份验证服务器和可能存在的一个后端数据库。WAM 控制台使管理员能够配置访问权限级别、身份验证要求和账户设置的工作流程步骤，并进行整体维护。通常，WAM 工具还提供单点登录功能。借助这种功能，一旦用户在某个 Web 站点通过身份验证，那么该用户不必多次登录，就能访问基于 Web 的不同应用程序和资源。如果某款产品在 Web 环境中提供单点登录功能，那么当用户访问不同的资源时，该产品必须持续跟踪用户的身份验证状态和安全上下文。

WAM 产品允许管理员配置和控制对内部资源的访问。这种类型的访问控制常用于控制外部实体请求的访问。这些产品可以在单台 Web 服务器或一个服务器群组上运行。

3. 密码管理

尽管密码是身份验证机制中最常用的方式之一，但是它也被认为是现有安全机制中最脆弱的机制之一。用户往往使用很容易被猜测到的密码（如配偶的姓名、自己的生日或者狗的名字），或者将密码告知其他人，而且很多时候会将密码写在贴纸上并藏在键盘下面。对于大多数用户来说，除非他们的计算机被黑客侵入或者机密的信息被窃取，否则在他们使用计算机时安全通常都不是最重要的或他们感兴趣的事情。

这时，我们需要引入密码管理。如果能够适当地生成和更新密码，并且能够完全保密，那么密码就能够提供有效的安全保障。密码生成器可以用于为用户生成密码，这样可以确保用户不会使用简单的字符（如 Bob 或 Spot）作为密码。但是，如果密码生成器生成了密码 kdjasijew284802h，那么用户肯定会将该密码写在纸条上并贴在显示器上，这就与整个安全目标相违背。密码生成器要起作用就应当创建并不复杂的、可读出的而又不是字典单词的密码，以便帮助用户记忆，并且用户不会将密码写下来。

如果用户能够选择自己的密码，那么操作系统应当实施特定的密码需求，操作系统可能要求密码包含一定的字符数、与用户 ID 无关、包含特殊的字符、包含大小写字母，以及不容易被猜测出。操作系统还要跟踪用户生成的所有密码，以确保这些密码不会被重复使用。用户应当也被要求定期修改自己的密码。在这样的环境下，上述措施使得攻击者很难猜测或者获得密码。

此外，用户还会经常忘记密码，用户在网上不同平台所用的众多不同密码导致管理员必须直接连接到具体平台的管理软件才能帮助用户修改密码。一些最常用的密码管理技术能提供一个更安全且自动化的密码管理系统，如：

密码同步，即允许用户只需要为多个系统维护一个密码，降低保留不同系统的不同密码的复杂性；

自助式密码重设，即允许用户重新设置他们的密码，减少服务台人员收到的求助电话

数量;

辅助式密码重设,即为服务台减少有关密码问题的决策过程,这包括使用其他类型的身份验证机制(生物测定学、令牌)进行身份验证。

4. 传统单点登录

因为客户端/服务器技术的大量增加,所以网络已经由集中控制网络发展为异构的、分布式的网络环境。开放系统的发展以及大量应用程序、平台和操作系统的不断增加,使得用户必须记住若干用户 ID 和密码,以便能够访问其所在网络内的不同资源。尽管不同的 ID 和密码应该能够提供更好的安全级别,但是最终往往不利于安全管理(因为用户会抄写这些信息),并且给管理和维护网络的员工带来很多麻烦。

为解决管理不同网络环境和用户习惯所带来的高成本以及用户需要记住一系列凭证的问题,有人提出了单点登录(SSO)功能。这种功能允许用户只输入一次凭证,就能访问主网络域和辅助网络域中的所有资源。它大大减少了用户在访问资源时进行身份验证所花费的时间,并且使管理员能够非常容易地控制用户账户的访问权限。单点登录通过降低用户抄写密码的可能性来提高安全性,并减少了管理员添加、删除用户账户与修改访问权限所花费的时间。如果管理员需要禁用或挂起某个特定的账户,那么可以进行统一的操作,而不必在每个平台上都更改相应的配置。

单点登录技术的示例如下。

Kerberos:一种身份验证协议,它利用密钥分发中心(Key Distribution Center,KDC)和票据机制,基于对称密码学技术来实现。

安全域:在相同安全策略下运行的资源,由相同的组管理。

目录服务:允许资源以标准化方式命名和允许访问控制被集中维护的一种技术。

瘦客户端:依赖一台中央服务器进行访问控制、处理和存储的终端。

(1) Kerberos

Kerberos 是一个身份验证协议,在 20 世纪 80 年代中期它被作为麻省理工学院的"雅典娜"项目的一部分设计出来。它在客户端/服务器模型中工作,使用对称密码学,提供端对端的安全性。尽管允许使用密码进行身份验证,但是 Kerberos 在设计时专门消除了通过网络传输密码的要求。这个协议在 Unix 系统中应用多年,目前已成为 Windows 2000 和以后的操作系统的默认身份验证方法。此外,Apple 公司的 OS X,Oracle 公司的 Solaris 以及 Red Hat Enterprise 的 Linux 也都使用 Kerberos 进行身份验证。

采用 Kerberos 的主要原因在于,委托人(包括用户和服务)之间缺乏足够的信任,无法直接安全地通信。在 Kerberos 体系中,KDC 扮演着核心角色。KDC 为一组相互信任的委托人提供安全服务,这组委托人构成了 Kerberos 中的一个域(realm)。在这个域内,KDC 充当所有用户、应用程序和服务所信赖的身份验证服务器。一个 KDC 能够有效地服务于一个或多个域,而域的设置则便于管理员对资源和用户进行逻辑上的分类和管理。

委托人需要 KDC 的服务以彼此进行身份验证,KDC 所有的数据库充满了其域内所有委托人的相关信息,KDC 保存和递送密钥与票证,票证被委托人用于彼此进行身份验证。

(2) 安全域

一个域代表某个主体可用的一组资源。主体可以是用户、进程或应用程序。在操作系统内部,每个进程都有一个域,也就是该进程在执行自己的任务时可用的一组系统资源。这些资源可能是内存段、硬盘空间、操作系统服务以及其他进程。在网络环境中，一个域是一组可用的物理和逻辑资源，包括路由器、文件服务器、FTP 服务、Web 服务器等。

"安全域"这个术语是在传统的域概念基础上进一步发展而来的。它指的是在相同安全策略下运行，并由同一组管理人员监管的资源集合。网络管理员可能会将所有会计人员及其计算机和网络资源划归到一个域中，而将所有管理人员及其计算机和网络资源划归到另一个域中。这些资源被归类为不同的域，因为它们不仅执行相似的业务功能，而且更为关键的是，它们拥有相同的信任级别。正是这种统一的信任级别，使得多个实体能够被单一的安全策略所管理。

不同的域由逻辑边界分隔，如具有 ACL 的防火墙、做出访问决策的目录服务器，以及具有自己的、指示哪些个体和组能够对其执行操作的 ACL 的客体。所有这些安全机制都是执行各域安全策略的组件实例。

域可以以分级的方式构建，这种方式规定了不同域之间的关系以及不同域内主体的通信方式。主体可以访问信任级别相同或较低的域中的资源。域不仅适用于网络设备和网段，而且可应用于用户和进程。

目前有几种不同的技术用于定义和实施这些域以及与之对应的安全策略：Windows 环境中的域控制器、ERM 产品、Microsoft 账户以及提供 SSO 功能的各种产品。所有这些技术的目标是允许用户（主体）只需登录一次就可以访问不同的域，而不必重新输入其他任何凭证。

(3) 目录服务

前面讲到过目录服务，它本身也是一种单点登录技术。网络目录服务是标识网络中资源（打印机、文件服务器、域控制器和外围设备）的一种机制。网络目录服务包含与这些不同资源以及需要访问资源的主体相关的信息，并且执行访问控制活动。如果目录服务在一个基于 X.500 标准的数据库中运行，那么它会以层次化模式运作，该模式会列出资源的属性，如名称、逻辑和物理位置、可以访问它们的主体以及能够对它们执行的操作。

在基于 X.500 标准的数据库中，用户和使用 LDAP 协议的其他系统提出访问请求。这种数据库为组织客体（主体和资源）提供了一个层次化结构。目录服务为每个客体指定一个独特的名称，并在必要时将与其对应的属性附加至这些客体。目录服务通过实施某种安全策略（由管理员配置）来控制主体与客体的交互方式。

网络目录服务允许用户透明地访问网络资源，这意味着用户不需要知道资源的确切位置或访问它们所需要执行的步骤。网络目录服务在后台为用户处理这些问题。目录服务的示例有轻量级目录访问协议（LDAP）、NetIQ 的 eDirectory 和 Microsoft 活动目录。

(4) 瘦客户端

由于无盘计算机和瘦客户端缺乏机载存储空间和必要的资源，无法存储大量信息。这种客户端/服务器技术迫使用户必须登录中央服务器才能使用计算机和访问网络资源。当用户启动计算机后，计算机将运行一串简短的指令，从而使自己指向某台服务器，该服务器会将操作系统或交互式操作软件下载至终端。这是一种严格的访问控制，因为计算机在通过中央服务器的身份验证之前自身不能执行任何操作，此后服务器会为计算机提供它的操作系统、配置文件和功能。瘦客户端技术为用户提供了另一种 SSO 访问，用户只需要通过中央服务器或大型机的身份认证，就可以通过集中式的系统访问所有授权的（和必要的）

资源。

除了提供SSO解决方案,瘦客户端技术还具有其他一些优点。通过购买瘦客户端而非功能强大而昂贵的PC,公司可以节省资金。中央服务器处理所有应用程序的执行、处理和数据存储。瘦客户端显示图形结果,并将鼠标点击和按键输入发送到中央服务器。将所有软件集中在一个位置,而不是分布在整个环境中,这样可以方便管理、集中访问控制、方便更新和标准化配置。由于瘦客户端通常不具有CD-ROM、DVD或USB端口,因此也更容易控制恶意软件感染和机密数据窃取。

与SSO相关的一个问题在于,访问公司资源的所有用户凭证都存储在同一个位置。如果攻击者能侵入这个位置,就能访问任何想要的公司资源,从而任意处置公司资产。此外,SSO解决方案还会造成瓶颈或单点故障。如果SSO服务器崩溃,用户就不能访问网络资源,这也是我们需要采用某种冗余或故障排除技术的原因。

大多数环境中的设备和应用程序都各不相同,这使建立一个真正的企业SSO解决方案更加困难。很多时候,传统系统需要SSO软件无法提供的不同类型的身份验证过程。因此,可能有80%的设备和应用程序能与SSO软件交互,而另外20%的设备和应用程序则需要用户直接进行身份验证。在许多类似情况下,IT部门可能会想出他们自己的解决方案,如针对传统系统使用登录批处理脚本。

SSO实现起来可能非常昂贵,在大型环境中也是如此。很多时候,在对购买这种类型的解决方案进行评估之后,公司会发现它过于昂贵,因此必须适当权衡安全性、功能和成本,以确定适合公司的最佳解决方案。

5. 账户管理

账户管理涉及在所有系统上创建用户账户,在必要时修改账户权限,以及在不再需要时退出账户。企业中的账户管理往往无法高效、有效地运行。大多数公司让其IT部门手动为不同的系统创建账户,员工被赋予过多的权限,当员工离开公司后,其许多或全部账户仍然有效。这是因为公司并未采用集中化账户管理技术。

账户管理产品允许管理员跨多个系统管理用户账户,试图解决这些问题。当多个目录包含用户配置文件或访问信息时,账户管理软件允许在目录之间进行复制,以确保目录间的信息同步。

在许多环境中,如果一位新用户需要一个账户,那么网络管理员将创建账户并提供某种权限。但是,网络管理员如何知道这名新用户应当访问哪些资源,同时又该给新账户分配怎样的权限呢?大多数情况下,网络管理员并不知道答案,他只是创建账户并分配权限,这可能导致用户拥有过大的权限,并能访问各种资源。取而代之的是应当执行一个允许申请新用户账户的工作流程,该请求通常由员工的经理批准。然后,系统自动创建账户,或者生成一份报告,由技术人员创建账户。如果需要更改一个账户的权限或者要删除一个账户,也要经过同样的流程。申请会转给某位经理(或者任何授权执行审批任务的人),经理批准后,再对各种账户进行更改。

自动工作流程组件在提供身份管理解决方案的账户管理产品中很常见。这样不仅可以减少账户管理过程中可能出现的错误,而且每个步骤(包括账户审批)都有记录和跟踪,便于追责并能提供出错时用于回溯的文档。此外,这还有助于确保仅向账户提供必要的访问权限,以及在员工离开公司后不会再有仍然处于活动状态的“孤立”账户。与SSO产品一样,企业账户管理产品通常价格昂贵，并且可能需要数年时间才能在整个企业中正确部署。然而，监管要求迫使越来越多的公司出资购买这些解决方案，而这正是供应商所希望看到的！

构建目录是为了保存用户和资源信息。元数据目录从网络内的不同位置提取身份信息，从而允许身份管理过程从该目录获得完成任务所需的数据。用户管理工具在用户身份的整个生命周期中对其进行自动控制及配置管理。密码管理工具的目的是防止由于用户遗忘密码而造成的生产力下降。单点登录技术使内部用户在访问企业资源时只需要进行一次身份验证。Web 访问管理工具为外部用户提供单点登录服务，并控制对 Web 资源的访问。将这些不同的技术组合起来，可为组织机构提供简化的身份管理操作。

8.1.5 集中式访问控制管理

在网络化应用广泛使用的今天，企业总部与处在不同地区的分支机构需要频繁地交换信息、出差途中的员工需要从企业的相关部门获取信息并分享业务资料、合作伙伴或外包厂商也需要从企业中获取进行中的项目的信息。这些不同的场景一般都需要通过电话拨号、互联网或 VPN 服务等方式进入企业的内部网络。企业在允许远程用户访问自己的内部网络和信息资源之前，必须对远程用户的使用权做一定的限制，即进行确认用户身份的验证(Authentication)、分配用户访问权限的授权(Authorization)和检测用户是否进行违反安全规定操作的审计(Accounting)操作。

为此，IT 业界开发出了多种 AAA 方案。它们提供集中式访问控制，保护内部局域网认证系统和其他服务器免受远程攻击。

1. RADIUS

远程身份验证拨号用户服务(Remote Authentication Dial-In User Service，RADIUS)是一种网络协议，它提供客户端/服务器身份验证和授权，并且审计远程用户。网络中可能包含访问服务器、调制解调器以及专供远程用户通信使用的 DSL、ISDN 或 T1 线路。访问服务器请求远程用户的登录凭证，并将其传递回驻留用户名和密码值的 RADIUS 服务器。远程用户是访问服务器的客户端，而访问服务器又是 RADIUS 服务器的客户端。

如今，在允许客户访问互联网之前，绝大多数网络业务提供商(Internet Service Provider，ISP)都使用 RADIUS 对他们进行身份验证。访问服务器和客户的软件通过握手过程进行协商，并就某种身份验证协议如密码身份验证协议(Password Authentication Protocol，PAP)、挑战握手身份验证协议(Challenge Handshake Authentication Protocol，CHAP)、可扩展身份验证协议(Extensible Authentication Protocol，EAP)达成一致。

客户向访问服务器提供用户名和密码。这种通信在点对点协议(Point to Point Protocol，PPP)连接上发生。访问服务器和 RADIUS 服务器通过 RADIUS 协议通信。一旦正确完成身份验证，客户的系统就会获得一个 IP 地址和若干连接参数，并且被允许访问互联网。为了记录相关信息，访问服务器向 RADIUS 服务器通知会话何时开始与结束。

RADIUS 也用于企业环境，以便为出差人员和家庭用户提供对网络资源的访问。RADIUS 允许公司在中央数据库中维护用户资料。当用户拨入并正确通过身份验证时，他将被分配一个预先配置的资料，以便控制其能够和不能够访问哪些资源。这项技术使公司能够拥有一个单一的管理入口点，从而实现安全标准化，并以简单的方式跟踪使用情况和网络统计数据。

RADIUS是一种由Livingston Enterprises开发的协议,最初是为其网络访问服务器产品设计的,后来被采纳为标准并公开发布。这意味着RADIUS是一个开放的协议,任何供应商都可以采用和实施它,使其能够在各种产品中运行。由于RADIUS的开放性,它能够被应用于多种不同的实现方式中。用户凭证和配置信息可以存储在LDAP服务器、各种数据库或文本文件中。

2. TACACS

终端访问控制器访问控制系统(Terminal Access Controller Access Control System,TACACS)已经经历了3代:TACACS、扩展TACACS(Extended TACACS,XTACACS)以及TACACS+。TACACS将它的身份验证和授权过程组合在一起,XTACACS将身份验证、授权、审计过程分隔开,TACACS+则是采用扩展双因素用户身份验证的XTACACS。TACACS使用固定的密码进行身份验证,而TACACS+允许用户使用动态(一次性)密码,这样就提供了更强大的保护。

基本上,TACACS+提供与RADIUS相同的功能,但它们的特点存在某些差异。首先,TACACS+使用TCP作为传输协议,而RADIUS则使用UDP作为传输协议。UDP是一种无连接协议,它不能检测或纠正传输错误。因此,RADIUS必须拥有必要的代码来检测数据包损坏、长时间超时或被丢弃的数据包。TCP是一种面向连接的协议,查找和处理传输问题是它的工作和责任。TACACS+的开发人员选择TCP,就不必使用额外的代码来查找和处理这些传输问题。

RADIUS仅在用户密码从RADIUS客户端传输到RADIUS服务器时对其进行加密。其他信息(如用户名、问责和已授权服务)则将以明文传送。这就为攻击者捕获会话信息进行重放攻击提供了机会。将RADIUS集成到产品的供应商需要了解这些缺陷,并通过集成其他安全机制防范这类攻击。TACACS+会加密客户端和服务器之间的所有数据,因此并不会出现RADIUS协议中固有的漏洞。

RADIUS协议结合了身份验证和授权功能。TACACS+采用真正的(AAA)架构,将身份验证、授权和记账功能分开。这样,网络管理员就能更灵活地处理远程用户的身份验证,定义更细粒化的用户资料,从而控制用户实际能够执行的命令。因此,当用户名/密码认证比较简单,用户只需接受或拒绝即可获得访问权限时,RADIUS就是合适的协议,如在ISP中。对于需要更复杂的身份验证步骤和对更复杂的授权活动进行更严格控制的环境(如企业网络),TACACS+是更好的选择。

3. Diameter

Diameter是一种为实现RADIUS的功能并克服其许多限制的协议。这个协议的创建者将它戏称为Diameter,其原因在于直径(diameter)是半径(radius)的两倍。

过去,所有远程通信都在PPP和串行线路互联协议(Serial Line Internet Protocol,SLIP)连接上发生,用户通过PAP或CHAP进行身份验证。随着时代的发展,技术也变得更加复杂,可供选择的设备和协议也更多。如今,我们希望无线设备和智能电话能够在接入网络时自动进行身份验证并且使用漫游协议、移动IP、PPP以太网、IP语音电话(VoIP)以及传统AAA协议无法跟上的其他技术。Diameter是另一种提供与RADIUS和TACACS+

相同功能的 AAA 协议，但它还具有更大的灵活性和更多的功能，能够满足复杂多样的网络的新需求。

Diameter 协议由两部分组成。第一个部分是基本协议，它提供 Diameter 实体之间的安全通信、特性发现和版本协商。第二个部分是扩展协议，它建立在基本协议之上，允许各种技术使用 Diameter 进行身份验证。Diameter 提供了共同的 AAA 以及不同服务都可在其中运行的安全架构。

RADIUS 和 TACACS＋是客户端/服务器协议，这表示服务器部分不能主动向客户端部分发送命令，服务器部分只能被动响应。而 Diameter 是一个对等协议，允许任何一端发起通信。如果用户尝试访问某个安全资源，那么 Diameter 服务器就可以利用上述功能向访问服务器发送一条消息，以请求用户提供其他身份验证凭证。

Diameter 不直接向后兼容 RADIUS，但是提供了一种升级途径。Diameter 使用 TCP，并且提供代理服务器支持。它拥有比 RADIUS 更强大的错误检测和纠正功能、更优良的故障转移属性，因此可以提供更高的网络可靠性。Diameter 的验证、授权和审计功能都是独立的，拥有一组更为庞大的属性-值对(AVP)，网络厂商或企业可以根据自己的实际需要使用 Diameter 标准的功能，或自己构建适合应用需要的功能支持。

8.2　全面、分层防护

安全防护即通过使用分层、全面的控制，降低风险到可接受的水平。分层策略，不仅增加了攻击者突破防御的工作量，同时也减少了任何单一技术意外故障的风险。系统、网络和应用程序的身份认证控制可以分层，网络和系统访问控制也可以分层。加密协议可以分层(例如，首先通过 PGP 进行加密，接着用 AES 进行加密)。审计跟踪可以使用本地系统日志与系统网络活动日志配合来进行分层。系统可用性的控制可以利用群集技术和冗余进行分层。许多组织使用不间断电源(UPS)系统，但同时也有备用发电机，以防 UPS 系统故障。所有这些分层方法都是通过配合或按顺序使用类似的控制来弥补所有单一控制造成的损失。

全面的控制包括技术、物理和行政管理三个方面。技术性控制通过部署于操作系统、应用程序、网络硬件设备以及协议等的一系列软件工具，来确保资源不会被未授权访问，并保证资源的可用性、完整性和机密性。如系统的访问控制机制、网络架构设计、数据加密和协议加密以及信息的审计等。物理性控制是为使计算机设备、设施免遭自然灾害和环境事故以及人为操作失误及计算机犯罪所采取的一系列手段，涉及设施位置的设计和布局、周边环境安全以及电力和火灾防范等诸多方面。行政管理性控制工作在层次化访问控制的顶层，表现为组织机构的高级管理层构建安全策略，委派人员开发支持性措施、标准和指南，指明应当使用怎样的人员控制，确定执行什么样的测试才能满足公司的安全目标等。

综合运用技术性、物理性和行政管理性控制构建的纵深防御体系可为组织提供预防、检测、纠正、威慑、恢复和补偿安全问题或事件的能力。

预防性访问控制：预防性访问控制试图阻碍或阻止有害的或未授权活动的发生。预防性访问控制的示例包括围墙、锁、生物测定学、陷阱、灯照、警报系统、职责分离、岗位轮换、数据分类、渗透测试、访问控制方法、加密、审计、安全摄像头或闭路电视(CCTV)、智能卡、回叫程序、安全策略、安全意识培训、反病毒软件、防火墙和入侵防御系统。

检测性访问控制:检测性访问控制试图发现或检测有害的或未授权的活动。通常检测性访问控制并不实时进行,而是在活动出现后运作。检测性访问控制的示例包括保安、移动探测仪、记录和检查安全摄像头或闭路电视(CCTV)捕获的事件、岗位轮换、强制休假、审计跟踪、蜜罐技术、入侵检测系统、违规报告、对用户的监管和检查以及事故调查。

纠正性访问控制:纠正性访问控制是为了在发生有害的或未授权的操作后,将系统还原至正常的状态。纠正性访问控制试图纠正发生安全事件造成的任何问题。纠正性访问控制通常较为简单,例如终止恶意软件活动或重启系统。纠正性访问控制的示例包括移除和隔离病毒的反病毒解决方案、确保丢失数据被恢复的备份和存储计划,以及能修改环境以阻止攻击过程的入侵检测系统。

威慑性访问控制:实施威慑性访问控制是为了试图通过威慑来防止违反安全政策的行为。它与预防性访问控制相似,但威慑性访问控制通常依赖人的主观判断来决定是否采取行动,而预防性访问控制则是直接阻止违规行为的发生。一些威慑性访问控制的例子包括制定严格的安全策略、进行安全意识教育、安装门锁、设置围墙、发放安全标识、部署保安人员、使用陷阱以及安装监控摄像头等。

恢复性访问控制:这种控制措施旨在一旦发生违反安全策略的事件时,对资源、功能和性能进行修复或恢复。与纠正性访问控制相比,恢复性访问控制对处理安全违规的响应更为先进和复杂。恢复性访问控制的一些例子包括数据备份与还原、容错驱动系统、系统镜像、服务器集群、防病毒软件以及数据库或虚拟机的镜像备份。

补偿性访问控制:当主控制不能用时,或者当需要对主控制增加有效性时,补偿性访问控制提供了另一种选择。举个例子,组织的安全策略可能规定全体员工需要使用智能卡,但新员工需要很长的时间才能拿到智能卡。因此,组织用硬令牌作为补偿性访问控制来为员工解决这个问题。这些令牌提供了比用户名和密码更强的认证功能。

一旦完全理解不同控制的作用,在应对特定风险时,就能正确运用它们。当查看某个环境的安全结构时,效率最高的方法是使用预防性访问控制,然后使用检测、纠正和恢复性访问控制功能支撑这个模型。最初是想在风险开始前预防它们,但必须能够在风险出现时快速行动并应对它们。因为预防一切是不可行的,所以如果不能预防风险,就必须能够快速检测到它们。这就是预防性和检测性访问控制措施必须一起实施且应该相互补充的原因。深入分析一下,不能够预防的则必须能够检测到,同时,如果能检测到,意味着不能预防。因此,应该采取纠正性措施,确保下一次发生时能够预防。综上所述,预防性、检测性和纠正性访问控制功能应该一起发挥作用。

表8-2展示了这些安全控制机制如何实现不同的安全功能。在试图根据功能需求选择控制措施时,控制措施的部署位置将成为主要考虑因素。防火墙的作用是试图防止恶意事件的发生,这是因为它是一种预防性控制措施。日志审计是在事件发生后开展的,所以它是检测性控制措施。数据备份系统的开发目的是让数据能够恢复,因此它是一种恢复性控制措施。创建计算机映像的目的是在软件损坏的情况下能够重新加载系统,这是一种纠正性措施。简而言之,当软件出现问题时,可以通过镜像恢复系统到正常状态。

表 8-2　控制类型和功能

	控制功能				
	预防（避免意外事件发生）	检测（识别意外事件的发生）	纠正（纠正已发生的意外事件）	威慑（挫败安全违规）	恢复（恢复资源和能力）
控制类别					
物理性控制措施					
围墙	×			×	
锁	×				
徽章系统	×				
警卫	×				
生物识别系统	×				
双重控制门	×				
照明				×	
移动检测器		×			
闭路监控系统		×			
异地设施					×
行政管理性控制措施					
安全策略	×				
监视和监督		×			
职责分离	×				
岗位轮换		×			
信息分类	×				
人员流程	×				
调查		×			
测试	×				
安全意识培训	×				
技术性控制措施					
访问控制列表（ACL）	×				
加密	×				
日志审计		×			
入侵检测		×			
杀毒软件	×				
服务器映像				×	
智能卡	×				
回拨系统	×				
数据备份					×

8.3 延伸阅读

随着技术的进步,网络安全领域也在不断发展。几乎每十年左右就要对发展策略进行一两次更新。20 世纪 90 年代,网络安全领域主要关注"边界防御",许多资金都用在边界设备上,通过在网络边界处严密设防,如代理、网关、路由器、防火墙、加密隧道等,监控进入终端的外界程序,在恶意代码尚未运行时即对其安全性进行鉴定,从而最大限度地保障本地计算机的安全。到 21 世纪初,人们认识到只有边界防御是不够的,于是"深度防御"方法开始流行。因此,又花了十年时间,网络安全领域试图建立层次化防御,以发现那些能突破边界防御的攻击者;并为此花费了大量资金,采用的是入侵检测、入侵防御和终端解决方案。之后,到 2010 年左右,特别是在美国政府发出倡议后,网络安全领域开始关注"连续监测",目标是如果网络中的攻击者突破了边界防御和深度防御,还能抓住他们。安全、信息和事件管理(SIEM)技术已成为满足这种连续监测需求的最佳解决方案。最新的热门话题是"主动防御",旨在在入侵行为对信息系统发生影响之前,及时精准预警,实时构建弹性防御体系,避免、转移、降低信息系统面临的风险。防御者针对攻击者攻击行为主动采取规避性、欺骗性的防御技术,比如猎杀、拒绝、欺骗等,综合运用网络动态变化和网络欺骗等方法,在攻击行为对信息系统发生影响之前,干扰攻击者认知、捕获早期攻击侦察特征、动态调整防御策略,改变传统防御体系"被动应对"的不利局面。安全是能力的较量,更是发展速度的较量。态势感知在许多国家被提升到了战略高度,政府、监管机构、企业等相继开始建设和积极应用态势感知系统。

2016 年,我国提出了"全天候全方位感知网络安全态势"的基本要求。态势感知不是一种单点安全技术,而是由威胁捕获、威胁检测、威胁分析、大数据分析、威胁预测、追踪溯源、威胁情报等大量分支技术和环节支撑起的顶层安全能力,没有可靠的底层技术支撑,态势感知就会成为无源之水,无本之木。安全技术能否为全天候全方位的态势感知要求提供有效输出,能否支撑防护的有效性,可以作为以需求检验技术的重要导向。中国的网络安全不能立足于封闭自保,而应立足于支撑网络强国战略,以自主为基础,以先进为要求,方能提高和进步,为中华民族的伟大复兴提供保障。

第9章　安全防护技术与实践

随着技术的不断提升和更多新技术的引入,信息系统日趋复杂,信息系统安全防护技术也在不断发展、丰富。本章将介绍针对数据、网络、计算环境与应用程序等信息系统重要组成部分的主流安全防护技术,并给出将其运用于信息安全管理实践时的一些建议。

9.1 数据安全

随着数字化时代的到来,数据已经成为企业经营的重要组成部分。然而,数据的泄露、丢失和被黑客攻击等问题也愈发严重,引发了人们对数据安全的担忧。数据安全为如何保护网络空间中最有价值的资产(数据)提供了指导,旨在保护数据在整个生命周期中免受未经授权的访问、损坏或盗窃。

9.1.1 结构化数据与非结构化数据

信息通常分为结构化格式信息与非结构化格式信息。

对于大多数 IT 和安全专业人员而言,结构化数据是驻留数据库中,并基于数据库架构和相关数据库规则来组织的信息。这就意味着:

数据库位于数据中心,周围有砖墙、金属笼、网络防火墙和其他安全措施,可以控制对数据的访问;

数据本身的结构化通常便于对数据进行简单分类。例如,用户可以在数据库中识别特定人员的医疗记录,并应用相应的安全控制。

因此,对于结构化数据,可以使用结构化数据的内置功能或针对特定结构设计的第三方工具,这使定义和应用安全控制相对简单。

相比之下,非结构化数据更难以管理和保护。非结构化数据可以在任意地方、以任意格式、在任意设备上存在,并且能够跨任意网络移动。例如,从数据库中提取病人记录,在网页中显示,从网页复制到电子表格中,附加到电子邮件中,然后通过电子邮件发送到另一个地方。单是描述各种网络、服务器、存储、应用程序以及用于将信息转移到数据库之外的其他方法,就需要用整整一章的篇幅。

非结构化数据没有严格的格式。当然,Word 文档和电子邮件等都符合定义其内部结构的标准;但就文件所包含的数据而言则几乎没有限制。回到患者记录的例子,假设用户在修改了病历的内容(可能删除了某些字段和标题)后,将其从网页复制到电子表格中。当这些信息从一种格式流向另一种格式时,其原始结构实际上已经发生了改变。由此可见,当信息从结构化的世界进入非结构化的世界——不同的文件格式、穿越你意想不到的网络、存储在你无法控制的地方——你对信息的控制力就会下降。

知识产权的窃取,数据的意外丢失,以及数据的恶意使用等大量安全问题出现在非结构化的数据上。

9.1.2 保护非结构化数据的途径

非结构化数据在其整个生命周期可能处于三种状态之一。它可以处于静止状态,安静地位于存储设备上;它也可以处于传输状态,即它正在从一个位置复制到另一个位置;或者,它可能正在某个应用程序中打开并使用。下面将重点讨论在上述3种状态下保护非结构化数据安全所面临的挑战及其常用安全保护技术。

1. 数据库

数据库曾经被认为在结构化数据领域,但是随着数据库技术的发展,越来越多的非结构化数据被存储在数据库中。例如,数据库可以是内容管理系统或应用程序的存储组件,用于存储图像、视频和其他非结构化数据。通过网络访问数据库,并对数据库进行查询,会启动数据库进程访问数据存储,检索要查询的数据,然后再通过网络将数据传回。数据存储还可以将数据导出到备份中,使数据可以在开发系统或暂存环境中还原。可见,非结构化数据能够驻留在数据库中的不同区域,它既可以静态地储存在数据库数据文件的架构中或备份中,也可以导出到其他开发数据库或临时数据库中。确保数据库中数据安全的最常用方法是加密,包括如下几方面。

(1) 加密数据库中静态的非结构化数据

对驻留在数据库中的数据可以通过以下方式进行加密。

① 加密实际数据本身,使其以加密状态存储在普通数据文件中。数据库并不一定知道(或关心)数据是否加密或如何加密,因此它只负责向应用程序传递加密数据,由应用程序解密。

② 部分加密数据库的架构,作为数据存储的一项功能,对特定行、列或记录进行加密。在这种情况下,数据库会处理数据加密并在执行解密后才交给应用程序。

③ 完全加密数据库数据文件,对数据库中的所有信息都进行加密。

(2) 实行控制,以限制对非结构化数据的访问

在数据库处理数据加密并向查询应用程序发送自动解密数据的情况下,控制什么人或应用可以连接到数据库并执行哪些查询是非常重要的。在限制数据访问方面发挥关键作用的是数据库访问控制。不同数据库使用的访问控制方法各不相同,从使用简单的用户名和密码进行身份验证以访问数据库模式,到使用一套复杂的规则,为不同级别的数据分类定义谁可以访问什么、从哪里、在什么时间、使用什么应用程序。通常,复杂的访问规则提供了更多的条件和要求来确定越来越复杂的数据分类结构,以支持细粒度的数据访问控制。

(3) 保护数据的导出

许多数据库都提供将数据大量导出到其他数据库的功能。用户可能已经对数据库文件进行了加密,并使用加密备份平台限制了从应用程序到数据库表的用户访问权限,但数据架构的所有者仍然可以使用一系列工具来大量提取和导出数据。这种活动通常是出于开发目的将数据集合法转移到其他系统,然而,其中存在安全隐患。例如,假设一家外包公司正在为组织开发应用程序的新功能,需要数据来测试其应用程序的变更。外包团队只需向应用程序所有者发送一封电子邮件或拨打一个电话,请求导出特定的数据集,然后,几秒钟内,组织的一组数据就被导出到另一个系统中,而组织对该系统几乎没有任何控制权。

现实世界中,数据库从一个环境导出到另一个环境的情况经常发生,可在导出阶段应用加密。这通常与架构中的数据加密或应用于整个数据库备份的加密机制不同。导出数据时,通常可以提供一个口令,作为特定数据导出的一次性加密密钥。这样就可以在传输过程中保护数据集,因为在将数据导入用户自己的系统时,导出的加密数据和口令是分开共享的。

当数据驻留在数据库中时,前面提到的数据库安全保护方法都是必需的,它们可以提供一个合理的安全级别。但是,在某些时候,数据(包括结构化数据和非结构化数据)必须从数据库中取出,以呈现给受信任的应用程序。这些应用程序通常都有自己的弱点,配置和管理方式也不尽相同,如果这些应用程序没有得到适当的安全保护,就有可能导致数据无法持续得到保护。因此,必须在信息传输中持续跟踪信息流。

2. 应用程序

非结构化数据通常有两种产生方式:一种是用户在工作站上的活动,另一种是应用程序访问和处理结构化数据,并将其重新格式化为文档、电子邮件或图像。应用程序作为终端用户和数据之间的接口,其安全控制对于数据安全至关重要。

应用程序安全可分为以下几类:

应用程序访问控制,确保身份经过验证并获得授权,可通过应用程序查看该身份获得授权的受保护数据;

网络和会话安全,确保数据库、应用程序和用户之间的连接安全;

审计和活动的日志记录,提供有效和无效应用程序活动的报告;

应用程序编码和配置管理,确保代码和应用程序配置更改的安全。

大量的安全方面的投资都用于应用程序的开发。一些公司(如微软)制定了严格的软件开发生命周期(Software Development Lifecycle, SDLC)计划,以确保以安全的方式构建应用程序。这种方法通常被称为“设计安全”,因为安全是软件开发过程的一个关键部分,而不是事后才想到应用于应用程序的一套配置。当用户从供应商处购买应用程序时,这些安全方面的内容通常不在用户的控制范围内,因此,用户必须明智地选择供应商。如果用户所在的组织正在开发自己的应用程序,用户必须确保相关的开发人员具备合理的(可验证的)构建安全应用程序的知识水平。

3. 网络

数据从受保护的数据库领域进入应用程序,然后到达终端用户。有时,这种通信是通过本地进程进行的,但通常情况下,应用程序和数据库位于通过网络连接的不同服务器上。终端用户很少与应用程序和服务器在同一台计算机上。因此,网络本身的安全是必须关注的。网络安全技术已经发展为能够分析流量和检测威胁的复杂系统。网络入侵防御系统可主动监控网络中的恶意活动,并在检测到恶意活动时阻止对网络的入侵。恶意软件保护技术可防止木马在受信任的网络客户端上部署和植入后门。高级持续性威胁会窃取数据,为攻击者提供后门,并试图发起拒绝服务攻击,可以通过检测非法流量予以阻断。

在当前的商业环境中,有两个趋势日益显著:一是企业越来越多地采用基于云的服务;二是通过外包、建立合作伙伴关系以及增加客户获取企业信息的途径来扩大外部合作。这些趋势导致了企业网络需要连接到多种不同的资源,使网络安全问题变得更加复杂。数据在网络、应用程序和数据库之间流动,网络安全解决方案需要为这些数据提供最全面的保护。

4. 计算机

一旦合法用户已经通过网络安全连接到应用程序,访问驻留在数据库中的数据,信息最终就会通过 Web 浏览器呈现在网页中。在此基础上,用户可将数据移动到非结构化和不受保护的地方,如 PDF 文件或 Excel 电子表格,然后下载并存储数据到桌面工作站的本地驱动器中。因此,用户操作应用程序和处理这些非结构化数据的计算机的安全性就变得非常关键了。

服务器通常数量有限,并且处于组织的实际控制之下,或至少在组织的云服务提供商的控制之下。网络及其网关的数量也是有限的,通常也在组织的控制范围之内。但终端用户计算机可能有数百或数千台,而且常常超出组织的安全控制范围。此外,这些计算机上可能运行着众多平台、各种操作系统版本和多种软件,并且可能被不同的人使用。处理信息的各个环节几乎都离不开计算机,因此,计算机的安全对信息安全极为关键。对于计算机上非结构化内容的安全,将专注以下几个方面:

确保只有合法的用户才能访问计算机(身份访问控制);

控制信息流通过网络接口和其他信息连接点(USB、DVD 等);

保护驻留在计算机上数据的安全。

计算机代表着人类与计算机之间的互动。为了在人与计算机之间建立一定程度的信任,人们付出了很多努力。用户名、密码、安全令牌密钥、智能卡、指纹扫描仪、各种生物识别设备以及其他机制都试图确保计算机知道用户的真实身份。然而,一旦建立了这种信任,信息就可以自由流动。对键盘上的人的信任往往会失效。人类会不小心发送电子邮件、丢失 USB 密钥、打印机密信息并随意丢弃,有时甚至会故意窃取数据。始终保护计算机上使用的信息的安全是当今信息安全界面临的最大挑战之一。而计算机恰恰是教育终端用户了解安全重要性的最佳起点。计算机安全的不同方面都有成熟的解决方案,关键是如何整合各种终端技术,为安全策略提供准确的支持。

5. 存储(本地、移动或网络)

一旦进入计算机,信息要么以动态状态存在于运行进程的内存中(如网络浏览器或软件应用程序),要么以非结构化形式存储在硬盘或移动硬盘中(如位于本地文件夹中的文件)。存储加密和访问控制是存储安全常见的解决方案,主要针对静态的数据。数据到处移动,但是定义在某一点的安全不会跟着移动。因此,尽管存储加密和访问控制在很多组织中很常见,但数据丢失的情况仍在持续增加。

6. 打印到现实世界的数据

计算机行业多年来一直承诺无纸化办公，虽然与过去相比，办公中减少了大量的纸张，但纸绝对不会消失。很多数据泄露事件就是对物理纸张记录的处置不当造成的。

加密通常在打印信息时没有帮助，因为信息需要对人类可读。打印信息时会使用水印和涂黑等方法。水印在打印副本中留下识别数据（如背景图像或文字），试图提醒用户信息的重要性，并尽量降低他们对数据疏忽的可能性。涂黑是编辑或遮盖文档中某些文本的过程，使得文档中的某些敏感部分不可见。涂黑通常适用于数字文档的可见性以及打印出的版本。当信息没有充分涂黑，或者涂黑了错误的数据时，就会引入风险。

打印出的文件副本可能会带来与数字副本同样严重的风险。用户有可能将电子表格打印出来，并通过传真或邮寄的方式传递给未经授权的人员。一旦数据被打印到纸上，数字领域的信息安全技术便无法监测、保护或控制对这些数据的访问。尽管可以对数字信息进行加密，但这种加密对纸质副本并无效果。因此处理打印文档最佳的方法是限制打印权限，并依靠提高个人对信息安全的警觉性。

9.1.3 保护非结构化数据的新途径

本章前几节介绍的保护非结构化数据安全的各种技术，源于个别使用案例的安全要求，局限于其所处的环境，可将其视为“点的解决方案”。保护非结构化数据安全的新方法涉及范围更广，更多以数据为中心，对平台的依赖性也更小。

1. DLP

数据丢失防护（Data Loss Prevention，DLP）指的是用于监控、发现和保护数据相对较新的一组技术。市场上有各种 DLP 解决方案，通常分为 3 种类型。

网络 DLP：一般该网络设备作为主要网络边界之间的（最常见的是企业网络和互联网之间）网关。网络 DLP 监控通过网关的流量，试图检测敏感数据或与之相关的事情，通常会阻止数据离开网络。

存储 DLP：软件运行在一台设备上或直接运行在文件服务器上，执行类似网络 DLP 的功能。存储 DLP 扫描存储系统寻找敏感数据，找到时，可以删除、隔离数据或通知管理员。

终端 DLP：软件运行在终端系统上监控操作系统活动和应用程序，观察内存和网络流量，以检测使用不当的敏感信息。

网络 DLP、存储 DLP 和终端 DLP 经常一起使用，作为综合的 DLP 解决方案来满足以下部分或全部目标。

监控：被动监控网络流量和其他信息传输路径，如将文件复制到外接存储设备。

发现：扫描本地或远程数据存储，对数据存储库或终端上的信息进行分类。

捕获：存储重构的网络会话，以便事后进行分析和分类，或优化策略。

防护/阻塞：根据“监控”和“发现”组件的信息，阻止数据传输，或通过中断网络会话或通过本地代理与计算机交互来阻断信息流。

DLP 解决方案可能由上述几种方案混合而成，几乎所有的 DLP 解决方案都利用某种形式的集中式服务器来配置策略，以确定应保护哪些数据以及如何保护。

2. IRM

信息权限管理（Information Rights Management，IRM）是一个相对较新的技术，提供了对数据文件的直接保护,不管它们在哪里被存储、传输和使用。IRM是从娱乐行业保护音乐和电影及适用保护各种数据的数字权限管理(DRM)演化而来的。IRM结合加密和访问控制,允许授权用户打开文件,并阻止非授权用户。IRM使用强大的加密技术对文件进行加密。当请求打开文件并解密数据时,软件需要通过可靠的握手机制与集中认证服务器(通常是在互联网上的某处)进行核对,确认是否允许请求用户解锁数据。

IRM解决方案不只提供读数据的访问,而且可以进一步控制复制、粘贴、修改、转发、打印或执行典型终端用户想要执行的任何其他功能。它对文件的细粒度控制,是任何其他单一安全技术都无法提供的。因此,IRM是安全工具箱中的重要工具。

9.2 网络安全

网络安全的最终目标是实现授权通信,同时将信息风险降低到可接受的水平。这需要从网络设计之初就开始考虑网络设备配置、网络加固及防火墙、虚拟专用网络及入侵检测和防御等网络安全技术的合理运用。

9.2.1 网络安全设计

底层网络设计在定义电子边界和使组织能够在边界范围内有效保护方面,以及管理安全访问信息资产方面发挥着不可或缺的作用。人们对网络总会有很多的需求和期望,为了设计和维护一个符合用户需求的网络,需要综合考虑性能、安全性、可用性以及预算之间的平衡。良好的设计有助于在网络建设完成后避免昂贵且困难的网络改造。简单来说,网络安全设计模型能够清晰地描述整体设计的好坏对安全的影响。根据不同安全需求设计不同的安全区域,在区域边界入口处,设置控制措施,网络安全设计模型指导人们利用网络隔离不同敏感级别的网络数据以及通过监测系统来检测未经授权的网络活动。

企业需要将信息提供给内部和外部用户,并将他们的基础设施连接到外部网络,所以人们开发了用于支持这种连接同时保持足够的安全水平的网络拓扑结构和应用程序架构。描述这些架构最普遍的术语是企业内部网(Intranet)、外部网(Extranet)和非军事区(Demilitarized Zone,DMZ)。组织经常使用防火墙将应用程序与其他内部系统分开部署在内部网和外部网上,从而能够通过防火墙实现更高级别的访问控制以保证这些系统的完整性和安全性。

9.2.2 网络设备安全

集线器是用来解决最基本连接问题的哑终端设备,用于将两个以上的设备连接起来。集线器在与其连接的设备之间传输数据包,其功能是将一个端口上接收到的每个数据包通过所有其他端口重新传输出去,不存储和记忆任何信息。随着集线器连接设备数量和网络通信量的增加,就会出现大量设备间的同时传输而导致网络冲突,使网络性能下降。

交换机的开发克服了集线器在性能上的缺陷。交换机这类设备能够智能地得知所连接设备的媒体访问控制(Media Access Control,MAC)地址,并只将数据包转发到指定的地址。由于数据包不会被广播式地发送给所有连接的设备,网络冲突也将显著减少。另外,交换机还提供减少监测或"嗅探"其他工作站的网络通信来保障安全传输。在集线器上,每台工作站都能看见集线器上连接的所有设备的通信情况,而在交换机上,每台工作站将只能看见自己的网络通信情况。从网络操作的角度来看,交换机属于OSI模型中的第二层设备。随着技术的进步,交换机已经扩展成整个OSI模型7层均支持的设备。

路由器工作在OSI模型的第三层,即网络层。路由器主要用于在不同的网络间或同一网络的不同部分间进行通信。路由器能用两种不同的方法得知不同网络的地址:通过路由协议动态得知,以及由管理策略手动指定静态路由。

为保证能正确地操作路由器和交换机,需要进行许多配置工作。这些配置包括安装补丁包以及花时间来配置设备以增强安全性。花费更多的步骤和时间安装补丁和加固网络设备,网络就会更安全。

1. 安装补丁

厂商提供的补丁和更新程序需要及时安装。快速发现潜在问题并及时安装最新补丁包有助于减少新发现的安全漏洞,但可能会增加一些麻烦。为了能及时收到最新的漏洞报告,需要订阅供应商的电子邮件通知服务或通用安全邮件列表。同时还需要特别留意知识库(KB)的文章和发布的通知,其会详细描述从一个代码版本到另一个代码版本的设备行为和默认设置的变更,也会有针对特定漏洞或代码错误的应对办法。忽略这些细节可能会使之前的安全配置失效,导致潜在的安全风险。

2. 交换机安全实践

网络节点不会直接意识到交换机会处理它们发送和接收的流,对于整个网络来说,交换机更像是哑终端设备。除了有时提供管理界面,二层交换机不能处理三层IP地址,所以主机不能直接向其发送流量。

尽管交换机可能受到ARP(Address Resolution Protocol,地址解析协议)攻击,但并不能说交换机不能作为安全控制设备。由于MAC地址对于每个网络接口卡来说是唯一的,交换机能够被配置成只有指定的MAC地址才能通过交换机上的某个端口进行通信。这个功能也叫作端口安全(port security)。虽然MAC地址也可以伪造,但锁定端口通信的MAC地址对攻击者而言是多增加了一些障碍。

交换机还可用于创建虚拟局域网(VLAN),在数据链路层(第二层)隔离局域网内的广播域。通过VLAN分隔,有助于更有效地控制和管理网络的各个部分,并且根据不同的安全需求,在不同的网络段上实施相应的安全策略。

3. 访问控制列表

路由器能够进行IP包过滤,一般通过访问控制列表(ACL)来实现。ACL可以用于允许或阻断TCP、UDP或其他基于源地址、目的地址的通信包,或使用其他准则的数据包(如TCP或UDP的端口号)。虽然防火墙(后面会详细介绍防火墙)能够进行更深入的有效载荷检查,但有策略地放置路由器ACL可以显著提高网络安全性。

此外,ACL也可以保护路由器本身或其他更高级功能的安全。典型的做法是通过ACL功能实现在某个网络中只有指定的主机或管理站点才能通过管理服务(如Telnet、

SSH或HTTP方式)进行路由器管理。

4. 禁用多余服务

像其他通用的操作系统一样,路由器也有除路由转发数据包外的服务。禁用或保护这些服务能够增强网络安全性。

- ARP代理。ARP代理允许一台主机代表真实的主机来响应ARP请求,通常在防火墙上使用,用来为受保护的主机代理通信。
- 网络发现协议。目前有多种网络自动发现协议存在,例如供应商专用的Cisco发现协议(Cisco Discovery Protocol,CDP)或其他公开的标准。网络发现协议为管理网络提供了一定的便利,但同时也为攻击者收集或嗅探网络拓扑提供了机会。如果这些协议并不需要使用,应该禁止;如果正在使用的话,需要尽可能地关注其安全性。
- 其他服务。所有路由器都提供多种服务,但如果不需要的话,可以将其关闭。下面列出了一些服务示例,应该根据实际情况来选择。用户应该了解哪些服务可以在其网络设备上运行,它们是否默认开启,以及如何禁用它们或确保它们不会被未经授权地访问或使用。
- 诊断服务。大多数的路由器都开启了多个基于UDP或TCP的诊断服务,类似于ccho.chargen和discard服务。如果不是用于故障排除或测试的话,应关闭这些服务。某些调试功能特别耗费资源,攻击者只需访问被入侵的路由器并打开调试进程,消耗设备上的所有可用资源,就能造成拒绝服务(DoS)状况。
- BOOTP服务器。路由器能够通过BOOTP服务的方式来向客户端提供DHCP地址。对于小型办公/家庭办公(SOHO)和住宅办公来说,通常使用DHCP器作为路由器,而在企业中,比较少使用。如果不需要使用,则应该关闭。
- TFTP服务器。简单文件传送协议(Trivial File Transfer Protocol, TFTP)服务能够传输路由器系统配置文件或上传软件更新至路由器。但TFTP并不提供身份认证和授权。大多数的管理员在需要时在路由器外部运行TFTP服务器。
- 指纹服务器。指纹服务用于查找当前谁从哪里登录路由器。为了防止源信息泄露,应当禁止指纹服务。
- 网页服务器。许多供应商的网页服务器用于修改配置。如果不需要使用网页的方式管理路由器,应该禁止该服务器。

5. 路由器管理实践

管理路由器有许多种方法。从控制台直接使用命令行端口方式或通过Telnet或SSH(Secure Shell)协议进行远程管理均可。但Telnet使用明文传输,因此推荐使用SSH协议的方式。此外,还可以通过浏览器访问Web页面,或者可以通过简单网络管理协议(SNMP)监控和管理路由器。除了以上提到的方法,一些路由器还提供其他的自定义应用程序,允许用户下载配置并对其进行操作、编译,并在上传到设备之前测试其是否兼容和正确。确保每个管理协议的安全至关重要,这样攻击者就不会滥用这些协议了。

9.2.3 防火墙

防火墙是保护网络安全所使用的最流行和最重要的工具之一,其基本功能是监控网络数据流以阻止计算机网络之间的未授权访问。随着恶意软件和黑客技术的快速发展，防火墙技术在不断演化，防护功能从OSI协议栈的第三层向第七层转变。

1. 发展历程

第一代防火墙是一个对第三层网络数据流进行允许或拒绝的简单控制引擎，类似于一个提供访问控制列表功能的装置。最初，第一代防火墙主要用作基于包头的数据包过滤器，它能够识别访问源和访问目标的OSI第四层信息（端口）。但除了能够根据预定义的访问源IP、源端口和访问目标IP、目标端口等信息对网络数据流进行允许或拒绝的访问控制，它无法对网络流量进行更智能的操作。

第二代防火墙工作在OSI的第四层，能够有效地跟踪活动的网络会话，通常被称为“状态防火墙”(stateful firewall)，有时也被称为“电路网关”(circuit gateway)。当一个IP地址（如一台台式计算机）连接到另一个IP地址（如一台Web服务器）上的某个具体TCP或UDP端口时，防火墙会将这些识别特征输入到内存中的某个表结构中，从而对网络会话进行跟踪，这样能够阻止来自其他IP地址的中间人(MITM)攻击。一些复杂的防火墙系统实现了高可用性(HA)，使不同的防火墙节点可交换会话表，如果一台防火墙发生故障，另一台防火墙可继续当前的网络会话，从而避免会话被中断。

第三代防火墙涉及OSI的第七层，也就是应用层。这些所谓的“应用防火墙”能够解码某些定义明确、预先配置的应用，如HTTP(Web协议)、DNS(IP地址解析协议)以及更老的协议如FTP、TELNET等。一般来说，第三代防火墙无法解密被加密的网络数据，所以它无法解析类似HTTPS或者SSH协议。第三代防火墙设计之初就是为了应对来自Web的威胁，非常适合检测和拦截那些会生成大量相关信息的Web攻击，如跨站脚本攻击和SQL注入攻击等。

相较于前几代防火墙，目前的主流防火墙（通常被称为第四代防火墙）能够智能地分析网络流量中的数据包载荷并理解应用程序的工作原理。随着集成电路的不断发展，现如今基于路由器的高级防火墙可作为多功能路由器的一个软件模块，提供IP地址检查功能，尽管其速度和先进程度不及工业级硬件防火墙解决方案。另外，统一威胁管理(Unified Threat Management，UTM)设备将复杂的应用层防火墙功能与反病毒、入侵检测和防御和内容过滤等相结合，属于真正意义上的第七层设备。内置于主机内部并保护操作系统内核的第五代防火墙以及第六代防火墙（元防火墙）虽已有概念性的描述，但能找到的大多数网络防火墙一般认为属于第四代防火墙定义的范畴。某些厂商称它们的设备为“下一代防火墙”或“基于区域的防火墙”，但它们的核心功能也是基于第四代防火墙的工作原理设计的。

2. 功能特点

防火墙出现至今一直被用于处理应用程序网络数据流，防火墙是对应用程序进行通信管理的工具。由于应用程序变得越来越复杂和自适应，为了控制这些应用程序，防火墙也变得越来越复杂。当前主流的防火墙应该至少具备以下几个功能。

(1) 应用感知

防火墙必须能够处理和解析OSI第三层至第七层的网络流量。在第三层，它应能通过IP地址进行过滤；在第四层通过端口过滤；在第五层通过网络会话过滤；在第六层通过数据类型过滤；最重要的是在第七层能正确地管理应用程序的通信。

(2) 精确的应用程序指纹识别

防火墙应能正确地识别应用程序,不仅是基于数据的外观格式,还应该基于网络通信的内容。

(3) 细粒度应用程序控制

除了允许或拒绝应用程序间的通信,为了管理好应用程序,防火墙还需要能识别和分析应用程序的功能。

(4) 带宽管理(QoS)

服务质量(Quality of Service, QoS)优先的应用程序(如 VoIP)可被基于实时网络带宽可用性防火墙所管理。防火墙应能与其他网络设备整合以确保对最重要服务的高可用性。

考虑网络基础设施中的部署位置,防火墙较为适合实现某些功能,包括控制应用程序的通信、网络地址转换(NAT,将一个地址转换为另一个地址的过程)以及网络流量记录。

此外,防火墙还能在其他方面辅助提升网络的质量和性能。不同制造商和品牌的防火墙在具体功能上各有不同,但防火墙的功能应包括:

阻断应用程序和网站恶意代码的执行;

防病毒;

入侵检测与入侵防护;

Web 内容(URL)过滤和缓存;

垃圾邮件过滤;

提升网络性能。

防火墙具有以下优势:

防火墙能出色地执行安全策略。通过合理配置防火墙,可将通信限制在管理层已决定且业务允许的范围内;

防火墙可被用于限制对特定服务的访问;

防火墙在网络中是透明的,终端用户无须安装客户端软件;

防火墙可提供审计功能,只要有足够的磁盘空间或远程日志功能,就可将通过防火墙的网络流量记录下来;

防火墙可对指定事件向相关人员发出告警。

防火墙具有以下劣势:

只有当防火墙所配置的规则被执行了,它才是有效的;

防火墙无法阻止社会工程学攻击和授权用户故意利用他们拥有的权限进行恶意访问;

防火墙无法实施不存在的或未定义的安全策略。

3. 实施要点

防火墙的设计和实现必须考虑其自身的防攻击能力。防火墙可以是一个软件,更常见的是一个专用设备。有时防火墙功能实际上是由多个不同的设备提供的。防火墙的具体功能和防火墙所在网络的设计是网络防护的关键,最佳做法包括:

所有通信都必须通过防火墙;

防火墙只允许授权的网络流量通过,如果防火墙无法区分授权和非授权的网络流量,或者它被配置为允许危险或不需要的网络通信,那么它的作用也将被削弱;

在出现故障或超负荷的情况下,防火墙必须一直处于拒绝所有通信或者关闭的状态。

为了起到有效的防护作用,防火墙必须部署在网络中的合适位置,并且做有效的配置。通常,防火墙位于网络边界,直接连接内部网络和外部网络。然而,也存在其他的防火墙系统位于网络边界内部,为具有较高安全需求的特定主机提供更为具体的防护。

在防火墙上配置规则集时需要注意以下几点。

建立防火墙规则应由细到粗。大多数防火墙处理规则是从上到下依次匹配,规则匹配成功才停止。所以要将较为具体的规则放在上面以防止通用规则将其下方的具体规则覆盖。

将最活跃的规则放在规则集最上方。筛选数据包是处理密集型操作,一旦匹配到规则,防火墙将停止处理数据包。将常用的规则放在前几条而不是第 30 条,将节省防火墙对每个包的从头匹配至第 30 条的处理时间。当防火墙需要处理数以百万计的数据包,且规则集长达数千条时,这样的设计对 CPU 资源的节省是非常可观的。

应配置阻断那些畸形的或者不可路由的数据包。例如,来自外部网络接口的数据包,源地址却是内部网络地址或者 RFC 1918 定义的私有 IP 地址以及广播包。这些数据包在互联网上都是不正常的,如果发现就视为有害数据。

9.2.4 VPN

虚拟专用网(Virtual Private Network,VPN)提供一条安全的网络通道,通常是通过互联网的专用隧道。隧道技术服务于网络的通信过程。如果两个网络通过某个使用不同协议的网络相连接,那么被分隔网络的协议常常可以被封装在中间网络的协议内,从而提供通信路径。如果封装协议的操作涉及加密,那么隧道技术可以提供通过不可信的中间网络传输敏感数据的方法,并且不必担心对机密性和完整性的损害。

图 9-1 所示为一个典型 VPN 系统的结构。

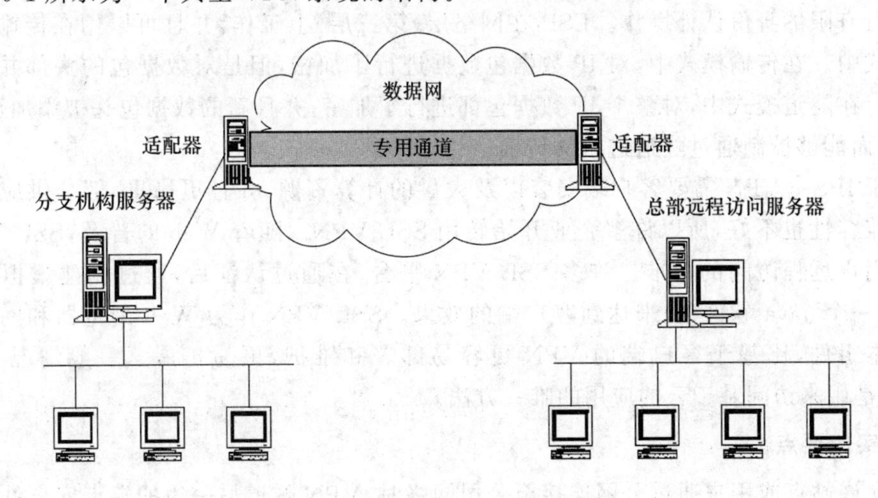

图 9-1　典型 VPN 系统的结构

1. 发展历程

由于多数 Internet 通信开始都是通过电信链接进行的,业界需要一种保护点对点协议(PPP)连接的方法。因此,自 Microsoft 将提供对拨号连接进行 IP 网络封装的点对点隧道协议(Point-To-Point Tunneling Protocol，PPTP)纳入其Windows产品中，PPTP逐渐成为事实上的标准VPN。PPTP工作在OSI七层模型的数据链路层(第二层)上。通过与PPP支持相同的身份认证协议，PPTP为身份认证通信提供了保护。这些身份认证协议包括：

Microsoft挑战握手身份认证协议(MS-CHAP)；

挑战握手身份认证协议(CHAP)；

密码身份认证协议(PAP)；

扩展身份认证协议(EAP)；

Shiva密码身份认证协议(SPAP)。

PPTP使用的最初隧道协商过程并没有加密。因此，包含发送者和接收者IP地址(可以包括用户名和散列密码)的会话建立通信包可能被第三方截获。

后来开发的另外一个VPN解决方案把PPTP和Cisco的第二层转发(Layer 2 Forwarding，L2F)协议的功能结合在一起。第二层隧道协议(Layer 2 Tunneling Protocol，L2TP)可以封装各种网络类型(IP、ATM、X.25等)的PPP流量，不像PPTP那样只能限于IP网络。和PPTP一样，L2TP缺乏内置的加密方案，无法在PPP流量的传输过程中提供太多保护。不过，L2TP可以整合IPSec以提供安全机制。

目前，IPSec已成为最常用的VPN协议。IPSec提供了安全的身份认证以及加密的数据传输，它既可以作为一个独立的VPN协议，也可用于L2TP的安全机制。当两个网关路由器通过Internet连接并提供VPN功能时，它们只需要使用IPSec。而当涉及点对点连接时，则要通过L2TP整合IPSec来实现。

IPSec具有以下两个主要的组件或功能。

身份认证头(AH)：AH提供数据完整性保护、数据源认证和抗重放攻击保护。

封装安全有效载荷(ESP)：ESP提供了加密，从而能够保护传输数据的机密性，不过也可以执行有限的身份认证操作。ESP在网络层(第三层)上工作，并且可以用在传输模式或隧道模式中。在传输模式中，对IP数据包数据进行了加密，但是对数据包的头部并没有进行加密。在隧道模式中，对整个IP数据包都进行了加密，并且新的数据包头被添加至IP数据包，从而能够控制通过隧道进行的传输。

由于IPSec VPN需要客户端安装以及大量的计算资源，并且更昂贵，部分供应商的产品向下兼容性也不好，所以许多企业开始转用SSL VPN。随着Web的普及，SSL VPN逐渐成为用户远程访问的标准。许多SSL VPN平台，在通过认证后，通过创建虚拟用户机(通常是一个Java软件包)来达到客户端的效果。SSL VPN作为Web浏览器和网络服务器的基本组件，比基于客户端的VPN更容易部署和维护，更易扩展。一般情况下，SSL VPN也是用来访问基于云的应用的唯一方法。

2. 实施要点

当允许站点或用户通过公网连接至公司网络时，VPN隧道另一边的端点安全性就显得尤为重要，因为从那里可以直接访问公司内网。

(1) 设计远程访问VPN时需要考虑的内容

若要实现远程访问而又不在客户端进行配置，企业需提供相应的系统或托管机器。为维护网络安全，需基于企业的安全策略、标准和流程来管理连接到网络的设备，并支持这些设备的安全性。不属于企业所有和管理的系统,通常难以实施补丁管理、防病毒、防火墙等安全措施。即使第三方人员勤于检查系统安全,管理上的缺失也可能使企业面临安全风险。第三方远程系统可能无法及时接收安全更新或根据企业新的安全标准更改配置,恶意软件也有可能通过第三方网络侵入企业系统。

一些远程访问的解决方案不支持无缝对接微软域控制,或很难强制要求远程客户端必须是域的成员。这意味着将无法设置组策略或登录脚本以确保客户端满足企业的安全策略。根据这个需求,一些产品已经开始设置组策略,但更多的产品却不支持。另外,在密码管理和缓存凭证方面仍然存在许多复杂问题,这些问题主要由设计者来解决。

当用户不能连入企业网络时,很难判断故障在哪里。因此,接入的客户端管理员或个人计算机使用人要有明确的管理责任。随着"自带设备"(Bring Your Own Device, BYOD)计划的日益盛行,企业鼓励员工携带自己的个人计算设备上班,这是任何远程解决方案在设计阶段都要解决的关键问题。因为个人用户可能使用计算机浏览各种包括木马、病毒或网络劫持的内容。

企业在设计远程访问网络时,需要考虑可扩展性,因为不能确定用户将从哪里进行远程访问。

以上只是列举了远程访问设计时需要考虑的一些基本情况。除此之外,还需要考虑在何时、如何中断一个不符合企业安全标准的拥有合法账号的用户的访问。

(2) 属性认证实践

许多通过远程访问接入的供应商能够提供多种方法来识别用户,并检查用户的配置情况,再决定是否给予用户所有权限,这也被称为属性认证。

① 客户端配置

在部署远程访问时,许多企业只采购一种 VPN,然后给所有用户使用。如果企业用户的类型比较单一,效果还好。但如果企业的用户类型较多,就会造成只有部分用户能正常使用的情况。因此,在设计远程访问架构时需要评估这些问题及其影响,然后决定最佳的设计方案。

通常,企业在允许用户创建连接前需要确认3件事:

安全补丁和升级包必须升级至某一级别;

必须部署基于主机的软件防火墙;

必须安装防病毒软件并更新到最新版本。

由于有些终端设备(如平板式计算机和智能手机)不支持这些应用程序,因此管理员应能够使用其他的安全标准来要求会话连接的建立。按照大多数系统都支持的属性认证,头端系统将允许客户端进行有限的连接,并将其隔离在一个单独的网络中,使其不能访问任何企业资源,以便对其进行扫描和检查。如果客户端通过了检查,将会有消息发送到远程访问服务器告知一切正常,隔离就会解除。

当登录的步骤增加时,会带来两个新的挑战。一个挑战是,除非有合适的方法和组件来保证企业的正常更新,否则客户端版本将不一致,当客户端连接数量增加时,将加大远程访问服务器认证客户端的压力。另外一个挑战是,在同一个网络访问设备上支持不同的客户端操作系统的连接将变得更加困难。许多供应商和大型的实施系统可为不同的客户端提供组合套件。至于是否要这样做,以及如何做,则需要根据企业的需求来决定。基于 BYOD 的普及和移动计算革命,这种功能最终很可能成为任何允许完整客户端连接的企业的标准配置。

② 客户端网络环境

另外一个在远程访问设计时会出现的问题是,客户如何被配置成能够控制虚拟隧道的网络连接的方式。当客户端需要同时被多个远程网络连接时,通过本地网络直接访问互联网信息,通过 VPN 访问企业资源,这种情况被称为分割隧道路由或分割隧道。分割隧道路由引起关注有两个原因。第一个原因是当客户端路由知道如何直接访问企业网络和互联网时,未被授权的流量可能被路由至企业网中。第二个原因是如果客户端中了木马,攻击者就可以控制客户端,进而访问企业资源。基于这些原因,企业在考虑分割隧道时,需要评估后再决定是否使用。

无论是否有可设置路由参数的附加软件,流量路径都是由客户端决定的,因为客户端负责处理 TCP/IP 协议栈的行为。许多供应商要求在客户端上安装用于隧道会话的附加软件,以监控未经授权的路由表更改,并在大多数情况下,在发生此类更改时中断连接。使用这种方法的一个明显问题是,这些隧道客户端的使用者通常是本地管理员。作为管理员,他们被"授权"更改路由表,这导致供应商无法保证监控代理不会被劫持或模拟。这种情况只能使用最小授权方式来处理。

支持分割隧道的客户端配置必须是安全的,因为安全边界和互联网进出口将扩大客户端的使用范围。每个客户端都是企业网的边缘点,因此需要重点保护。第一个建议是使用属性认证技术来检查和监控客户端的路由信息;另外一个是针对客户端的配置进行定制,仅允许可控范围内的功能变化。远程访问接入团队需要监控整个基础架构以保证高性能。

③ 离线客户活动

许多企业并不认为只有企业提供的系统才能够进行远程访问,他们也允许用户登录非企业提供的应用系统(可能仅仅是网络邮件系统)进行远程访问。因为企业不知道其他这些系统的状况,所以在连接时了解客户端的状况就很重要,除非这些服务就是这么用的或已经保护得很好了。员工在不使用计算机时,其家人在使用其计算机时可能使计算机感染了病毒、木马,而当员工开始使用计算机连接企业网络并开始工作时,感染可能会马上蔓延出去。针对这种情况,通常的做法是让 VPN 使用虚拟网卡和专用连接,或者采用其他分割隧道的方法。这也使 SSL VPN 这种发布链接的方式变得更加适用,因为它不会受这类风险的影响,只需要担心认证信息是否被类似键盘记录器的软件所窃取。

使用功能更全面的"胖"VPN 客户端可以减少这些问题。如果确保客户端安装了最新的补丁和安全更新,防病毒软件保持最新且运行正常,防火墙软件配置得当且安全,就可以保障企业网络和客户端的安全。

有些企业采用自主购买并管理的计算机,这样能够将客户端配置标准化,也能避免违法或侵犯用户隐私的情况。而有些企业则将路由器或其他 VPN 设备作为隧道终端,而不使用客户端。这将使每个隧道终端看起来都像一个分支机构。许多情况下,这样能确保客户端的安全性,但会增加维护工作和经济成本。

9.2.5 入侵检测与防御系统

入侵检测(Intrusion Detection,ID)是一个监控和识别特定的恶意流量的过程,而入侵检测系统(Intrusion Detection System,IDS)则是一个可以监控主机系统变化〔主机入侵检测系统(Host Intrusion Detection System,HIDS)〕或从网络链路中嗅探网络数据包〔网络入侵检测系统(Network Intrusion Detection System,NIDS)〕寻找恶意迹象的工具。如果它们被进一步配置为防止特定动作发生,那么它们就被称为入侵防御系统(Intrusion Prevention System,IPS)。IDS 可以采用安装在操作系统上的软件程序的形式,不过出于对性能的要求,当今的商用网络嗅探 IDS/IPS 大多采用硬件设备的形式,如图 9-2 所示。

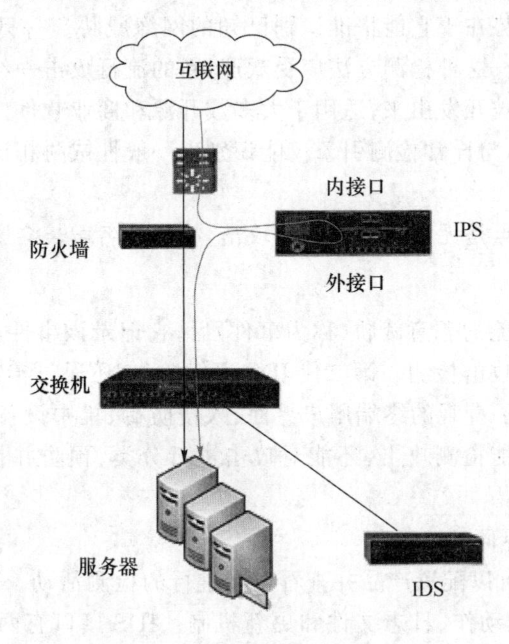

图 9-2　IDS/IPS 的典型部署方式

1. 工作原理

入侵检测系统遵循两种入侵检测模型:异常(也称配置文件、行为、启发式或统计学)检测或特征签名(以知识为基础)检测。

(1) 异常检测模型

异常检测的工作原理是建立基线,并记录特殊的差异。异常检测的目标是能够检测各种恶意入侵,包括检测那些以前没有的检测特征。异常检测本质上是统计学,基于对“性能分析”期间正常行为的学习,异常检测可识别并存储系统或网络上发生的所有正常活动,对一切不正常的活动发出警报。

异常检测的优势是善于检测一些突然超过标准的峰值。例如,当 SQL 蠕虫病毒在几秒内占用完受感染的服务器和网络上所有可用的 CPU 资源和带宽时,异常检测系统肯定会立即启动,而不需要等到反病毒供应商发布新的签名。另一个例子,如果异常检测系统定义了超过一千个重复字符的任意流量为缓冲区溢出,它会捕获所有已知或未知的超过这个定义的缓冲区溢出。它并不需要知道字符如何使用或缓冲区溢出如何工作。

异常检测的缺点在于由于异常检测系统的检测是以正常情况为基础来检查是否存在偏差的,它们往往在静态环境中工作良好,如在日复一日执行相同操作的服务器上,或者在流量模式全天候保持一致工作的网络中。而在动态系统和网络中,正常行为的范围更广,当异常检测在“性能分析”阶段没有学习到的行为出现时,可能会产生误报的情况。

(2) 特征签名检测模型

特征签名检测模型依赖已知不良行为和模式的数据库工作。这与异常检测系统几乎完全相反。当特征签名检测IDS时,可以把它当作针对网络流量的防病毒扫描程序。特定的代码模式被称为签名,特征签名检测引擎据此可以查询网络数据包中的所有内容,或查找数据字节的特定系列。

特征签名检测的优势在于它能精准识别已知的网络威胁。一旦建立了特征签名,它在模式匹配方面表现出色。这种检测方法广受欢迎,新的流行攻击一经发现,通常在几小时内就会有相应的特征签名被开发出来,适用于大多数开源和商业软件。此外,特征签名检测能准确识别出具体的威胁,与异常检测引擎仅能识别出一般性威胁相比,它有助于制定更准确的入侵防御策略。

特征签名检测的缺点是无法识别未知的攻击,特征签名增长会影响检测性能。

2. 功能特点

当IDS发现一个可能的恶意威胁(称为事件)后,它记录该事件并采取适当的行动。第一代IDS专注于准确的攻击检测。第二代IDS不仅如此,还通过丰富的后端选项来简化管理员的操作。它们提供了直观的终端用户界面、入侵防御、集中设备管理、事件关联和数据分析。第二代IDS不仅能检测攻击,还能对攻击进行分类、预防并在检测之外尽可能地增加价值。

(1) IDS终端用户界面

IDS终端用户界面可以配置产品并查看正在进行的检测活动。IDS管理员可以配置运行参数、规则、警报事件、动作、日志文件和更新机制。IDS接口有两种形式:语法复杂的命令提示符和图形用户界面。

(2) IDS管理

IDS的核心是定义代理和管理控制台。

IDS代理(可以是探测器、传感器或分接头)是执行实际数据收集和检查的软件进程和设备。如果计划监控两个以上的网段,可以将多个传感器连接到中央管理控制台分别进行管理。这可以将IDS知识聚集到同一位置。

IDS管理控制台通常具有两个核心功能:配置和报告。如果有多个代理,一个中央控制台可以配置和更新多个分布式代理。例如,如果你发现一种新型攻击,那么可以使用中央控制台在同一时间为所有传感器更新攻击定义。中央控制台也可以帮助确认代理的活动和在线状态以及其他方面。

在多个IDS代理环境中,将所捕获的事件报告到中央控制台是至关重要的,这被称为事件汇聚。如果中央控制台试图将看似截然不同的多个事件分组到相关攻击子集,这被称为事件关联。例如,如果一个远程入侵者扫描5种不同主机的端口,每个主机运行自己的传感器,中央控制台可以将事件合并成一个大事件。为了辅助这种类型的相关分析,大部分控制台允许通过以下条件将事件进行排序:

目的IP地址;

源IP地址;

攻击类型;

协议类型；

攻击时间。

管理控制台还可以起到专家分析仪的作用。轻量级的IDS在一台机器上履行代理和分析器的作用。在大型环境中存在许多分布式探测器，代理收集数据，并将数据发送到中央控制台，而无须确定监测事件是不是恶意事件。中央控制台管理数据库，并把所有收集的事件数据存入仓库。

(3) IDS日志和警报

当IDS检测到安全事件时，会产生警报和日志文件。

警报即实时传达给管理员高优先级的实时事件。IDS的策略将决定把哪种安全威胁定义为高风险并相应地设置优先级。当某个事件被认为是针对有价值资产的高风险事件时，应立即进行通报。应仔细考虑使用什么方法通知。例如，大多数的IDS通过电子邮件发送警报。在电子邮件蠕虫病毒快速传播的情况下，电子邮件系统将受到严重破坏，在成千上万条信息中找到一条警报信息可能会令人望而生畏。事实上，警报甚至可能根本无法发送。此时，通过不同的路径(如SMS)发送信息，会是一个可行的替代方案。无论如何，确保警报能通过多种途径送达是非常重要的。

IDS日志文件记录检测到的所有事件而不考虑优先级，并且在检测引擎之后，对IDS的速度和使用影响最大。IDS日志用于数据分析和报告。它们只能包含一个事件总结或一个完整的网络数据包解码。虽然完整的网络痕迹是最好的取证，但它们会占用大量的硬盘空间。日志文件至少应记录事件位置、时间戳(日期和时间精确到百分之一秒，通常由网络时间服务器提供)、尝试操作的描述、严重性和IDS响应(如有)。如果使用网络数据包记录事件，则应注明以下附加信息：源和目标IP地址、协议和端口号。日志应提供攻击的简短描述，并提供与供应商或其他漏洞网站的链接，以获得更详细的解释。无论IDS使用何种日志格式，所有日志文件必须经常调出以保证性能和防止锁死。

(4) 入侵防御

检测的真正价值在于防止入侵。入侵预防控制包括针对特定、主动的威胁采取实时措施。例如，IDS可能会注意到Ping包泛滥并拒绝之后从同一个IP地址发起的所有流量。另外，基于主机的IDS可能会阻止恶意程序修改系统文件。

IDS误报会浪费日志空间和时间(因为系统管理员要研究威胁的真实性)。而入侵防御系统针对威胁所采取的前瞻性控制，会进一步加剧误报的影响，如导致一个合法的服务或主机被拒绝。恶意攻击者甚至使用防范对策作为DoS攻击。

3. 实施要点

选择入侵检测系统(IDS)时，首先应确定需要保护的计算机资产，并识别那些需要更高级别安全保障的关键资产。若需特别保护某个重要的主机资产，应考虑使用基于主机的入侵检测系统(Host-based Intrusion Detection System，HIDS)。对于一般的网络安全防护以及跨多个主机的早期预警检测，则适合使用基于网络的入侵检测系统(Network Intrusion Detection System，NIDS)。其次，需要选择一个能够适应网络拓扑结构、操作系统平台、预算和维护经验的IDS。如果网络中存在大量的无线流量，并且这些流量暴露在公共场合，那么应考虑投资无线入侵防御系统(Wireless Intrusion Prevention System，WIPS)。如果需要监控高速链路，则要对IDS在相同流量等级的环境下进行评估和测试。IDS应基于异常检测还是签名检测？在可能的情况下，使用两者兼顾的产品。最好的IDS应能综合各种技术的优势，提供更强大的防御策略。

部署IDS期间，要特别注意三件事：提高检测速度、减少误报并使用高效的日志和警报。

(1) 提高检测速度

大多数IDS管理员一开始都会监控所有数据包并捕获完整的数据包解码。可以根据源地址和目标地址告诉IDS包括或忽略数据包，从而缩小IDS检查数据包的范围。例如，如果组织最关心保护服务器，那么可以修改IDS的数据包检测引擎让它只捕获目标地址是服务器地址的数据包。另一种策略是让其他处理速度更快的外围设备进行过滤。路由器和防火墙通常比IDS更快，所以如果可能的话，配置路由器和防火墙的包过滤器来拒绝不应出现在网络上的流量。组织可以使用更快的设备，设备阻断的流量越多，IDS也就能发挥出越高的性能。每台安全设备都应能够在其最擅长的领域、最擅长的层面发挥最大的作用。

(2) 减少误报

因为IDS存在许多误报，所有IDS管理员的首要任务就是找到并排除误报。在大多数情况下，误报将超过所有的其他事件。跟踪它们，排除恶意攻击，然后适当地修改源或IDS来防止误报。通常误报的来源是恶意的程序或通信频繁的路由器。如果不能阻止误报的来源，那么可以修改IDS，让它不去跟踪此类事件。关键是让日志尽可能准确，且它们只提醒管理员需要人工干预的事件。不要忽略日志中频繁出现的误报，否则将会使你错过隐藏在误报里的真实事件或根本没有读取的日志。

(3) 使用高效的日志和警报

大多数厂商的IDS产品都预设了事件阈值，但在部署IDS时，应根据具体环境定制这些阈值。例如，若网络中并未运行Apache Web服务器，则应将Apache漏洞攻击的警报设为低优先级，或者选择不跟踪这类事件。

9.3 计算环境安全与应用安全

9.3.1 计算环境安全

相对于以“打补丁”的方法来处理安全问题，在架构的初始阶段集成安全方法更容易实现计算环境及软件应用的安全。

1. 安全模型与架构

(1) 安全模型

安全是操作系统一个非常重要的设计目标，操作系统接触(内存、文件、硬件、设备驱动程序等)的每一个资源都必须从安全的角度进行交互，访问控制是其核心。3个最著名的安全模型分别为Bell-LaPadula、Biba和Clark-Wilson，它们构成了操作系统访问控制的基础。

Bell-LaPadula模型是第一批形式化信息安全模型之一。Bell-LaPadula模型旨在防止用户和进程读取高于其安全级别的内容。它侧重于与分类级别相关的数据敏感性，适用于数据分类系统，使特定级别的分类不能读取更高级别分类下的数据。

Biba模型通常被称为Bell-LaPadula模型的相反版本，因为它侧重于完整性，而不是敏感性和数据分类（Bell-LaPadula的目的是要保守秘密，而不是保护数据的完整性）。Biba涵盖完整性级别，这类似于Bell-LaPadula中的敏感性级别。而完整性级别包含了数据的不恰当修改。Biba尝试将保证完整性作为第一目标，即防止未经授权的用户修改数据。

Clark-Wilson模型尝试根据公认的交易处理业务实践来定义安全模型。相比于其他模型，它更加以现实世界为导向，清楚地表达了良构事务（well-formed transaction）的概念：

按顺序执行步骤；

完全正确地执行列出的步骤；

验证执行步骤的个体。

操作系统的大部分安全功能是由访问控制列表提供的。通过给每个对象添加访问控制列表，操作系统可以限制其访问权限。例如，当服务器接收到一个请求时，它需要通过查阅访问控制列表中的层次结构规则来确定是否允许其访问。

在Windows中，访问控制列表与每个系统对象息息相关。每个访问控制列表具有一个或多个访问控制条目（Access Control Entries，ACE），每个访问控制列表包括一个用户或组的名称。用户也可以是一个角色的名字，如程序员或测试人员。对于每个用户、组或角色，访问权限均以比特串表示，称为访问掩码（access mask）。一般情况下，系统管理员或对象所有者为一个对象创建访问控制列表。

Linux系统也有基于组定义的用户权限和角色的访问控制。系统对象将在其内部定义权限，它可以对系统中定义的每个用户和组在读取、写和执行权限的基础上加以控制。

(2) 安全架构

为告知供应商如何构建计算机系统才能满足他们的安全需要，美国政府于1972年发布"计算机安全技术规划研究"报告，规定了计算机系统要想达到购买和部署的可接受标准所应满足的最基本安全要求。后来，进一步构建和明确了这些要求，即产生了可信计算机系统评估标准（Trusted Computer System Evaluation Criteria，TCSEC），这些要求为几乎今天使用的所有系统所应遵循的安全架构提供了框架。其核心内容是可信计算基（Trusted Computing Base，TCB）、安全边界、引用监视器和安全内核。

一个系统的可信度是由它如何实施自己的安全策略来定义的。当基于特定的准则测试一个系统的时候，就会为该系统评定一个级别，这个评级供客户、供应商和整个计算机行业使用。特定的准则将判断安全策略是否得到正确的支持和实施。安全策略指出与系统如何管理、保护和发布敏感资源相关的规则和举措。TCB指系统内提供某类安全并实施系统安全策略的所有硬件、软件和固件的组合。并不是每一个进程和资源都会位于TCB内，安全边界对其划分，将位于TCB之内的视为可信，之外的视为不可信。引用监视器决定所有的主体必须具有适当的授权才能访问客体，所有安全操作都需要通过参考监视器来路由。安全内核由按照系统安全策略监管系统活动的所有资源构成，是控制对系统资源进行访问的操作系统部分，负责执行引用监视器的决定。为了让安全内核能够正确地发挥作用，各个进程必须相互隔离，并且要定义域来规定主体能够使用哪些客体。

2002年年初微软发布了可信计算计划，将安全在微软所有工作中优先级列为最高。为了跟踪并确保其遵守可信计算的进展计划,微软创建了一个框架来解释它的目标:它的产品在设计之初是安全的(Secure by Design),在默认情况下是安全的(Secure by Default),其部署是安全的(Secure in Deployment),并且它提供通信〔SD3+C(Communication)〕。

安全设计意味着在产品发布之前解决所有漏洞。安全设计需要3个步骤。

① 建立安全的架构。软件设计需要首先考虑安全性,然后才是功能。

② 添加安全功能。需要添加功能集以应对新的安全漏洞。

③ 减少新代码和现有代码中的漏洞数量。微软对内部流程进行了改革,使开发人员在设计和开发软件时更加关注安全问题。

安全部署意味着持续的保护、检测、防御、恢复以及通过良好的工具和指导来进行维护。

通信是整个项目的关键。微软将迅速传播存在漏洞的消息,并帮助用户了解如何在增强安全性的情况下运行系统。

综上,我们可以看出可信计算是操作系统从设计、开发、部署到持续维护要达到的目标。

2. 安全配置和管理

(1) Unix/Linux安全

确保Unix/Linux环境安全的最重要的措施包括:

利用已知的配置加固系统,这些配置项可以使系统免受常见攻击;

安装系统补丁并且报告这些补丁状态;

将网络隔离成信任区域并提供边界控制;

加强身份验证;

限制管理员的数量,并限制他们的特权;

开发和执行安全策略。

(2) Windows安全

确保Windows操作系统安全的最佳方法通常与应用于其他操作系统的方法类似,例如用于确保Unix/Linux操作系统安全性的方法包括降低受攻击面、运行安全软件、应用供应商的安全更新、根据风险分隔系统、执行强身份验证以及控制管理员权限。开箱即用的Windows存在许多漏洞,容易受到攻击,为此Windows执行一系列特定的任务来减少这些漏洞,包括使用林创建安全边界、使用域组织用户和资源管理以及使用基于角色的管理。此外,安全模板、安全配置和分析向导、组策略、证书服务和IPSec也是补充和执行安全配置和管理的Windows专用工具。

(3) 基础设施服务安全

运行在操作系统之上对外提供基本网络连接服务的应用程序,如电子邮件服务、Web服务、DNS服务等,是整个IT基础设施存在的基础。如果这些服务遭遇恶意软件或攻击者的攻击,安全就无从说起了。安全人员必须掌握这些常见服务的工作原理,了解其所面临的风险及风险应对方法,从而能够采取适当的对策保护这些关键的基础设施服务,减少对整体环境的威胁并保证核心功能的安全。

3. 虚拟化与云计算安全

有了虚拟化技术,底层硬件平台对操作系统来说就不再重要了。在虚拟机(VM)上,操作系统(被虚拟化后也称"客机操作系统")及其托管的软件应用程序在虚拟硬件上运行。

这样就引发了一个安全性挑战。大多数有被利用风险的安全漏洞都来自软件。在虚拟化环境中，一切都是软件——因此，虚拟化环境的风险会更大。虚拟机本身就存在着安全风险，且与单独的计算机系统和局域网的安全问题不同。

虚拟计算机不是基于虚拟技术的唯一平台。虚拟计算机与可以仿真路由器和交换光纤的虚拟网络，以及可以随需扩展和缩减的虚拟存储之间，构成了一个三角关系。服务器、网络和存储，三者都经过虚拟化，构建了云计算世界。

(1) 虚拟机安全

在真实环境中通常应用到 Windows 和 Unix 操作系统的所有安全设置也应该同样应用于虚拟机。此外，数据存储的安全控制装置也应该同样适用于虚拟机采用的存储网络，包括合适的逻辑单元数量(LUN)，这些逻辑单元通过分区和隐藏细节来限制每一个虚拟服务器可以访问的存储。

除了确保虚拟机自身的安全，还需要采取额外步骤来确保整个虚拟环境的安全。与虚拟机相关的风险是与物理服务器相关的风险的超集，并伴随着通过集中平台(有时称为管理程序或虚拟机监控器)对单个虚拟机进行管控所带来的一系列新风险。因此，需要增加对管理程序、客户机操作系统及虚拟存储器的额外保护。

(2) 云计算安全

在准备使用云服务时，要仔细考虑在一个云环境中进行操作所带来的特殊风险。关键任务的服务需要进行广泛的思虑和规划，尤其是要考虑与服务中断相关的冗余和风险。对敏感数据的处理是一个更加棘手的问题，需要额外的考虑和调查以提供合适的解决方案。云服务提供商为客户实现了逻辑数据分离，但涉及准确获知数据位置以及保护数据免遭盗窃和暴露时，他们也很少有解决方法。首选的方法是使私密敏感数据一直保存在私有网络中，对这些数据采用经典的安全控制方法以减少一些风险。

在选择任何的云计算供应商之前，我们需要进行供应商安全性检查，要考虑他们在提供云服务时在遵从消费者需求的意愿以及保护消费者信息、环境和以往追踪记录方面所取得的成效。

9.3.2 应用安全

计算环境可以在一定程度上保护应用程序，但是应用程序也必须有足够的安全性，以保护自身免受部署环境下无法阻止的任何有目的的攻击，并能在一定的时限内引起操作者注意，促使操作者及时应对正在发生的攻击。应用安全需要在应用程序的整个生命周期中都予以考虑。

1. 设计安全应用

提前在软件中构建安全比等到软件已经投入使用再提供安全更新更容易(也更便宜)。安全开发生命周期(Security Development Lifecycle，SDL)本质上是一个包括安全实践和决策输入的开发过程。在某些情况下，SDL 是一个独立的过程，如微软著名的安全开发生命周期，但大多数的组织发现，改变他们现有的做法和过程比创建和管理一个额外的、独立的过程要更加容易和有效。因此，SDL 常内嵌在一个业务流程的生命周期中，随着时间的推移而创建、运行、测量和更改。人们把开发和维护 SDL 及其他应用安全活动的过程，称为应用程序的安全保证计划。

构成一个安全的应用程序开发生命周期包括以下事项。

(1) 安全培训

通常情况下,开发团队安全培训计划包括针对每个人的技术安全意识培训和针对大多数人的特定角色培训。特定角色培训更详细地介绍了特定个体参与的安全活动和使用的技术(针对开发人员)。

(2) 安全开发基础设施

在新项目开始时,必须配置源代码库、文件共享和构建服务器,供团队成员独家访问;必须根据组织政策配置错误跟踪软件,披露安全错误;必须登记项目联系人,以防出现任何应用程序安全问题;必须获得安全开发工具的许可证。

(3) 安全要求

安全要求可包括访问控制矩阵、安全目标(规定具有特定权限的攻击者不能执行的操作)、滥用案例、政策和标准的参考、日志记录要求、安全漏洞栏、安全风险或影响级别分配,以及低级别的安全要求(如密钥的大小或具体的错误如何处理)。

(4) 安全设计

安全设计活动通常围绕着安全设计原则和模式展开。它们还常常包括在设计文档中添加有关安全属性和职责的信息。

(5) 威胁建模

威胁建模是一种审查设计的安全属性并确定潜在问题和修复方法的技术。架构师可以将其作为一项安全设计活动来执行,独立的设计审核人员也可以执行该活动来验证架构师的工作效果。

(6) 安全编码

安全编码包括使用安全或经审核的函数和库版本、消除未使用的代码、遵守策略、安全处理数据、正确管理资源、安全处理事件并正确地应用安全技术。

(7) 安全代码审查

为了通过检查应用程序代码发现安全问题,开发团队可能会使用静态分析工具、手动代码审查或两者结合的方法。

(8) 安全测试

为了通过执行应用程序代码发现安全问题,开发人员和测试人员需要执行重复性的安全测试(如针对以前的安全问题进行模糊测试和回归测试)和探索性安全测试(如渗透测试)。

(9) 安全文档

当应用程序将由开发团队之外的人员维护时,这些运维人员需要了解应用程序对部署环境的安全需求,包括哪些配置会影响安全,以及如何正确处理可能影响安全的错误信息。此外,他们还应该了解当前版本是否已经修复了之前版本中的所有已知安全漏洞。

(10) 安全发布管理

一个要发布的应用程序,应该建立在限制访问的服务器上,并以接收者可验证无误的方式进行打包和发布。根据目标平台的不同,这可能意味着对二进制文件进行代码签名或分发已签名的校验和。

(11) 相关补丁监控

任何包含第三方代码的应用程序都应监控外部依赖关系中已知的安全问题和更新,并在发现任何安全问题和更新时发布补丁以更新应用程序。

(12) 产品安全事件响应

产品安全事件响应包括联络需要帮助响应的人、验证和诊断问题、找出和实施解决方法,并尽可能地管理公共关系。它通常不包括取证。

(13) 决策继续

在决定是否推出应用程序或继续开发时,都应考虑安全问题。在出厂时,相关的问题包括应用程序是否可以满足其安全目标。通常,这意味着安全验证活动已经发生,并且没有关键或严重的安全问题尚未解决。继续开发的判定应该包括预期的安全风险指标,以便业务利益相关者能够就预期业务风险得出结论。

现实中,由于不同的应用程序有不同的安全要求,SDL 通常会要求所有的应用程序确定自己的需求,然后允许安全需求较低的应用程序跳过某些安全活动或执行不那么严格的检查。

2. 编写安全应用

编写安全应用需要了解应用中一些具有代表性的安全漏洞(这些漏洞可引发利用这些漏洞的常见攻击)及其相关的补救措施和防御策略。此外,也应关注在机制层面的安全编码指导,围绕程序员可以识别的常见情况,如处理数据、管理资源、处理事件以及使用第三方工具来增强安全性。

(1) Web 应用程序安全

Web 网站的暴露性使其成为攻击者关注的主要目标。Web 应用因粗放性编程所导致的一些漏洞被黑客利用,引发了相当多的网站安全事件。Web 开发人员必须确保程序期望的输入得到验证和强制保障,这样才能最大限度地遏制攻击者。SQL 注入、表单和脚本、cookie 和会话管理是经常需要考虑的 Web 安全问题。

实施 Web 应用安全的第一要务是分析网站架构。一个网站越清晰、越简单,就越容易分析其各方面的安全问题。一旦对网站进行了战略性分析,用户生成的输入也需要严格审查。通常,所有输入都必须被视为不安全或不可靠的,并且应该在处理之前进行清理。同样,系统生成的所有输出也应进行过滤,以确保不会泄露私人或敏感数据。此外,使用加密技术将有助于保护 Web 应用程序的输入/输出操作。尽管加密数据可能会被恶意用户截获,但只有拥有加密密钥的用户才能读取或修改这些数据。如果发生错误,网站的设计应能以可预测和不受损害的方式运行。这通常也被称为安全失效。安全失效的系统会显示错误信息,但不会泄露系统内部细节。设计安全功能要从人性化角度考虑问题,必须维持功能和安全性之间的平衡。经验表明,最好的安全措施是那些简单的、直观的且让使用者心理上可接受的措施。

(2) 安全应用开发平台

编写安全的应用程序是困难的,因为应用程序的开发所涉及的方方面面(如图形用户界面、网络连接、操作系统交互和敏感数据的管理),都需要丰富的安全知识才能确保其安全。而大多数程序员并不具备这些知识或者认为应用程序安全不足以重要到要为其增加额外的工作量。以 J2EE 和.NET 为代表的安全应用开发平台的出现,让编写安全的应用程序变得更加容易。

Java 2 企业版(Java 2 Platform Enterprise Edition,J2EE)是一种基于组件和容器的架构,它定义了如何将多种 Java 规范结合起来使用,以构建分布式企业应用程序。J2EE 容器运行 Servlet 组件来接收用户信息和控制应用程序流,运行 JSP(Java Server Pages)来呈现信息给终端用户,运行 EJB(Enterprise Java Bean)来执行业务处理。容器提供自己的服务。常见的企业应用程序安全任务由 J2EE 规范或个人容器供应商处理。身份验证是典型 J2EE 容器提供的重要服务之一。从安全角度看,容器负责对企业认证服务器的用户进行身份验证,然后允许 J2EE 应用程序通过声明或编程方式指定授权标准,或者两者兼而有之。

不过,由于应用程序服务器会有大量的网络访问,如果配置不当,会对普通企业安全策略产生不良影响。从网络层保障 J2EE 环境安全的最佳做法通常是,在传输层提供容器、服务器和客户端之间网络连接的安全性,再利用企业身份认证策略的优势,并将其与应用程序级别、声明式基于角色的授权相结合。

微软的.NET 框架配备了许多先进的功能,支持在桌面、企业内部网和互联网上进行安全应用程序开发。首先是使用托管代码,而不是应用程序运行所在平台上的本机代码。其次,是采用两种互补的方法用于确定授予一段托管代码的权限:基于角色的安全性(RBS)和代码访问安全性(CAS)。前者根据运行代码的用户身份来决定,后者根据代码本身的身份来决定。最后,提供应用程序域和隔离存储功能,允许.NET 组件相隔离,与计算机硬盘上的文件系统相隔离。此外,.NET 框架还为应用程序级别的安全提供了支持。.NET 框架的类库包含一组功能强大的加密类,能够保证.NET 应用程序各组件之间通信的保密性,以及被交换数据的完整性。

3. 控制应用行为

应用程序的安全性主要是由应用程序的开发者控制的。但是从信息系统管理员的角度看,应用程序是联系计算机环境和现实世界的接口,因此控制哪些应用程序运行以及允许它们做什么,是信息安全管理工作的重中之重。以下一些安全问题须谨记于心,以加强应用程序的安全性。

(1) 运行权限控制

管理员应该尽可能以最少的权限运行应用程序,以保护计算机免受多种威胁。

(2) 应用程序管理

大多数应用程序都提供某种类型的管理界面(主要用于应用程序配置),而每种管理方法都会带来必须要解决的安全风险。大多数应用程序提供如下类型的管理界面(主要用于应用程序配置)。

① INI/Conf 文件

管理应用程序的最基本方法是通过基于文本的文件来控制它。为了保护此类应用程序的安全,管理员需要限制对配置文件的访问,如果文件存储在本地,则使用操作系统内置的访问管理,或者使用身份验证登录到远程存储位置(确保身份验证方法是安全的)。

② 图形用户界面

大多数应用程序都有用于管理的图形用户界面。除了在图形用户界面层面提供安全保护,管理员还应为图形用户界面和应用程序之间的通信提供安全保护。当图形用户界面与应用程序位于同一台计算机上时,管理员应赋予图形用户界面尽可能少的权限(如有必要,应用程序可以以更高的权限运行)。

③ 基于 Web 的控制

通过 Web 界面管理应用程序已经是一种很常见的做法。这种方法不需要专用客户端，可在多个平台上使用。但是，当连接到远程 Web 管理界面时，如果身份验证较弱，攻击者就可以绕过它控制应用程序或计算机。最佳的解决方案是使用安全套接字层(Secure Socket Layer，SSL)或是加密的基本身份验证。

(3) 应用程序更新

让应用程序及时更新安全补丁是最重要的安全措施之一。

(4) 与操作系统安全的集成

如果一个应用程序集成了操作系统的安全性，那么它就可以使用操作系统的安全信息，甚至在需要的时候修改操作系统。这有时是应用程序的要求，也可能是可选功能。操作系统安全集成有利有弊，要引起格外关注。

(5) 网络访问与本地执行控制

可以通过允许或拒绝应用程序通信所需的网络连接，在网络上控制应用程序；也可以通过限制某些应用程序在计算机上的运行，以及通过策略模板控制每个应用程序允许执行的功能，在运行应用程序的计算机上控制应用程序。

(6) 恶意代码防范

恶意代码或恶意软件有多种类型，如病毒、蠕虫、木马和逻辑炸弹。它们通常处于休眠状态，直到被用户或系统启动的事件激活。它们可以通过电子邮件、共享媒体、共享文档和程序或从互联网上下载东西等方式传播，也可以由攻击者故意植入。

检测出大量恶意软件并防止企业受到它们的威胁需要的不仅仅是防病毒软件，还必须部署和维护某些管理、物理和技术控制措施。应制定防病毒政策，或在现有的安全政策中加以规定。应该有标准指导应安装防病毒软件和反间谍软件的类型，以及配置方法。反病毒信息和预期的用户行为以及用户发现病毒时应联系的人员信息，均要纳入安全意识计划中。

9.4 延伸阅读

随着全球网络信息化进程的加快，网络空间安全问题日益突出，网络空间安全技术的发展备受关注。有效维护网络主权是攻防对抗的重要目标，是战略性安全问题。国际社会对网络主权概念颇具争议，但以美国为首的西方国家已在政策、组织和技术等先发优势基础上拥有了维护网络主权和霸权的能力。

网信领域的竞争，归根结底是人才的竞争，为引导大学生踊跃投身科研攻关第一线，促进大学生科技创新成果向现实生产力转化，在2022年第十七届“挑战杯”全国大学生课外学术科技作品竞赛(以下简称“挑战杯”竞赛)特别设置“揭榜挂帅”专项赛。该专项赛的选题由中国电信集团有限公司、中国软件与技术服务股份有限公司、科大国盾量子技术股份有限公司、国药中生生物技术研究院有限公司、中国电子科技集团公司第二十九研究所、中国宝武钢铁集团宝山钢铁股份有限公司、攀钢集团研究院有限公司等七家单位提供。

为构建基于国产化环境的人才体系，为网信事业发展持续提供有力的人才支撑，中国软件与技术服务股份有限公司发布了“基于国产基础软硬件平台(飞腾 Phytium 芯片+麒麟 Kylin 操作系统)的数据运维软件”选题。公司相关负责人表示,参赛学子投身关键核心技术攻坚战的阵地,以中国特色的“PKS 体系”为基础架构解决实际问题,开发出物联网空气质量监测、智能分析与可视化响应、移动视频的数据查询等多项数据运维软件,为守护大国信息安全、做好“中国人的软件”贡献了力量。

中国电信集团有限公司发布了“研发基于信创环境的虚拟化入侵防御系统”选题。各参赛团队围绕入侵检测系统的检测阻断率、吞吐率以及模式匹配算法等难点,结合信创服务器环境开展了技术研究与攻关。评审专家介绍,经过测试,部分参赛队在 10 GB 网卡环境、现网真实流量模型下,吞吐率和检测阻断率均取得了好成绩。有的参赛队创新性地将相关技术与入侵检测系统相结合,取得较好的优化效果,其中部分参赛队的作品具有较好的商用价值。

近年来,按照深化群团改革的有关要求,“挑战杯”竞赛围绕增强群众性、客观性、交流性实施了一系列改革,“揭榜挂帅”专项赛正是在这样的背景下应运而生的。

作为主赛道的有力补充,“揭榜挂帅”专项赛首次举办之时便吸引了来自全国 23 个省份 115 所高校的 1 300 余名学子踊跃参加,参赛学子不畏难、往前冲的闯劲让人欣喜,各发榜企业也找到了很多闪耀着“青春智慧”的作品方案。

竞赛组委会相关负责人表示,将以此为契机,进一步挖掘比赛中涌现出的先进创新典型和成功合作案例,总结办赛经验,优化办赛方案,有效推动校、企、研多方联动、资源共享、优势互补,助力提升大学生的创新能力和社会化实践能力,帮助更多青年学子的科研成果落地转化,给大学生搭建开展科研攻关、展示科研成果的学习交流平台,激发他们的“科学精神”和“亮剑精神”,引领他们瞄准“卡脖子”技术开展科研,投身科创热潮、矢志科创报国,践行“请党放心,强国有我”的青春宣言。

第 10 章　信息安全管理模型

信息安全管理模型是对信息安全管理的一种抽象化描述，源自业界的最佳实践，信息安全管理模型作为用于参考和比较的标准，指引组织的安全建设。组织需要结合自身不同的安全需求选择适合的标准作为参照，通过标准间的借鉴与映射，创建组织的安全蓝图，开展具体的安全建设工作。本章梳理了国内外具有代表性的标准，指出它们各自的区别和联系，从安全管理与控制到安全技术与工程，为信息安全从业人员提供快速复制的有力手段。

10.1　安全管理与控制

当下信息已渗透到整个组织，信息安全应与组织的其他业务流程相结合，共同服务于组织的总体目标。鉴于信息存在的复杂性，人们需要通过部署一整套的控制才能满足所需的信息安全的要求，包括策略、流程、过程、组织架构、相关软硬件等。这些控制需要被建立、实施、监测、检查和改进，形成一个闭环，从而保证组织特定的安全和业务目标的达成。

10.1.1　IT 信息及相关技术控制目标

信息及相关技术控制目标（Control Objectives for Information and Related Technology，COBIT）是美国信息系统审计与控制协会（Information Systems Audit and Control Association）针对 IT 过程管理制定的一套基于最佳实践的控制目标。自 1996 年 COBIT 1.0 被提出，COBIT 随着环境的变化处于不断的更新中，历经 2.0、3.0、4.0、5.0 版本，最新发行版本是 COBIT 2019。这里以 COBIT 4.1 为例给出 COBIT 的框架图，如图 10-1 所示。

COBIT 中主要关注 4 个维度的内容：计划与组织、获取与实施、交付与支持、监控与评价。4 个维度的主要内容如图 10-2 所示。

COBIT 是目前国际上公认的最先进、最权威的安全与信息技术管理和控制标准。COBIT 具有以业务为关注焦点、以流程为导向、基于控制和度量驱动的特点。企业在执行任何决策和行动之前，都需要对风险进行识别，如财务风险、组织风险等。当企业的目标依托于 IT 目标，由 IT 目标支撑时，就需要对 IT 进行风险识别。COBIT 就是用来对 IT 相关项进行风险识别的框架，如识别 IT 环境有无风险、IT 决策架构有无风险、IT 服务有无风险、信息安全有无风险等。

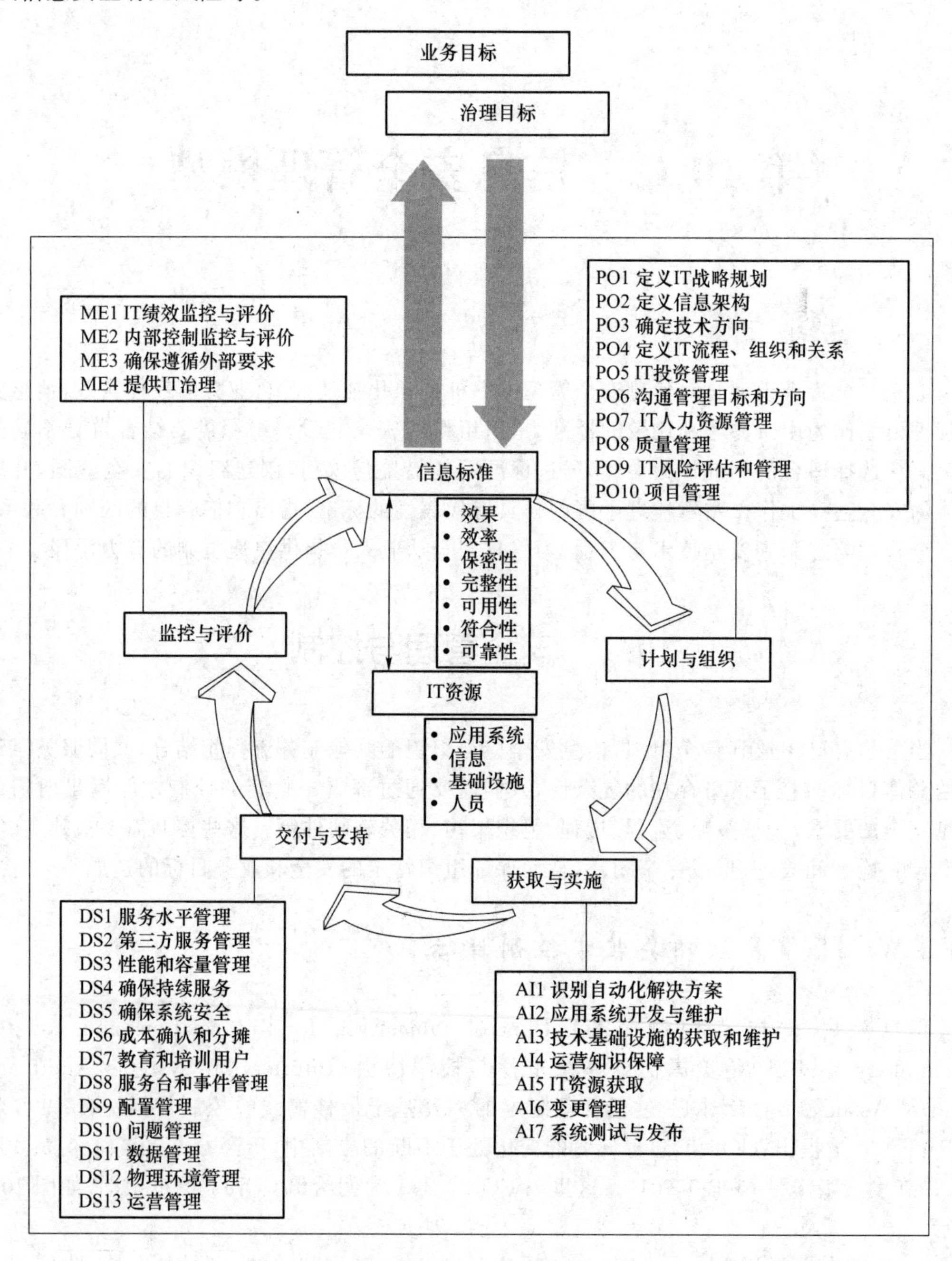

图 10-1　COBIT 框架示意

COBIT 中指出了 IT 中的多种风险和管理方法:IT 治理、IT 审计、平衡计分卡、风险评估、IT 服务管理、业务连续性管理等,使得信息安全管理体系最终得以展开。

1. IT 治理

IT 治理的主旨是通过控制风险达到治理目标,即考察 IT 架构与企业风险是不是与战略相匹配;所拥有的资源是否可以恰巧解决高、中、低风险;项目管理是否有效;管理框架和要求是否可以落地执行等。因此,可以通过风险控制的方式实现IT治理。COBIT通过在实现利益、优化风险和资源投入之间寻求平衡,帮助组织从IT中创造最佳价值。

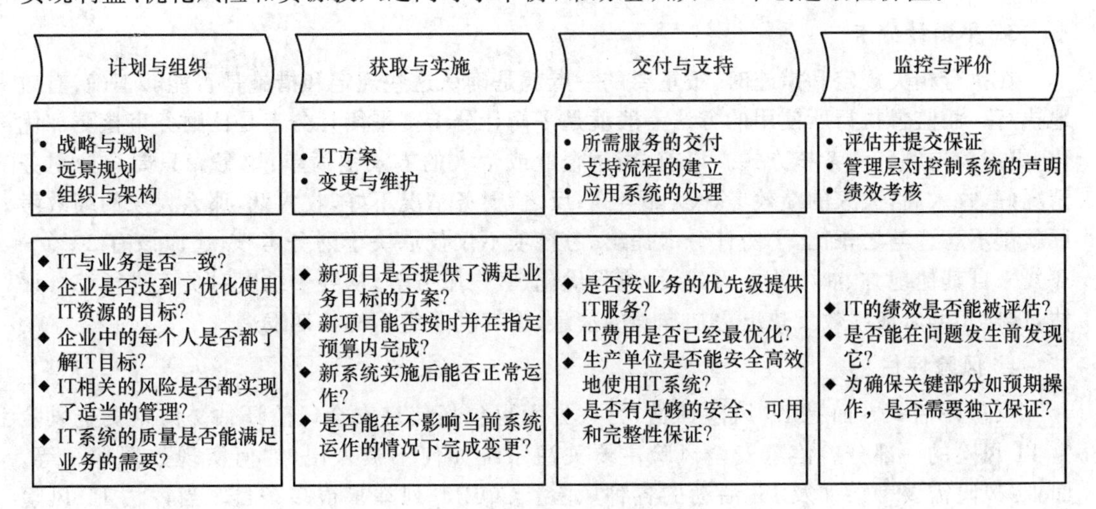

图10-2　COBIT中4个维度的主要内容

2. IT审计

IT审计是独立的第三方IT审计师获取并评价证据,以判断IT环境是否能够保证资产的安全、数据的完整、有效率地利用组织资源、良好地实现组织目标的过程。使用一定的审计方法,帮助企业在各个维度进行风险识别时,要能够应用审计的架构和理念,帮助企业规避此类风险。比如,IT服务管理中变更管理引发了风险。而IT审计就通过审计方法,具体告知企业变更管理的哪些方面做得不够。这里要注意的是,IT审计和风险评估有一点区别。风险评估依据经验,没有固定的标准;而IT审计由于从财务审计衍生而来,因此其具有严格的标准,希望通过逻辑化的、可重复实现的电子证据来证明现状与标准之间的差距。IT审计有几个重要的关键点:独立的第三方、获取并评价证据、证据可被重复识别和评价、可得到一致结论。

在进行IT审计时,需要按照标准和实际情况进行一一比对,依托可复现的证据具体定位风险和问题,可分为符合性测试与实质性测试两种形式。

符合性测试是指对所宣称的控制措施是否真的有效的测试。比如,安全工程师宣称防火墙对某台服务器采用了最小化服务的配置规则,但实际查看时可能会发现服务器对外开放了不必要的数据库端口。

实质性测试即在符合性测试的基础上,为取得直接证据而在业务数据流程中使用检查、查询及计算、分析性复核等方法进行的测试。比如财务系统需要做实质性测试,需要检查财务数据处理流程中每个模块的输入、处理、输出的函数是否会造成数据异常,来验证财务数据是否完整可靠。

业界普遍认为,如果符合性测试的结果表现优异,那么对被审计对象的信任度就会提高,相应地,实质性测试的比重可以减少。同时,进行测试时必须严格遵守独立第三方的原则,以防止内部人员相互勾结,制造虚假信息。

另外,IT审计分为内审和外审。内审是指内部人员来审计目前的规章制度和运行情况与标准之间的差距。外审就是第三方人员进行的审计。一般建议,内审半年或一个季度进行一次。外审一般是一年一审。IT审计也适用于安全审计。

3. 平衡计分卡

在执行相关规定和措施时,很重要的一点就是确认这些规定和措施是否能够正确、有效地执行。而监督执行所使用的方法一般就是平衡计分卡。平衡计分卡是比财务审核更加优化、更加领先的一种考核方式。以前,衡量企业或个人的方式很简单:财务。只要企业财务情况好,收入高,大家的绩效考评就都会高;反之,财务情况不好,收入低,那么大家的绩效考评就都不高。与之相比,平衡计分卡提出,考核项不仅仅取决于财务考核,还应该有20%~30%来自其他地方,如团队能力建设、流程优化、客户服务等,从各个维度对员工进行综合评估,这样才可以使绩效反映出更加准确的信息,更有利于组织的长期发展。

4. 风险评估

风险评估一方面是IT风险评估,另一方面也包括信息安全风险评估。信息安全风险是IT风险的一部分。信息安全风险主要关注系统如何不被入侵,如何实现数据保密等。而IT风险需要考察涉及IT活动的各种风险。COBIT列举了很多条目。当评估IT风险时,可以考察所缺失的项,并评估这些缺失的项会引发的风险。信息安全风险评估则可以借鉴ISO/IEC TR 13335标准。

5. IT服务管理

IT服务管理的目的是让公司的内部员工方便、舒适地使用IT服务。信息技术基础设施库(Information Technology Infrastructure Library,ITIL)作为当下IT服务管理的典范,提供了一套最佳实践框架,可用于企业实现这一目标。

6. 业务连续性管理

业务连续性指企业具备识别风险、自我调整和迅速响应的能力,确保在面临各种挑战时,关键业务流程能够持续无间断地运行。国际标准ISO 22301为业务连续性管理提供了一套明确的指导原则和框架。

10.1.2 信息安全风险评估

ISO/IEC TR 13335早前被称作"IT安全管理指南"(Guidelines for the Management of IT Security,GMITS),改版后(ISO/IEC 13335)被称作"信息和通信技术安全管理"(Management of Information and Communications Technology Security,MICTS)。它是由ISO/IEC JTC1制定的技术报告和指导性文件,对IT技术部分有更加详细的描述并且可操作性较强,特别是对安全管理过程中的风险分析和管理有非常细致的描述。

1. IT安全的细致描述

ISO/IEC 13335中给出了IT安全6个方面的含义。

① 保密性(Confidentiality):确保信息不被非授权的个人、实体或者过程访问。

② 完整性(Integrity):包含数据的完整性,即保证数据不被非法地改动或销毁;同样还包含系统的完整性,即保证系统按照预定的功能运行,不被有意或无意的非法操作破坏。

③ 可用性(Availability):保证授权实体在需要时可以正常地访问和使用系统。

④ 可核查性(Accountability):确保一个实体的访问可以被唯一地鉴别、跟踪和记录。

⑤ 认证性(Authenticity):验证一个实体(如用户、程序、系统或数据)是否确实具有其所声称的身份,确保只有经过验证的实体才能被信任和授权,以访问或执行特定的操作。

⑥ 可靠性(Reliability):保证预期的行为和结果的一致性。

可以看出,ISO/IEC 13335 中对安全 6 个方面含义的阐述是对传统 3 个方面含义的更细致的定义,对信息安全工作有很重要的指导意义。

2. 以风险为核心的安全模型

在 ISO/IEC 13335 中定义了以下一些关键要素。

① 资产(Assets):包括硬件、软件、数据、服务、文档、人员和企业形象等。

② 威胁(Threats):对系统、组织和资产等可能引起的不良影响。这些影响可能是由环境、人员和系统等造成的。

③ 漏洞(Vulnerabilities):指存在于系统各方面的脆弱性。这些漏洞可能存在于组织结构、业务流程、物理环境、人员管理、硬件、软件或者信息本身。

④ 影响(Impact):指不希望出现的一些事件。这些事件导致信息在保密性、完整性、可用性、可核查性、认证性和可靠性等方面的损失,并且造成信息资产的损失。

⑤ 风险(Risk):由威胁信息系统的漏洞引起的一些事件,这些事件对信息资产造成一些不良影响的可能性。整个安全管理实际上就是风险管理。

⑥ 防护措施(Safeguards):指为了降低风险所采用的解决办法。这些措施有些是环境方面的,如门禁系统、人员安全管理、防火措施和电源等;有些是技术方面的,如防火墙、网络监控和分析、加密、数字签名、防病毒、备份和恢复、访问控制、PKI 等。

⑦ 剩余风险(Residual Risk):在经过一系列安全控制和安全措施之后,信息安全的风险会降低,但是绝对不会完全消失,会存在一些剩余风险。可能需要用其他方法处理这些风险,如转嫁或者承受。

⑧ 约束(Constraints):指一些组织实施安全管理时所受到的环境影响,导致安全管理不能完全按照理想的方式执行。这些约束可能来自组织结构、财务能力、环境限制、人员素质、时间、法律、技术、文化和社会等方面。

企业的资产会面临很多威胁。威胁可能利用 IT 系统存在的各种漏洞,对企业 IT 系统进行渗透和攻击。如果渗透和攻击成功,将导致企业(信息)资产的暴露,从而对资产的价值产生影响。风险就是威胁利用薄弱点使资产暴露而对其价值产生影响的大小,这由资产的重要性和价值所决定。通过对 IT 系统安全风险的分析,提出了对 IT 系统的防护需求。根据防护需求的不同制定系统的安全解决方案,选择适当的防护措施,进而降低安全风险,抗击威胁。

ISO/IEC 13335 对信息安全风险及其构成要素间关系的描述非常具体,以至于成为各类信息安全相关文件经常引述的一个概念。ISO/IEC 13335 对基线方法、非形式化方法、详细分析方法和综合分析方法等风险分析方法学的阐述以及其对风险分析过程细节的描述很有参考价值,可用来指导实践。安全推荐部分介绍了不同类型的安全措施,它们之间的相互关系,以及选择和维护这些措施的建议,此外,还阐述了剩余风险的必然性及其分类——可分为“可接受的剩余风险”和“不可接受的剩余风险”。

10.1.3 IT 服务管理

信息技术基础架构库(ITIL)是英国中央计算机与电信局(Central Computer and Telecommunications Agency，CCTA)于 20 世纪 80 年代为解决“IT 服务质量不佳”的问题而开发的一套 IT 业界的服务管理库。ITIL 从复杂的 IT 管理活动中梳理出运作最佳的企业所共有的关键流程(如服务水平管理、可用性管理、变更管理和配置管理等)，然后将这些流程规范化、标准化，明确定义各个流程的目标、范围、职能和责任、成本和效益、规划和实施过程、主要活动、主要角色、关键成功因素、绩效评价指标以及其他流程的相互关系等，如图 10-3 所示。

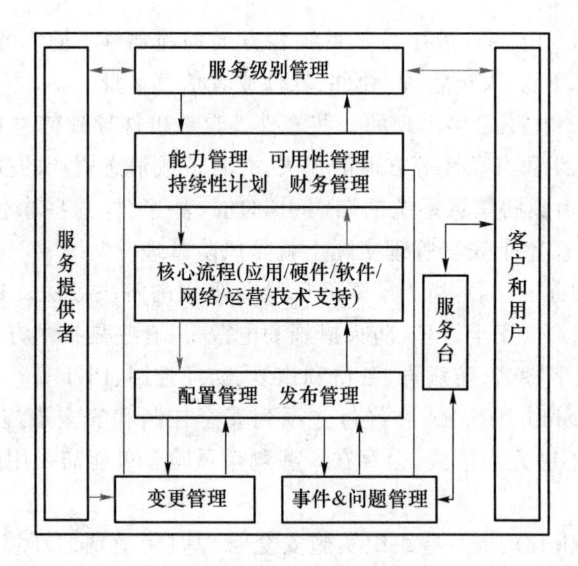

图 10-3 ITIL 各流程和职能之间的关系

ITIL 所包含的核心理念如下。

① 以流程为基础：ITIL 将各种 IT 管理活动按照流程的方式加以组织，并且赋予每个流程以特定的目标、范围和职能，从而加强了 IT 管理的全面性和综合性，使 IT 对组织业务的支持更为彻底和有效。

② 以客户为中心：ITIL 在实施每个管理流程时都是从客户需求的角度出发的。IT 服务管理强调根据客户的需求(在企业内部则为业务需求)对 IT 进行“量身定做”式的管理，通过提供高品质的 IT 服务提高客户的满意度。

③ 注重服务品质和服务成本的平衡：ITIL 将 IT 作为支持组织业务目标实现的一种支持性服务，强调以合理的成本提高 IT 服务的品质和客户的满意度。即 IT 服务管理在提供 IT 服务时并不盲目地强调绝对的高品质，而是按照成本效益原则在服务质量和服务成本之间选择合理的平衡点。

ITIL 理论将企业安全看作一种服务，结合安全管理的生命周期，形成动态的、完整的管理，并就各个安全管理方面给出流程化建设模板，流程化的安全管理使企业安全体系的建设更加容易把控，便于实施。

2001年，英国标准协会在国际IT服务管理论坛(itSMF)上正式发布了以ITIL为核心的英国国家标准BS15000，这成为IT服务管理领域具有历史意义的重大事件。

BS15000包含两个部分，目前都已经转化成国际标准。

ISO/IEC 20000-1:2005，即信息技术-服务管理-第1部分：规范(Information Technology-Service Management-Part 1:Specification)

ISO/IEC 20000-2:2005，即信息技术-服务管理-第2部分：最佳实践(Information Technology-Service Management-Code of Practice)

2009年，GB/T 24405系列标准按照等同采用国际标准的方式将ISO/IEC 20000系列标准转化后纳入国家标准体系。

10.1.4　业务连续性管理

BS25999是全球第一个业务连续性管理(BCM)的框架标准，分为BS25999-1和BS25999-2两部分。BS25999-1标准的前身是英国公共可用指南PAS56，其在2006年年底升级为英国标准，2007年10月相应的认证标准BS25999-2被推出。企业可依据此标准建立业务连续性管理框架，以便在灾害发生时能从容应对，在灾后能尽快恢复。

业务连续性管理是一项面向企业与政府的信息安全与风险管理的综合管理流程，它使组织机构认识到潜在的危机和相关影响，制订响应、业务和连续性的恢复计划，其总体目标是提高组织的风险防范与抗击打能力，以有效地响应非计划的业务破坏并降低不良影响。它可以帮助企业在面对灾害时能从容应对，在灾后能尽快恢复，将业务损失降到最低。

BS25999-1:2006(Code of Practice for Business Continuity Management，业务连续性管理实用守则，于2006年11月发布)作为现行业务连续性管理的最佳实践指南，提供业务连续性管理的各项实践要点，包括建立程序、实施过程与指导原则等，但不作为评审与认证标准。BS25999-2:2007(Specification for Business Continuity Management，业务连续性管理规范，于2007年10月发布)提供业务连续性管理体系的建立、实施与文档化的具体要求，包括建立组织业务连续性管理系统所需的PDCA管理框架和广泛的业务连续性管理措施，企业必须落实规范中的各项要求，通过审核之后才能获得BS25999的认证。

BS25999把BCM归纳为6个组成部分，即理解组织，制定BCM战略，开发并实施BCM响应计划，演练、维护和评审回顾，BCM管理程序，把BCM植入企业文化。参考这6个组成部分，企业可以建立自己的BCM管理框架，以便在灾害发生时能从容应对，在灾后能尽快恢复。BCM管理框架如图10-4所示。

(1) 理解组织

理解组织需要用到业务冲击分析(BIA)和风险评估(RA)等工具和手段，找出关键服务及其依赖因素所能容忍的损失，主要包括分析企业自身的业务和所依赖的业务环境，找出关键服务/产品及其依赖因素(包括资源、资产、活动等)，以及识别该关键活动所能容忍的中断时间及业务所能容忍的最低服务水平等。

(2) 制定BCM战略

采用适当的控制措施，降低威胁发生的可能性或发生后的影响；考虑预定的弹性恢复机制和缓解方案；在事件发生时和发生后，提供关键活动的持续性；分析那些尚未被识别为关键活动的部分。

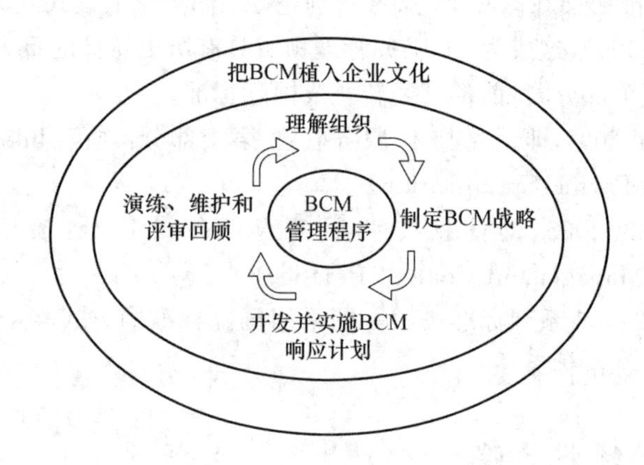

图 10-4 BCM 管理框架

(3) 开发并实施 BCM 响应计划

当灾难事件发生后,可以把后续的过程分成 3 个阶段:首先是应急响应阶段,即从灾难发生的几分钟到数小时之内;其次是业务持续阶段,即在灾难发生的数分钟到数天之内,根据预先的准备,在一定程度上保持业务,并启动恢复计划;最后是恢复阶段,在灾难发生后几周到几个月的时间内,按照预先的准备,把业务全部恢复到原来的水平。

(4) 演练、维护和评审回顾

理想的演练方式应该是在真实环境下进行全盘演练。在资源有限的情况下,企业也可以进行模拟环境演练。对于一般性的业务,企业可以采用排练的方式演示计划的可操作性。此外,企业还应对 BCM 计划进行定期评审,发现问题后要及时调整和改进。

(5) BCM 管理程序

上述 4 个步骤是对 BCM 构建项目的管理,需要调动资源、制定日程、跟踪策划和实施状况,但更重要的还是 BCM 管理程序,通过培训让 BCM 理念深入每个相关人员的头脑中。

(6) 把 BCM 植入企业文化

通过相关技能的培训,加深企业管理层对 BCM 的理解和认知。当 BCM 融入企业的核心价值观时,BCM 才能更加高效。

BS25999 标准已于 2012 年转换成 ISO 22301 业务连续性管理体系标准,并于 2012 年 5 月由 ISO 国际标准化组织正式公布。此国际标准主要参考 BS25999-2 进而建立一套更完整更健全的业务连续性管理体系架构,并取代 BS25999 成为全球公认的业务连续性管理体系标准。其中,ISO 22301 作为要求类标准,是 ISO 业务连续性管理体系系列标准的核心,它提供了一个框架,描述了用于建立、实施、运行、监视、评审、保持和改进业务连续性管理体系的一系列要求,组织可以据此标准获得认证。ISO 22313 作为 ISO 22301 标准的使用指南,解释了 ISO 22301 中规定的要求并提供了实施指导。此外,ISO 业务连续性管理体系还包括 ISO 22317(业务影响分析)、ISO 22318(供应链连续性)、ISO 22330(人的方面)、ISO 22331(策略)和 ISO 22332(计划和程序)等一系列技术规范。

ISO 22301 基于国际标准化组织高阶架构(High Level Structure,HLS)规定了一个高效业务连续性管理体系应具备的主要特点。ISO 22301 系列标准已成为业务连续性管理最佳实践的集大成者,可以帮助组织在应对中断事件时做好预防、准备、响应和恢复工作。许多国家采用 ISO 22301 作为国家标准。我国也等同采用 ISO 22301 和 ISO 22313 为国家标准,分别为 GB/T 30146 和 GB/T 31595。

10.1.5　信息安全管理体系

信息安全管理体系(Information Security Management System,ISMS)就是关于信息安全的管理体系。ISMS 的概念跳出了传统的"为了安全信息而信息安全"的理解,强调基于业务风险方法来组织信息安全活动。信息安全管理体系成为整个管理体系的一部分,体现了对待信息安全问题的全局视角。

ISMS 的概念最初来源于 ISO/IEC 17799 的前身 BS7799。BS7799 是由英国标准协会(British Standards Institution,BSI)制定的信息安全管理体系标准,BS7799 为保障信息的机密性、完整性和可用性提供了典范。它包括两部分内容,即 BS7799-1(信息安全管理实施细则)和 BS7799-2(信息安全管理体系规范)。BS7799-1 提供了一套综合的、由信息安全最佳惯例组成的实施规则,其目的是作为确定企业信息系统所需控制范围的参考基准,并且适用于大、中、小型组织。BS7799-2 规定了信息安全管理体系要求与信息安全控制要求,可以作为对一个组织的全面或部分信息安全管理体系进行评审认证的标准。BS7799 为管理层提供了一整套可"量体裁衣"的信息安全管理要项、一套与技术负责人或组织高层进行沟通的共同语言,以及保护信息资产的制度框架,这正是管理层能够接受并理解的。

BS7799-1 于 2000 年 12 月被国际标准化组织纳入世界标准,编号为 ISO/IEC 17799,并于 2005 年 6 月 15 日发布版本 ISO/IEC 17799:2005。2007 年 7 月,为了和 27000 系列标准保持统一,ISO 组织将 ISO/IEC 17799:2005 正式变更编号为 ISO/IEC 27002:2005,指出信息安全管理体系具体的控制措施。2013 年 ISO/IEC 27002 发布了第二版,2022 年发布了第三版。BS7799-2 也被国际标准化组织纳入世界标准,编号为 ISO/IEC 27001,并于 2005 年 6 月 15 日发布了版本 ISO/IEC 27001:2005,给出信息安全管理体系的具体目标。ISO/IEC 27001:2005 引入 PDCA 的过程管理模式,能够更好地与组织原有的管理体系,如质量管理体系、环境管理体系等进行整合,减少组织的管理过程,降低管理成本。2013 年 ISO/IEC 27001 发布了第二版,2022 年发布了第三版。

ISO 为信息安全管理体系标准预留了 ISO/IEC 27000 系列编号,类似于质量管理体系的 ISO 9000 系列标准和环境管理体系的 ISO 14000 系列标准。ISO/IEC 27000 标准族大致可以分为 3 类:第一类是 ISO/IEC 27000 至 ISO/IEC 27008,这些标准是纯粹关于 ISMS 的,从不同的方面定义了 ISMS;第二类是 ISO/IEC 27009 至 ISO/IEC 27030,包括了分行业应用,以及更外围方面,或者与其他体系的整合问题;第三类是 ISO/IEC 27031 至 ISO/IEC 27059,主要是不同控制域的指南,例如包括了信息安全事件管理和业务连续性管理等各个方面。

ISO/IEC 27000 标准族从行业、技术、应用等角度涵盖了信息安全的方方面面。随着信息技术的发展以及使用场景的更新,ISO/IEC 27000 标准族在特定行业指南、特定控制措施指南等基本方向中纵向发展,为新应用场景的信息安全管理做出规定。

10.2 安全技术与工程

管理制度和流程需要通过技术要求、解决方案以及具体产品和技术来实现。安全技术与工程模型通过完整的信息系统保护及安全工程高度抽象,为企业安全的理解和建设提供整体的安全解决方案。

10.2.1 分级评估与技术保障

分级评估即通过对信息技术产品的安全性进行独立评估后所取得的安全保证等级,表明产品的安全性及可信度。产品获得的认证级别越高,其安全性与可信度越高,可对抗更高级别的威胁,适用于较高的风险环境。对于一个需要保证其安全性、建设安全保护能力的信息系统来说,在确定其应具备的安全等级后,系统的建设或评估结果均应符合相应的安全等级。

1. 信息产品通用测评准则

1967年美国国防部成立了一个针对计算机使用环境中的安全策略进行研究的研究组。1983年,该研究组公布了《可信计算机系统评估准则》(TCSEC)以用于对计算机操作系统的评估,这是IT历史上的第一个安全评估标准。TCSEC所列举的安全评估准则主要基于美国政府的安全要求,着重点是针对大型计算机系统在机密文档处理方面的安全要求。随着TCSEC的广泛应用,欧洲、北美、亚洲的一些国家,在20世纪90年代初相继提出了各自的信息安全评估标准。1990年,欧洲共同体委员会(CEC)首度公布了由英国、德国、法国和荷兰提出的《信息技术安全性评估准则》(ITSEC)安全评估标准,将信息安全由计算机扩展到更为广泛的实用系统,增强了对完整性、可用性的要求,发展了评估保证的概念。

《信息技术安全性评估通用准则》(Common Criterion for Information Technology Security Evaluation,CCITSE,简称CC)是在北美和欧洲等国家和地区自行推出测评准则并具体实践的基础上,通过相互间的总结和互补发展起来的。CC定义了评估信息技术产品和系统安全性所需的基础准则,是度量信息技术安全性的基准。

CC推行标准化的安全组件描述方法及开放的组件元素操作,这使在通过保护轮廓(Protection Profiles,PP)/安全目标(Security Targets,ST)描述IT产品安全要求时,可选择安全组件或对安全组件元素进一步细化和扩展,使之更适合信息技术和信息安全技术的发展要求。

CC推行基于"类、族、组件和元素"的安全要求通用表达方式,这使IT产品的消费者、开发者、评估者和认证者可以采用同样的标准技术语言来描述和理解IT产品的安全功能要求和评估保障要求,有助于实现测评结果的国际互认。

当采取了合适的环境安全保障措施时,IT产品所实现的安全功能应有助于解决其面临的所有安全问题,在逻辑层面上实现威胁抵抗的完备性。在CC中,这种完备性的分析具体体现在PP/ST文档的编制过程中,使用PP/ST描述IT产品的安全要求时要求编制人员首先明确评估目标(Target of Evaluation,TOE)类型、基本功能和安全功能、安全边界等,在此基础上定义IT产品面临的风险,明确TOE的安全目的,再导出其安全功能要求和安全保障要求。在编制PP/ST时,CC要求待评估对象所实现的安全功能要求和保障要求必须满足IT产品期望达到的安全目的,同时后者可以抵抗已知的各种风险(以安全威胁的形式来体现),因此可以保护预期使用环境中IT产品的各种资产。这种方法有助于理解IT产品安全功能和安全保障要求的目的和必要性,且当使用了合适的组织安全策略时,所有已知威胁都能被抵抗。

PP为同一类的IT产品制定了一套统一的安全要求,为同类型产品的开发提供了一致的指导原则,增强了安全保护的全面性和有效性;而ST在PP的基础上,通过细化安全要求,有利于体现类似IT产品在不同品牌和不同版本上的安全特点,这些特点便于将CC的安全要求具体应用到IT产品的开发、生产、测试、评估和信息系统的集成、运行、评估和管理中,并为IT产品选型工作规划统一的比较平台。

在基于CC的测评和认证框架中,IT产品通过独立的第三方测试实验室(通常称为CC测试实验室)的严格测评,不仅可让IT产品开发者持续改进其产品的设计和实现安全,提升IT产品开发质量,还给IT产品消费者带来了关于IT产品安全性的信心,让用户相信他们采购的IT产品满足相关的安全标准和期望的安全需求;在此基础上,通过对各种IT产品安全性的广泛认可,不同产品的组合应用安全也可以得到保证。

ISO于1999年发布了ISO/IEC 15408(其中包括ISO/IEC 15408-1:1999,ISO/IEC 15408-2:1999,ISO/IEC 15408-3:1999),它与同年颁布的CC2.1相对应。2005年ISO/IEC 15408更新后与同年颁布的CC2.3相对应。

我国于2001年等同采用ISO/IEC 15408为国家标准,标准号为GB/T 18336。

2. 信息保障技术框架

信息保障技术框架(Information Assurance Technical Framework,IATF)是由美国国家安全局(NSA)制定的,为保护美国政府和工业界的信息与信息技术设施提供的技术指南。其前身是网络安全框架(Network Security Framework,NSF),1999年NSA将NSF更名为IATF,并发布IATF 2.0、3.0版本。

IATF从整体、过程的角度看待信息安全问题,认为稳健的信息保障状态意味着信息保障的策略、过程、技术和机制在整个组织的信息基础设施的所有层面上都能得以实施,其代表理论为"深度防护战略(Defense-in-Depth)"。IATF强调人(people)、技术(technology)、操作(operation)这三个核心要素,关注四个信息安全保障领域:保护网络和基础设施、保护边界、保护计算环境、支撑基础设施,为建设信息保障系统及其软硬件组件定义了一个过程,依据纵深防御策略,提供了一个多层次的、纵深的安全措施来保障用户信息及信息系统的安全。

在IATF定义的三要素中,人是信息体系的主体,是信息系统的拥有者、管理者和使用者,是信息保障体系的核心,是第一位的要素,同时也是最脆弱的。正是基于这样的认识,安全管理在安全保障体系中越来越重要,可以这么说,信息安全保障体系,实质上就是一个安全管理的体系,其中包括意识培训、组织管理、技术管理和操作管理等多个方面。技术是实现信息保障的重要手段,信息保障体系所应具备的各项安全服务就是通过技术机制来实现的。当然,这里所说的技术,已经不单是以防护为主的静态技术体系,而是防护、检测、响应、恢复并重的动态技术体系。操作或者叫运行,构成了安全保障的主动防御体系,如果说技术的构成是被动的,那么操作和流程就是将各方面技术紧密结合在一起的主动的过程,其中包括风险评估、安全监控、安全审计、跟踪告警、入侵检测、响应恢复等内容。

IATF将信息系统的信息保障技术层面划分成四个部分(域):本地计算环境(local computing environment)、区域边界(enclave boundaries)、网络和基础设施(networks & infrastructures)、支撑性基础设施(supporting infrastructures)。其中,本地计算环境包括服务器、客户端及其上所安装的应用程序和操作系统等;区域边界是指通过局域网相互连接、采用单一安全策略且不考虑物理位置的本地计算设备的集合;网络和基础设施提供区域互联,包括操作域网(OAN)、城域网(MAN)、校园域网(CAN)和局域网(LANs),涉及广泛的社会团体和本地用户;支撑性基础设施为网络、区域和计算环境的信息保障机制提供支持。

针对每个域,IATF描述了其特有的安全需求和相应的可供选择的技术措施。通过这样的划分,让安全人员更好地理解网络安全的不同方面,以全面分析信息系统的安全需求,考虑恰当的安全防御机制。

IATF为信息系统的整个生命周期(规划组织、开发采购、实施交付、运行维护和废弃)提供了信息安全保障,以实现网络环境下信息系统的保密性、真实性和可控制性等安全目标。

IATF虽然现在基本已不再使用,在3.0版本后也不再更新,但是其纵深防御的理念为未来的安全体系奠定了基础。

3. 信息安全等级保护

一般地,根据对安全技术和安全风险控制的关系可以得到,安全等级越高,发生的安全技术费用和管理成本越高,从而预期能够抵御的安全威胁越大,建立起的安全信心越强,使用信息系统的风险越小。因此确定合适的安全等级,在此安全等级下进行安全技术和管理,能够最大限度地减小风险,提高安全性。信息系统安全等级保护的核心是对信息系统分等级、按标准进行建设、管理和监督。

1999年,我国制定了等级保护划分准则GB 17859,等同于采用了TCSEC中C1—B3级的要求,以访问控制为核心,是我国信息安全等级保护制度的基础。TCSEC主要规范了计算机应用系统和产品的安全要求,侧重于对保密性的要求。它把安全分为安全策略、责任、保证和文档4个方面和8个安全级别,着重点是基于大型计算机系统的机密文档处理应用方面的安全要求,并且没有关注程序、物理、网络、人员上的安全措施。而我国的GB 17859吸取了TCSEC的基本思想,并根据我国的信息安全需要进行了适应性改进和完善,增加了完整性保护问题,并将计算机信息系统安全保护能力精简为更具操作性的5个等级,其下配套的等级保护标准体系补充并综合了技术要求和管理要求的全面评估标准,如图10-5所示。

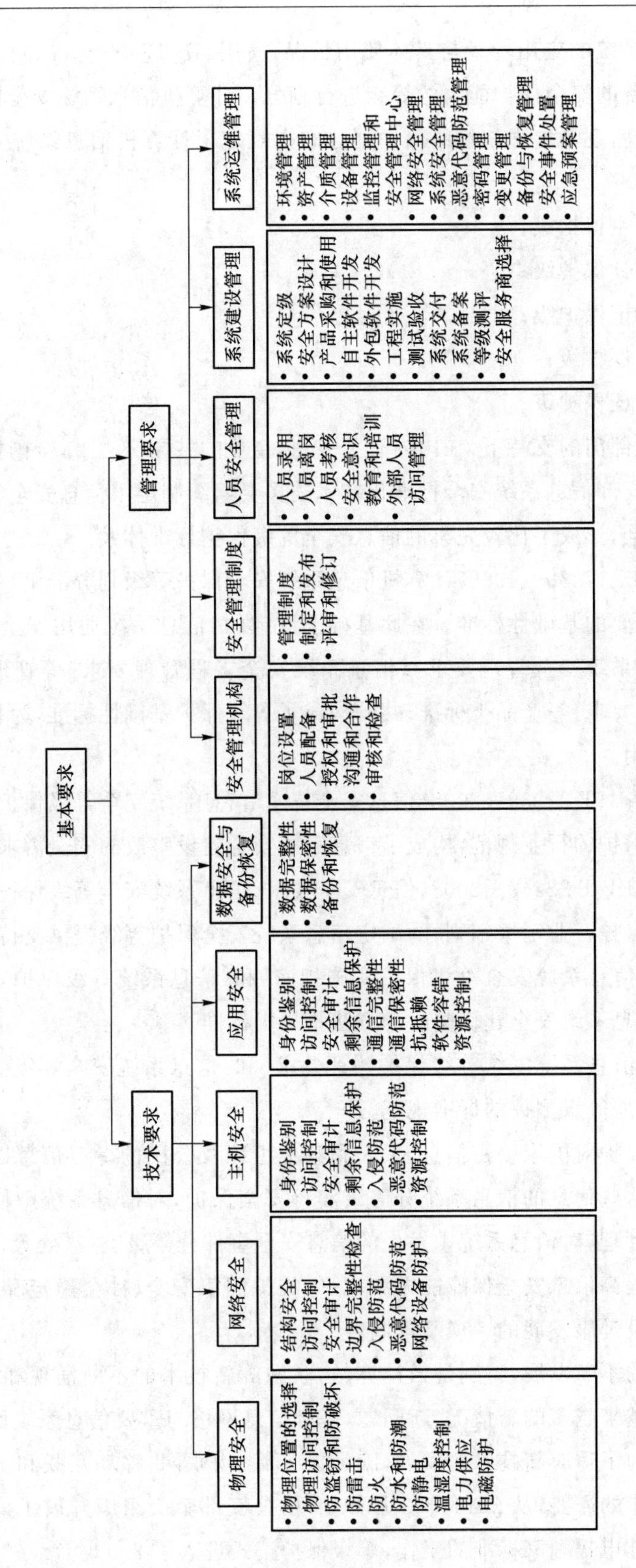

图 10-5　信息系统安全等级保护的基本要求

根据我国信息系统的应用场景与具体使用情况,使用GB 17859标准,对各安全保护等级下信息系统应具备的安全保护能力的等级进行划分。计算机信息系统安全保护能力随着安全保护等级的提高,逐渐增强。等级保护划分准则规定了计算机信息系统安全保护能力的五个等级,即

第一级:用户自主保护级;

第二级:系统审计保护级;

第三级:安全标记保护级;

第四级:结构化保护级;

第五级:访问验证保护级。

多年来,在有关部门的支持下,在国内有关专家、企业的共同努力下,全国信息安全标准化技术委员会和公安部信息系统安全标准化技术委员会组织制定了信息安全等级保护工作所需要的一系列标准,形成了比较完整的信息安全等级保护标准体系。

① 基础标准:GB 17859—1999《计算机信息系统安全保护等级划分准则》是强制性国家标准,是等级保护重要的基础性标准。在此基础上制定的《信息系统通用安全技术要求》等技术类标准和《信息系统安全管理要求》《信息系统安全工程管理要求》等管理类标准以及《操作系统安全技术要求》等产品类标准,共同构成了等级保护基础性标准,为相关标准的制定起到了基础性作用。

② 安全要求:GB/T 22239—2008《信息安全技术 信息系统安全等级保护基本要求》是信息系统安全等级保护的行业规范,构成了信息系统安全建设整改的安全需求。

③ 系统等级:GB/T 22240—2008《信息安全技术 信息系统安全等级保护定级指南》是信息系统安全等级保护行业定级细则,为确定信息系统安全保护等级提供支持。

④ 方法指导:《信息系统安全等级保护实施指南》和《信息系统等级保护安全设计技术要求》构成了指导信息系统安全建设整改的方法指导类标准。

⑤ 现状分析:《信息系统安全等级保护测评要求》和《信息系统安全等级保护测评过程指南》构成了指导开展等级测评的标准规范。

信息安全等级保护对国家秘密信息、法人和其他组织及公民的专有信息以及公开信息和存储、传输、处理这些信息的信息系统分等级实行安全保护,对信息系统中使用的信息安全产品实行按等级管理,对信息系统中发生的信息安全事件分等级响应、处置。信息安全等级保护已成为我国提高信息安全保障能力和水平,维护国家安全、社会稳定和公共利益,保障和促进信息化建设健康发展的一项基本制度。

随着信息技术的不断发展,特别是云计算、物联网等新技术的不断涌现和应用,开展等级保护工作面临着越来越多的新情况、新问题,基础信息网络与重要信息系统面临着日益严峻的威胁与挑战。为了适应新技术的发展,满足云计算、物联网、移动互联和工控领域信息系统的等级保护工作的需要,从2014年3月开始,由公安部牵头组织开展了信息技术新领域等级保护重点标准申报国家标准的工作,等级保护正式进入了2.0时代。

2019 年 5 月 10 日《信息安全技术 网络安全等级保护基本要求》(GB/T 22239-2019)由国家市场监督管理总局和国家标准化管理委员会发布,并于 2019 年 12 月 1 日正式实施,简称“等保 2.0”。等保 2.0 将“信息系统安全”拓展到了“网络安全”,针对移动互联网、云计算、大数据、物联网和工业控制等新技术、新应用领域,加入了扩展的安全要求,是国家在网络安全领域的基本国策、基本制度和基本方法。

10.2.2 信息安全工程过程

统计过程控制理论发现,所有成功的管理都具有一个共同的特点,即他们都有一组定义严格、管理完善、可测可控而高度有效的工作过程。能力成熟度模型从这些工作过程中抽取具有连续性、可重复性和有效性的本质特征,定义过程的“能力”。一个过程的能力体现在通过执行这一过程可能得到结果的质量变化范围。其变化范围越小,过程的能力越“成熟”;反之则越“不成熟”。

安全工程涉及系统和应用的开发、集成、操作、管理、维护和进化,以及产品的开发、交付和升级等方面。系统安全工程能力成熟度模型(System Security Engineering Capability Maturity Model,SSE-CMM)是能力成熟度模型在系统安全工程这个具体领域应用而产生的一个分支,由美国国家安全局主导开发。SSE-CMM 1.0 版于 1996 年 10 月发布,SSE-CMM 2.0 版于 1999 年 4 月发布。2002 年 SSE-CMM 被国际标准化组织采纳成为国际标准即 ISO/IEC 21827:2002《信息技术 系统安全工程 能力成熟度模型》。我国国家质量监督检验检疫总局和国家标准化管理委员会于 2006 年 3 月 14 日发布 GB/T 20261-2006《信息技术 系统安全工程 能力成熟度模型》国家标准,该标准于同年 7 月 1 日正式执行。

SSE-CMM 模型是由“过程域”和“能力”两个维度组成的二维结构,体现了一种动态的、螺旋式上升的趋势。其中,“过程域”维度指的是在完成一个子任务过程中,所需要完成的一系列工程实践。为了完成任务,SSE-CMM 给每个过程域都定义了一组基本实践(Basic Practice,BP),并规定每一个这样的基本实践都是完成该子任务所不可缺少的。过程域又可以分为 3 个部分,即工程过程域、组织过程域和项目过程域。“能力”维度代表组织能力,它由过程管理能力和制度化能力构成,其又可以被称为通用实践(General Practice,GP)。通用实践的主要作用是对每个级别的共同特性(Common Feature,CF)进行描述,即每个级别的判定反映为一组共同特性。通用实践是应用于所有过程的活动,通用实践的重点是对过程进行度量和管理。应用通用实践描述共同特性形成组织能力水平的 6 个级别划分,如图 10-6 所示。

对用户组织来说,SSE-CMM 更适合作为评估工程实施组织(如安全服务提供商)能力与资质的标准,为选择服务提供商提供一个参照。中国信息安全测评中心在审核专业机构信息安全服务资质时,基本上都是依据 SSE-CMM 来审核并划分等级的。

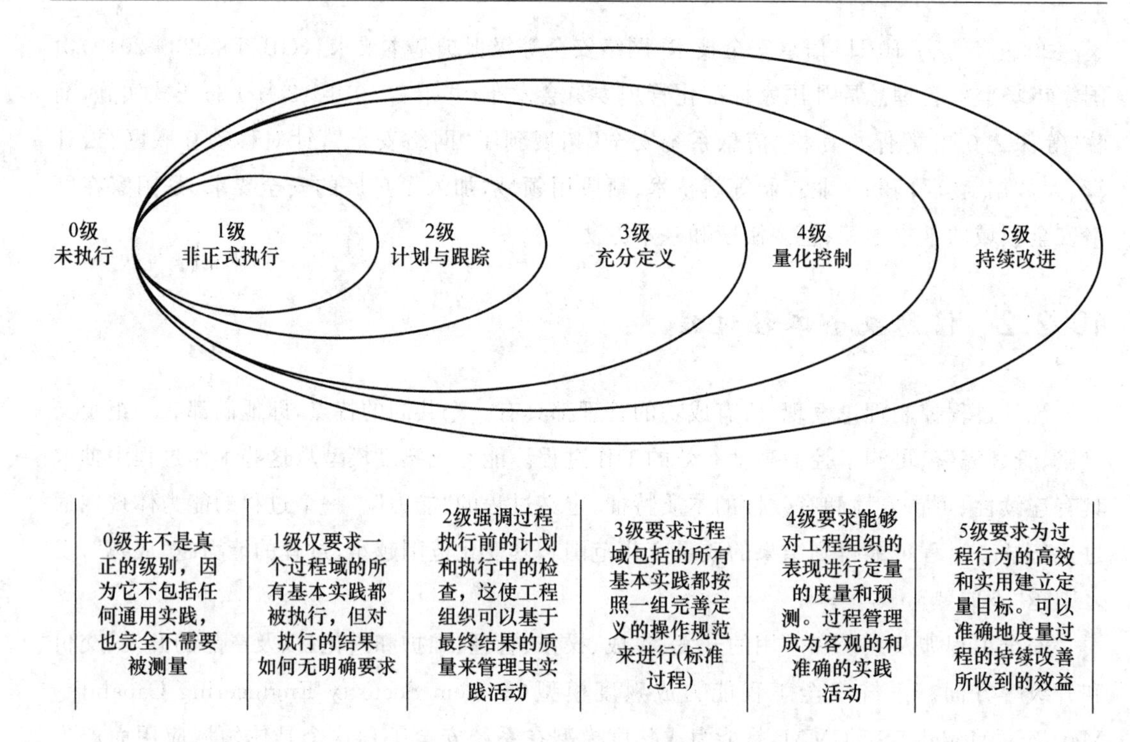

图 10-6 SSE-CMM 系统安全工程能力等级

10.3 延伸阅读

当下网络空间已经成为与陆地、海洋、天空、太空同等重要的人类活动新领域，网络空间主权成为国家主权的一个新维度。关键信息基础设施作为经济社会运行的神经中枢，是网络安全保障的重中之重。纵观层出不穷的网络安全事件，持续不断地针对关键信息基础设施的网络攻击已经成为常态，让我们警觉的同时也给了我们很多启发。没有硝烟的网络攻击正冲击着世界各国，任何国家的关键信息基础设施都是可能遭受重点攻击的目标，复杂的世界格局中没有任何国家可以置身事外，独善其身。美国、俄罗斯、日本相继出台了《提升关键信息基础设施网络安全框架》《关键基础设施信息安全措施行动计划》《关键信息基础设施安全法案》等相关文件，以加大对关键信息基础设施的保护力度。国际关键基础设施安全保障的战略思路和法律政策，从一开始就与国家安全相衔接。随着我国网络强国战略的深化，关键信息基础设施在国民经济和社会发展中的基础性、保障性、战略性地位也日益突出，针对关键信息基础设施安全，我国相继出台了一系列法律、法规、政策和标准，用于指导关键信息基础设施安全保护工作的实施。《网络安全法》专门有一章节描述“关键信息基础设施的运行安全”总体要求，其中明确了关键信息基础设施的范围以及保障关键信息基础设施安全的技术和管理要求，是关键信息基础设施安全保障体系的法律基础。为进一步推动关键信息基础设施安全保障体系建设，2021 年 7 月 30 日，《关键信息基础设施安全保护条例》正式出台，明确了关键信息基础设施的定义和认定程序，对关键信息基础设施运营者提出了一系列安全要求，并明确了违反本条例的惩罚措施。

网络安全标准是保障国家关键信息基础设施的重要技术要素。全国信息安全标准化技术委员会在充分考虑我国关键信息基础设施安全特性的基础上，围绕安全保障体系建设各维度，从边界识别、保护要求、控制措施、保障指标、应急体系、检查评估以及供应链安全、数据安全、信息共享、监测预警等方面系统开展标准研制与标准试点工作，用标准筑牢关键信息基础设施安全保障体系建设的基础。

《信息安全技术 关键信息基础设施安全保护要求》是关键信息基础设施安全保护标准体系的构建基础，于 2023 年 5 月 1 日正式实施。标准提出了以关键业务为核心的整体防控、以风险管理为导向的动态防护、以信息共享为基础的协同联防的关键信息基础设施安全保护 3 项基本原则，从分析识别、安全防护、检测评估、监测预警、主动防御、事件处置等 6 个方面提出了 111 条安全要求，为运营者开展关键信息基础设施保护工作提供了强有力的标准保障。

《信息安全技术 关键信息基础设施安全检查评估指南》提出了对关键信息基础设施安全检查评估的流程和指标。

《信息安全技术 关键信息基础设施安全控制措施》《信息安全技术 关键信息基础设施安全防护能力评价方法》《信息安全技术 关键信息基础设施供应链安全要求》等标准提出了运营者加强安全保护的措施手段，为有效开展自身安全能力建设、提高安全防护水平提供了全方位、系统化、层次化的标准化指导。

此外，《信息安全技术 网络安全事件应急演练指南》《信息安全技术 网络安全信息共享指南》《信息安全技术 网络安全态势感知通用技术要求》等关键信息基础设施支撑标准为建立各行业间信息共享和应急演练协同机制提供了重要技术基础。

参考文献

[1] 孟秀转，于秀艳，郝晓玲，等. IT 治理：标准，框架与案例分析[M]. 北京：清华大学出版社，2012.

[2] 王曙. 业务连续性管理实务[M]. 北京：人民邮电出版社，2022.

[3] 聂君，李燕，何扬军. 企业安全建设指南：金融行业安全架构与技术实践[M]. 北京：机械工业出版社，2019.

[4] 张泽虹，赵冬梅. 信息安全管理与风险评估[M]. 北京：电子工业出版社，2010.

[5] 李建华，陈秀真. 信息系统安全检测与风险评估[M]. 北京：机械工业出版社，2021.

[6] 王瑞锦. 信息安全工程与实践[M]. 北京：人民邮电出版社，2017.

[7] 曹雅斌，尤其，何志明. 信息安全风险管理与实践[M]. 北京：电子工业出版社，2021.

[8] 吴世忠，江常青，林家骏. 信息系统安全保障评估[M]. 上海：华东理工大学出版社，2014.

[9] 中国电子技术标准化研究所. IT 服务管理标准理解与实施[M]. 北京：电子工业出版社，2011.

[10] 王仰富，刘继承. 中国企业的 IT 治理之道[M]. 北京：清华大学出版社，2010.

[11] Harris S, Maymi F. CISSP 认证考试指南[M]. 唐俊飞，译. 7 版. 北京：清华大学出版社，2018.

[12] Chapple M, Stewart J M, Gibson, D. CISSP 官方学习指南[M]. 王连强，吴潇，罗爱国，等，译. 8 版. 北京：清华大学出版社，2019.

[13] Rhodes-Ousley M. 信息安全完全参考手册[M]. 李洋，段洋，叶天斌，译. 2 版. 北京：清华大学出版社，2014.

[14] 赵彦，江虎，胡乾威. 互联网企业安全高级指南[M]. 北京：机械工业出版社，2016.

[15] Wood C C. 信息安全策略编制指南[M]. 高卓，刘炯，邓小四，等，译. 北京：化学工业出版社，2013.

[16] 张威，张耀疆，赵锐，等. CSO 进阶之路——从安全工程师到首席安全官[M]. 北京：机械工业出版社，2021.

[17] 邹庆，段阳阳，刘洪旺. 企业信息安全管理：从 0 到 1. [M]. 北京：人民邮电出版社，2021.

[18] 黄乐. 企业信息安全建设之道[M]. 北京：机械工业出版社，2020.

[19] 刘焱. 企业安全建设入门：基于开源软件打造企业网络安全[M]. 北京：机械工业出

版社，2018.
[20] 林鹏. 互联网安全建设从0到1[M]. 北京：机械工业出版社，2020.
[21] 唐文. 海量运维、运营规划之道[M]. 北京：电子工业出版社，2014.
[22] 汤永利，陈爱国，叶青，等. 信息安全管理[M]. 北京：电子工业出版社，2017.
[23] 赵刚. 信息安全管理与风险评估[M]. 2版. 北京：清华大学出版社，2020.
[24] 宋斐. 信息安全管理[M]. 昆明：云南人民出版社，2019.
[25] 薛丽敏，韩松，林晨希，等. 信息安全管理[M]. 北京：国防工业出版社，2019.
[26] 刘希俭，等. 企业信息安全管理[M]. 北京：石油工业出版社，2019.
[27] 毕方明. 信息安全管理与风险评估[M]. 西安：西安电子科技大学出版社，2018.
[28] 张红旗，杨英杰，唐慧林，等. 信息安全管理[M]. 北京：人民邮电出版社，2017.
[29] 林鹏，张志峰，孙英明. "互联网＋"时代的信息安全研究[J]. 金融电子化，2018(7)：58-60.
[30] 张琴. "互联网＋"时代公民信息安全的法律保护研究[J]. 南京邮电大学学报：社会科学版，2019，21(3)：14-21.
[31] 吴世忠.《信息安全策略编制指南》序言[J]. 信息安全与通信保密，2014(2)：2.
[32] 谢宗晓，董坤祥，甄杰. 2021年ISO/IEC 27000标准族的进展[J]. 中国质量与标准导报，2022(1)：16-21.
[33] 冯磊. 安全定级是企业的社会责任[J]. 信息方略，2008(2)：46-47.
[34] 黄骏. 安全合规管理及其应用[J]. 计算机安全，2012(4)：72-74.
[35] 赵小敏，陈庆章. 打击计算机犯罪新课题——计算机取证技术[J]. 信息网络安全，2002(9)：23-25.
[36] 李利，韩伟红，梅阳阳，等. 当前网络空间安全技术发展现状及思考[J]. 信息技术与网络安全，2021，40(5)：33-38.
[37] 袁国伟. 关键信息基础设施中的网络安全运营研究[J]. 网络安全与数据治理，2022，41(12)：34-39.
[38] 尚铁力. 互联网企业应积极承担信息安全管理责任[J]. 世界电信，2011(6)：14-15.
[39] 李尚智，苏浩伟，曹超生，等. 基于等保2.0的信息系统三级安全规划的探讨[J]. 中国信息化，2020(12)：54-56.
[40] 崔健，李冰. 基于企业社会责任视角的日本企业信息安全分析[J]. 现代日本经济，2011(2)：49-58.
[41] 陈磊，谢宗晓. 基于CIL的信息安全合规性路径探讨[J]. 中国质量与标准导报，2017(10)：52-55.
[42] 郭陈阳，杨龙. 计算机取证技术在打击犯罪中的应用[J]. 计算机光盘软件与应用，2012(9)：82-83.
[43] 赵国辉. 计算机取证技术在打击计算机犯罪中的应用[J]. 信息与电脑：理论版，2011(1)：163.
[44] 德青旺姆. 论我国互联网信息安全的治理[J]. 中国新通信，2020(24)：68-69.
[45] 张敏，马民虎. 企业信息安全法律治理[J]. 重庆大学学报：社会科学版，2020，26(5)：143-155.

[46] 李佳洁. 浅析大数据时代背景下知识产权与隐私权的关系[J]. 法制与经济,2018(8):49-53.

[47] 佚名. 强化使命担当 践行社会责任——2021网信企业发展和社会责任论坛综述[J]. 中国网信,2022(1):76-79.

[48] 赵贤. 如何制定有效的信息安全策略[J]. 网络安全和信息化,2020(4):114-116.

[49] 罗立凡. 推动信息安全是企业的责任[J]. 信息安全研究,2017,3(5):427-431.

[50] 吴海燕,佟秋利. 我国网络安全法律法规体系框架[J]. 中国教育网络,2021(8):66-67

[51] 娄策群,范昊,王菲. 现代信息技术环境中的信息安全问题及其对策[J]. 中国图书馆学报,2000(6):32-36.

[52] 张立涛,钱省三. 信息安全策略的原则和方法[J]. 网络安全技术与应用,2003(6):11-14.

[53] 李军,谢宗晓. 信息安全等级保护与信息安全管理体系的比较[J]. 中国质量与标准导报,2017(8):58-63.

[54] 权贞惠,谢宗晓. 信息安全管理制度编写的要点[J]. 中国标准导报,2015(8):28-31.

[55] 隆峰,谢宗晓. 信息安全规划思路初探[J]. 中国质量与标准导报,2016(1):32-35.

[56] 李康宏,谢宗晓,甄杰,等. 信息安全合法化采纳动机与模式研究——新制度理论与创新扩散理论的整合视角[J]. 预测,2019,38(4):61-68.

[57] 谢宗晓. 信息安全合规性的实施路线探讨[J]. 中国标准导报,2015(2):24-26.

[58] 钱成芳. 信息安全与企业社会责任[J]. WTO经济导刊,2012(6):74-75.

[59] 谢宗晓,甄杰. 信息安全制度落地中的治理问题探讨[J]. 中国标准导报,2016(9):32-34.

[60] 谢宗晓,周常宝. 信息安全治理及其标准介绍[J]. 中国标准导报,2015(10):38-40,45.

[61] 夏扬,杨艳. 信息社会中国企业道德体系构建研究[J]. 湖北社会科学,2008(3):190-192.

[62] 梁文静. 数字化转型下的银行信息安全防控体系建设[J]. 金融科技时代,2020(9):14-17.

[63] 赵云. 制定新的安全计划你需要了解的9个策略[J]. 网络安全和信息化,2019(5):23-24.

[64] 楼建波. 中国公司法第五条第一款的文义解释及实施路径——兼论道德层面的企业社会责任的意义[J]. 中外法学,2008(1):36-42.

[65] 谢宗晓,甄杰,董坤祥. ISO/IEC 27002:2022的改版要点分析[J]. 中国质量与标准导报,2022(3):11-15.

[66] 马民虎,马宁. IT供应链安全:国家安全审查的范围和中国应对[J]. 苏州大学学报:哲学社会科学版,2014,35(1):90-96,191.

[67] 冯耕中,卢继周,吴勇. IT供应链安全管理与对策建议[J]. 中国信息安全,2013(6):74-77.

[68] 成芳. 测量ISMS的有效性[J]. 电子质量,2006(11):43-45.

[69] 李尧. 论ISMS中的有效性测量——基于ISO/IEC 27004:2009的ISMS有效性测量浅析[J]. 电子产品可靠性与环境试验,2010,28(3):53-58.
[70] 董亦兵. 浅析信息安全管理体系有效性测量[J]. 中国信息化,2019(3):87-92.
[71] 张耀疆. 信息安全风险管理(五)——风险管理的跟进活动[J]. 信息网络安全,2005(1):71-72.
[72] 张耀疆. 信息安全风险管理(四)——风险控制[J]. 信息网络安全,2004(12):59-61.
[73] 张耀疆. 信息安全风险管理(三)——风险评估(下)[J]. 信息网络安全,2004(10):64-66.
[74] 张耀疆. 信息安全风险管理(二)[J]. 信息网络安全,2004(8):59-61.
[75] 张耀疆. 信息安全风险管理(一)[J]. 信息网络安全,2004(7):56-58.
[76] 程瑜琦,朱博,李旭,等. 信息安全管理体系控制措施有效性测量概述[J]. 质量与认证,2014(2):40-42.